计算机辅助设计案例课堂

SolidWorks 2014 中文版基础设计
案 例 课 堂

张云杰　李玉庆　编著

清华大学出版社
北 京

内 容 简 介

SolidWorks 是世界上第一套基于 Windows 系统开发的三维 CAD 软件。该软件以参数化特征造型为基础，具有功能强大、易学、易用等特点，是当前最优秀的中档三维 CAD 软件之一。本书主要针对目前非常热门的 SolidWorks 设计技术，以最新版本 SolidWorks 2014 中文版为平台，通过大量的实际设计案例并配合详尽的视频教学进行讲解。全书共分为 10 章，从 SolidWorks 2014 中文版的基础知识开始，详细介绍了基本操作、草图绘制、基础特征设计、扫描和放样特征、基本实体特征、零件形变特征、曲线曲面设计、装配、钣金设计、工程图设计，以及综合设计案例等内容。本书还配备了方便实用的多媒体视频教学光盘，便于读者学习使用。

本书结构严谨，内容翔实，知识全面，可读性强，设计案例实用性强、专业性强、步骤明确。本书主要针对 SolidWorks 2014 中文版的广大初、中级用户，是广大读者快速掌握 SolidWorks 2014 的实用指导书。

图书在版编目(CIP)数据

SolidWorks 2014 中文版基础设计案例课堂/张云杰，李玉庆编著. --北京：清华大学出版社，2015
(计算机辅助设计案例课堂)
ISBN 978-7-302-39716-8

Ⅰ. ①S… Ⅱ. ①张… ②李… Ⅲ. ①计算机辅助设计—应用软件 Ⅳ. ①TP391.72

中国版本图书馆 CIP 数据核字(2015)第 065973 号

责任编辑：张彦青
装帧设计：杨玉兰
责任校对：马素伟
责任印制：李红英
出版发行：清华大学出版社
　　　　　网　　　址：http://www.tup.com.cn, http://www.wqbook.com
　　　　　地　　　址：北京清华大学学研大厦 A 座　　邮　　　编：100084
　　　　　社 总 机：010-62770175　　　　　邮　　　购：010-62786544
　　　　　投稿与读者服务：010-62776969, c-service@tup.tsinghua.edu.cn
　　　　　质量反馈：010-62772015, zhiliang@tup.tsinghua.edu.cn
印 刷 者：北京鑫丰华彩印有限公司
装 订 者：三河市溧源装订厂
经　　销：全国新华书店
开　　本：190mm×260mm　　印　张：24　　字　数：584 千字
　　　　　(附 DVD 1 张)
版　　次：2015 年 6 月第 1 版　　　　印　次：2015 年 6 月第 1 次印刷
印　　数：1～3000
定　　价：56.00 元

产品编号：058931-01

　　SolidWorks 公司是一家专业从事三维机械设计、工程分析、产品数据管理软件研发和销售的国际性公司。其产品 SolidWorks 是世界上第一套基于 Windows 系统开发的三维 CAD 软件。SolidWorks 是一套完整的 3D MCAD 产品设计解决方案，即在一个软件包中为产品设计团队提供了所有必要的机械设计、验证、运动模拟、数据管理和交流工具。该软件以参数化特征造型为基础，具有功能强大、易学、易用等特点，是当前最优秀的三维 CAD 软件之一。SolidWorks 的最新版本 SolidWorks 2014 中文版，针对设计中的多种功能进行了大量的补充和更新，使用户可以更加方便地进行设计，这一切无疑为广大的产品设计人员带来了福音。

　　为了使读者能更好地学习，同时尽快熟悉 SolidWorks 2014 中文版的设计和加工功能，编者根据多年在该领域的设计经验精心编写了本书。本书以 SolidWorks 2014 中文版为基础，根据用户的实际需求，从学习的角度由浅入深、循序渐进、详细地讲解了该软件的设计功能，并配以大量的实际设计案例和详尽的视频教学。全书共分为 10 章，从 SolidWorks 2014 中文版的基础知识开始，详细介绍了基本操作、草图绘制、基础特征设计、扫描和放样特征、基本实体特征、零件形变特征、曲线曲面设计、装配、钣金设计、工程图设计等内容，并在最后提供了综合设计案例，从实用的角度介绍了 SolidWorks 2014 中文版的使用。

　　编者所在的 CAX 设计教研室长期从事 SolidWorks 的专业设计和教学，数年来承接了大量的项目，参与了 SolidWorks 的教学和培训工作，积累了丰富的实践经验。本书就像一位专业设计师，针对 SolidWorks 2014 中文版的广大初、中级用户，将设计项目时的思路、流程、方法和技巧、操作步骤面对面地与读者进行交流，是广大读者快速掌握 SolidWorks 2014 的实用指导书。

　　本书还配备了交互式多媒体教学演示光盘，将案例操作过程制作为多媒体进行讲解，由从教多年的专业讲师全程多媒体语音视频跟踪教学，以面对面的形式讲解，便于读者学习使用。同时光盘中还提供了所有实例的源文件，以便读者练习使用。关于多媒体教学光盘的使用方法，读者可以参看光盘根目录下的光盘说明。另外，本书还提供了网络的免费技术支持，欢迎大家登录云杰漫步多媒体科技的网上技术论坛进行交流：http://www.yunjiework.com/bbs。论坛分为多个专业的设计版块，可以为读者提供实时的软件技术支持，解答读者的问题。

前言
preface

　　本书由张云杰、李玉庆编著，参加编写工作的还有靳翔、尚蕾、郝利剑、张云静、贺安、贺秀亭、宋志刚、董闯、焦淑娟、周益斌、杨婷、马永健等。书中的案例均由云杰漫步多媒体科技公司 CAX 设计教研室设计制作，多媒体光盘由云杰漫步多媒体科技公司技术支持，同时要感谢清华大学出版社的编辑和老师们的大力协助。

　　由于编者水平有限，书中难免存在不足之处，望广大读者不吝赐教，对书中的不足之处给予指正。

编　者

目录

目录
Contents

目录
Contents

第 1 章
SolidWorks 2014
中文版基础知识

SolidWorks 是功能强大的三维 CAD 设计软件，是美国 SolidWorks 公司开发的以 Windows 操作系统为平台的设计软件。SolidWorks 相对于其他 CAD 设计软件来说，简单易学，具有高效的、简单的实体建模功能，并可以利用 SolidWorks 集成的辅助功能对设计的实体模型进行一系列计算机辅助分析，能够更好地满足设计需要，节省设计成本，提高设计效率。SolidWorks 已广泛应用于机械设计、工业设计、电装设计及通信器材设计、汽车制造设计、航空航天的飞行器设计等行业中。

本章是 SolidWorks 2014 的基础，主要介绍该软件的基本概念和操作界面，文件的基本操作以及生成和修改参考几何体的方法。这些是用户使用 SolidWorks 必须要掌握的基础知识，是熟练使用该软件进行产品设计的前提。

1.1　SolidWorks 2014 简介

下面对 SolidWorks 的背景、发展及其主要设计特点进行简单的介绍。

1.1.1　SolidWorks 软件介绍

SolidWorks 是由 SolidWorks 公司成功开发的一款三维 CAD 设计软件,它采用智能化参变量式设计理念及 Microsoft Windows 图形化用户界面,具有表现卓越的几何造型和分析功能。软件操作灵活,运行速度快,设计过程简单、便捷,被业界称为"三维机械设计方案的领先者",受到广大用户的青睐,在机械制图和结构设计领域已成为三维 CAD 设计的主流软件。

利用 SolidWorks,工程技术人员可以更有效地为产品建模及模拟整个工程系统,以缩短产品的设计和生产周期,并可完成更加富有创意的产品制造。在市场应用中,SolidWorks 也取得了卓然的成绩。例如,利用 SolidWorks 及其集成软件 COSMOSWorks 设计制作的美国国家宇航局(NASA)"勇气号"飞行器的机器人臂,在火星上圆满完成了探测器的展开、定位以及摄影等工作。负责该航天产品设计的总工程师 Jim Staats 表示,SolidWorks 能够提供非常精确的分析测试及优化设计,既满足了应用的需求,又提高了产品的研发速度。作为中国航天器研制、生产基地的中国空间技术研究院,也选择了 SolidWorks 作为主要的三维设计软件,以最大限度地满足其对产品设计的高端要求。

1.1.2　主要设计特点介绍

SolidWorks 是一款参变量式 CAD 设计软件。与传统的二维机械制图相比,参变量式CAD 设计软件具有许多优越的性能,是当前机械制图设计软件的主流和发展方向。参变量式CAD 设计软件是参数式和变量式 CAD 设计软件的通称。其中,参数式设计是 SolidWorks 最主要的设计特点。所谓参数式设计,是将零件尺寸的设计用参数描述,并在设计修改的过程中通过修改参数的数值来改变零件的外形。SolidWorks 中的参数不仅代表了设计对象的相关外观尺寸,并且具有实质上的物理意义。例如,可以将系统参数(如体积、表面积、重心、三维坐标等)或者用户定义参数(即用户按照设计流程需求所定义的参数,如密度、厚度等具有设计意义的物理量或者字符)加入到设计构思中来表达设计思想。这不仅从根本上改变了设计理念,而且将设计的便捷性向前推进了一大步。用户可以运用强大的数学运算方式,建立各个尺寸参数间的关系式,使模型可以随时自动计算出应有的几何外形。

下面对 SolidWorks 参数式设计进行简单介绍。

1. 模型的真实性

利用 SolidWorks 设计出的是真实的三维模型。这种三维实体模型弥补了传统面结构和线结构的不足，能将用户的设计思想以最直观的方式表现出来。用户可以借助系统参数，计算出产品的体积、面积、重心、重量以及惯性等参数，以便更清楚地了解产品的真实性，并进行组件装配等操作，在产品设计的过程中随时掌握设计重点，调整物理参数，省去人为计算的时间。

2. 特征的便捷性

初次使用 SolidWorks 的用户大多会对特征感到十分亲切。SolidWorks 中的特征正是基于人性化理念而设计的。孔、开槽、圆角等均被视为零件设计的基本特征，用户可以随时对其进行合理的、不违反几何原理的修正操作(如顺序调整、插入、删除、重新定义等)。

3. 数据库的单一性

SolidWorks 可以随时由三维实体模型生成二维工程图，并可自动标示工程图的尺寸数据。设计者在三维实体模型中作任何数据的修正，其相关的二维工程图及其组合、制造等相关设计参数均会随之改变，这样既确保了数据的准确性和一致性，又避免了由于反复修正而耗费大量的时间，有效地解决了人为改图而产生的疏漏，减少了错误的发生。这种采用单一数据库、提供所谓双向关联性的功能，也正符合了现代产业中同步工程的指导思想。

1.1.3 操作界面介绍

SolidWorks 2014 的操作界面是用户对文件进行操作的基础。图 1-1 所示为一个零件文件的操作界面，界面中包括菜单栏、工具栏、管理器窗口、绘图窗口、任务窗口及状态栏等。装配体文件和工程图文件的操作界面与零件文件的操作界面类似。本节以零件文件的操作界面为例，介绍 SolidWorks 2014 的操作界面。

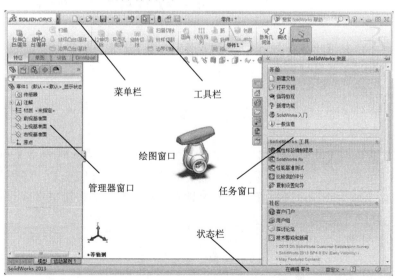

图 1-1 SolidWorks 2014 操作界面

在 SolidWorks 2014 操作界面中，菜单栏包括了所有的操作命令，工具栏一般显示常用的按钮，可以根据用户需要进行相应的设置。

CommandManager(命令管理器)可以将工具栏按钮集中起来使用，从而为绘图窗口节省空间。

【FeatureManager(特征管理器)设计树】(以下统称为【特征管理器设计树】)记录了文件的创建环境以及每一步骤的操作，对于不同类型的文件，其特征管理区有所差别。【特征管理器设计树】中的注解、材质和基准面是系统默认的，可根据实际情况对其进行修改。

绘图窗口是用户绘图的区域，文件的所有草图及特征生成都在该区域中完成，【特征管理器设计树】和绘图窗口为动态链接，可在任意窗格中选择特征、草图、工程视图和构造几何体。

状态栏显示当前编辑文件的操作状态。

1. 菜单栏

系统默认情况下，SolidWorks 2014 的菜单栏是隐藏的，将鼠标移动到 SolidWorks 徽标上或者单击它，菜单栏就会出现，将菜单栏中的图标 改为 (打开状态)，菜单栏就可以保持可见状态，如图 1-2 所示。SolidWorks 2014 包括【文件】、【编辑】、【视图】、【插入】、【工具】、【窗口】和【帮助】等菜单，单击可以将其打开并执行相应的命令。

文件(F)　编辑(E)　视图(V)　插入(I)　工具(T)　窗口(W)　帮助(H)

图 1-2　菜单栏

下面对各菜单分别进行介绍。

(1) 【文件】菜单。

【文件】菜单包括【新建】、【打开】、【保存】和【打印】等命令，如图 1-3 所示。

(2) 【编辑】菜单。

【编辑】菜单包括【剪切】、【复制】、【粘帖】(此处为与软件界面统一，使用"粘帖"，下同)、【删除】以及【压缩】、【解除压缩】等命令，如图 1-4 所示。

(3) 【视图】菜单。

【视图】菜单包括显示控制的相关命令，如图 1-5 所示。

(4) 【插入】菜单。

【插入】菜单包括【凸台/基体】、【切除】、【特征】、【阵列/镜向】(此处为与软件界面统一，使用"镜向"，下同)、【扣合特征】、【曲面】、【钣金】、【焊件】等命令，如图 1-6 所示。这些命令也可通过【特征】工具栏中相应的功能按钮来实现。其具体操作将在以后的章节中陆续介绍，在此不做赘述。

(5) 【工具】菜单。

【工具】菜单包括多种命令，如【草图工具】、【几何关系】、【测量】、【质量属性】、【检查】等，如图 1-7 所示。

(6) 【窗口】菜单。

【窗口】菜单包括【视口】、【新建窗口】、【层叠】等命令，如图 1-8 所示。

图 1-3　【文件】菜单

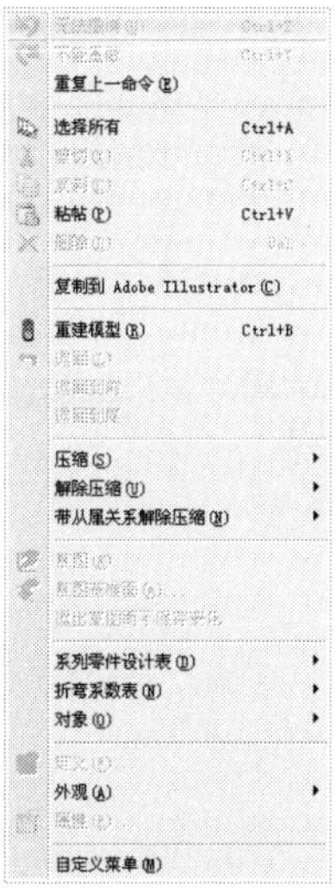

图 1-4　【编辑】菜单

图 1-5　【视图】菜单

图 1-6　【插入】菜单

图 1-7　【工具】菜单

图 1-8　【窗口】菜单

(7) 【帮助】菜单。

【帮助】菜单可提供各种信息查询，如图 1-9 所示。例如，【SolidWorks 帮助】命令可展开 SolidWorks 软件提供的在线帮助文件，【API 帮助主题】命令可展开 SolidWorks 软件提供的 API(应用程序界面)在线帮助文件，这些均为用户学习中文版 SolidWorks 2014 的参考。

此外，用户还可通过快捷键访问菜单或自定义菜单命令。在 SolidWorks 中用鼠标右键单击，会弹出与上下文相关的快捷菜单，如图 1-10 所示。可在绘图窗口和【特征管理器设计树】中使用快捷菜单。

图 1-9 【帮助】菜单

图 1-10 快捷菜单

2. 工具栏

工具栏位于菜单栏的下方，一般分为两排，用户可自定义其位置和显示内容。

工具栏上排一般为【标准】工具栏，如图 1-11 所示。下排一般为 CommandManager(命令管理器)工具栏，如图 1-12 所示。用户可选择【工具】|【自定义】菜单命令，打开【自定义】对话框，自行定义工具栏。

图 1-11 【标准】工具栏

图 1-12 CommandManager 工具栏

【标准】工具栏中的各按钮与菜单栏中对应命令的功能相同，其主要按钮与菜单命令对应关系如表 1-1 所示。

表 1-1　【标准】工具栏中主要按钮与菜单命令对应关系

图　标	按　钮	菜单命令
	新建	【文件】|【新建】
	打开	【文件】|【打开】
	保存	【文件】|【保存】
	打印	【文件】|【打印】
	从零件/装配体制作工程图	【文件】|【从零件制作工程图】(在零件窗口中)
		【文件】|【从装配体制作工程图】(在装配体窗口中)
	从零件/装配体制作装配体	【文件】|【从零件制作装配体】(在零件窗口中)
		【文件】|【从装配体制作装配体】(在装配体窗口中)

3. 状态栏

状态栏显示了正在操作对象的状态，如图 1-13 所示。

图 1-13　状态栏

状态栏中提供的信息如下。

(1) 当用户将鼠标指针拖动到工具栏的按钮上或单击菜单命令时进行简要说明。

(2) 当用户对要求重建的草图或零件进行更改时，显示 🗘 【重建模型】图标。

(3) 当用户进行与草图相关的操作时，显示草图状态及鼠标指针的坐标。

(4) 对所选实体进行常规测量，如边线长度等。

(5) 显示用户正在装配体中的编辑的零件的信息。

(6) 用户在使用【系统选项】对话框中的【协作】选项时，显示可访问【重装】对话框的图标█。

(7) 当用户选择【暂停自动重建模型】命令时，显示"重建模型暂停"。

(8) 显示或者关闭快速提示，可以单击▩、▩、▣、▢等图标。

(9) 如果保存通知以分钟进行，显示最近一次保存后至下次保存前的时间间隔。

4. 管理器窗口

管理器窗口包括📑【特征管理器设计树】、📑PropertyManager(属性管理器)(以下统称为【属性管理器】)、📑ConfigurationManager(配置管理器)(以下统称为【配置管理器】)、✦DimXpertManager(公差分析管理器)(以下统称为【公差分析管理器】)和📑DisplayManager(外观管理器)(以下统称为【外观管理器】)5 个选项卡，其中【特征管理器设计树】和【属性管理器】使用比较普遍，下面将进行详细介绍。

(1) 【特征管理器设计树】。

【特征管理器设计树】提供激活的零件、装配体或者工程图的大纲视图，可用来观察零件或装配体的生成及查看工程图的图纸和视图，如图 1-14 所示。

【特征管理器设计树】与绘图窗口为动态链接，可在设计树的任意窗格中选择特征、草图、工程视图和构造几何体。

用户可分割【特征管理器设计树】，以显示出两个【特征管理器设计树】，或将【特征管理器设计树】与【属性管理器】或【配置管理器】进行组合。

(2)【属性管理器】。

用户在编辑特征时，会出现相应的【属性管理器】，如图 1-15 所示为【属性】属性管理器。【属性管理器】中可显示草图、零件或特征的属性。

图 1-14　【特征管理器设计树】

- 在【属性管理器】中一般包含 ✔【确定】、✖【取消】、❓【帮助】、📌【保持可见】等按钮。
- 【信息】框：引导用户下一步的操作，常列举出实施下一步操作的各种方法，如图 1-16 所示。
- 选项组框：包含一组相关参数的设置，带有组标题(如【方向 1】等)，单击 ⌃ 或者 ⌄ 箭头图标，可以扩展或者折叠选项组，如图 1-17 所示。

图 1-15　【属性】属性管理器

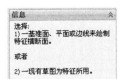

图 1-16　【信息】框

图 1-17　选项组框

- 选择框：处于活动状态时，显示为蓝色，如图 1-18 所示。在其中选择任意项目时，所选项在绘图窗口中高亮显示。若要删除所选项目，用鼠标右键单击该项目，从弹出的快捷菜单中选择【删除】命令(针对某一项目)或者选择【消除选择】命令(针对所有项目)，如图 1-19 所示。

图 1-18 处于活动状态的选择框　　　　图 1-19 删除选择项目的快捷菜单

- 分隔条：分隔条可控制【属性管理器】窗口的显示，将【属性管理器】与绘图窗口分开，如图 1-20 所示。如果将其来回拖动，则分隔条在【属性管理器】显示的最佳宽度处捕捉到位。当用户生成新文件时，分隔条在最佳宽度处打开。用户可以拖动分隔条以调整【属性管理器】的宽度。

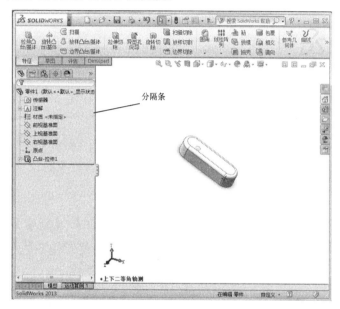

图 1-20 分隔条

5. 任务窗口

任务窗口包括【SolidWorks 资源】、【设计库】、【文件探索器】等选项卡，如图 1-21 和图 1-22 所示。

图 1-21 任务窗口选项卡图标

图 1-22　任务窗口

1.1.4　基本操作方法介绍

文件的基本操作由【文件】菜单下的命令及【标准】工具栏中的相应命令按钮控制。

1. 新建文件

创建新文件时，需要选择创建文件的类型。选择【文件】|【新建】菜单命令，或单击【标准】工具栏中的 【新建】按钮，可以打开【新建 SolidWorks 文件】对话框，如图 1-23 所示。

图 1-23　【新建 SolidWorks 文件】对话框

不同类型的文件，其工作环境是不同的，SolidWorks 提供了不同类型文件的默认工作环境，对应不同的文件模板。在【新建 SolidWorks 文件】对话框中有 3 个图标，分别是【零件】、【装配体】及【工程图】。单击对话框中需要创建文件类型的图标，然后单击【确定】按钮，就可以建立需要的文件，并进入默认的工作环境。

在 SolidWorks 2014 中，【新建 SolidWorks 文件】对话框有两个界面可供选择，一个是新手界面，如图 1-23 所示；另一个是高级界面，如图 1-24 所示。

图 1-24　【新建 SolidWorks 文件】对话框的高级界面

单击图 1-23 所示的【新建 SolidWorks 文件】对话框中的【高级】按钮，就可以进入高级界面；单击图 1-24 所示的【新建 SolidWorks 文件】对话框中的【新手】按钮，就可以进入新手界面。新手界面的对话框较为简单，提供零件、装配体和工程图文件的说明。在高级界面的对话框中，【模板】选项卡中有一些模板图标，当选择某一模板时，【预览】框中会显示相应模板的预览画面。在该界面中，用户可以保存模板并添加自己的标签，也可以单击 Tutorial 标签，切换到 Tutorial 选项卡来访问指导教程模板。

在图 1-24 所示的对话框右侧有 3 个按钮，分别是【大图标】、【列表】和【列出细节】。单击 【大图标】按钮，左侧框中的零件、装配体和工程图将以大图标方式显示；单击 【列表】按钮，左侧框中的零件、装配体和工程图将以列表方式显示；单击 【列出细节】按钮，左侧框中的零件、装配体和工程图将以名称、文件大小及修改日期等细节方式显示。在实际使用中可以根据实际情况加以选择。

2. 打开文件

打开已存储的 SolidWorks 文件后，可对其进行相应的编辑和操作。选择【文件】|【打开】菜单命令，或单击【标准】工具栏中的 【打开】按钮，打开【打开】对话框，如图 1-25 所示。

图 1-25　【打开】对话框

【打开】对话框中各项功能如下。

(1) 【文件名】：输入打开文件的文件名，或者单击文件列表中所需要的文件，文件名称会自动显示在【文件名】下拉列表框中。

(2) 下拉按钮 (位于【打开】按钮右侧)：单击该按钮，会出现一个下拉列表，如图 1-26 所示。各项的意义如下。

图 1-26　下拉列表

● 【打开】：打开选择的文件，可以进行修改。

● 【以只读打开】：以只读方式打开选择的文件，同时允许另一用户有文件写入访问权。

(3) 【参考】按钮：单击该按钮，可显示当前所选装配体或工程图所参考的文件清单，文件清单显示在【编辑参考的文件位置】对话框中，如图 1-27 所示。

(4) 【打开】对话框中的【文件类型】下拉列表框用于选择显示文件的类型，显示的文件类型并不仅限于 SolidWorks 类型的文件，如图 1-28 所示。默认的选项是【SolidWorks 文件(*.sldprt；*.sldasm；*.slddrw)】。

图 1-27　【编辑参考的文件位置】对话框　　　　图 1-28　【文件类型】下拉列表框

如果在【文件类型】下拉列表框中选择了其他类型的文件，SolidWorks 软件还可以调用其他软件所形成的图形并对其进行编辑。

单击选取需要的文件，并根据实际情况进行设置，然后单击【打开】对话框中的【打开】按钮，就可以打开选择的文件，并在操作界面中对其进行相应的编辑和操作。

需要注意的是，打开早期版本的 SolidWorks 文件可能需要转换，已转换为 SolidWorks 2014 格式的文件，将无法在旧版的 SolidWorks 软件中打开。

3. 保存文件

文件只有保存起来，在需要时才能打开它并对它进行相应的编辑和操作。选择【文件】|【保存】菜单命令，或单击【标准】工具栏中的 【保存】按钮，打开【另存为】对话框，如图 1-29 所示。

图 1-29 【另存为】对话框

【另存为】对话框中各项功能如下。

(1) 保存位置：用于选择文件存放的文件夹。

(2) 【文件名】：在该下拉列表框中可输入自行命名的文件名，也可以使用默认的文件名。

(3) 【保存类型】：用于选择所保存文件的类型。通常情况下，在不同的工作模式下，系统会自动设置文件的保存类型。保存类型并不仅限于 SolidWorks 类型的文件，如*.sldprt、*.sldasm 和*.slddrw，还可以保存为其他类型的文件，方便其他软件对其调用并进行编辑。图 1-30 为【保存类型】下拉列表框，可以看出 SolidWorks 可以保存为其类型的文件。

(4) 【参考】按钮：单击该按钮，会打开【带参考另存为】对话框，用于设置当前文件参考的文件清单，如图 1-31 所示。

图 1-30 【保存类型】下拉列表框   图 1-31 【带参考另存为】对话框

4. 退出 SolidWorks 2014

文件保存完成后，用户可以退出 SolidWorks 2014 系统。选择【文件】|【退出】菜单命

令，或单击绘图窗口右上角的 【关闭】按钮，可退出 SolidWorks。

如果在操作过程中不小心执行了退出命令，或者对文件进行了编辑而没有保存文件而执行退出命令，系统会弹出如图 1-32 所示的提示框。如果要保存对文件的修改并退出 SolidWorks 系统，则单击提示框中的【全部保存】按钮。如果不保存对文件的修改并退出 SolidWorks 系统，则单击提示框中的【不保存】按钮。如果对该文件不进行任何操作也不退出 SolidWorks 系统，则单击提示框中的【取消】按钮，回到原来的操作界面。

图 1-32　系统提示框

SolidWorks 2014 简介案例 1——文件操作

案例文件：ywj\01\01.prt。

视频文件：光盘→视频课堂→第 1 章→1.1.1。

案例操作步骤如下。

step 01 单击【标准】工具栏中的 【打开】按钮，打开【打开】对话框，选择打开"01"零件，如图 1-33 所示。

图 1-33　打开文件

step 02 在管理器窗口中选择"凸台-拉伸 2"特征，如图 1-34 所示。

step 03 在管理器窗口中，用鼠标右键单击"圆角 2"特征，从弹出的快捷菜单中单击 【编辑特征】按钮，如图 1-35 所示。

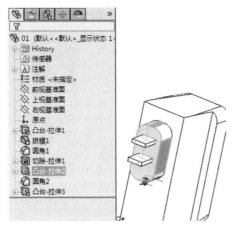

图 1-34　选择特征

图 1-35　编辑圆角

step 04 在弹出的【圆角 2】属性管理器中，修改圆角半径为"2"，如图 1-36 所示。

step 05 完成的模型如图 1-37 所示。

图 1-36　编辑圆角特征

图 1-37　完成的模型

SolidWorks 2014 简介案例 2——视图操作

> 案例文件：ywj\01\01.prt
>
> 视频文件：光盘→视频课堂→第 1 章→1.1.2

案例操作步骤如下。

step 01 单击【视图定向】工具栏中的 【前视】按钮，模型显示如图 1-38 所示。

step 02 单击【视图定向】工具栏中的 【下视】按钮，模型显示如图 1-39 所示。

step 03 单击【视图定向】工具栏中的 【等轴测】按钮，模型显示如图 1-40 所示。

step 04 单击【视图定向】工具栏中的 【隐藏线可见】按钮，模型显示如图 1-41 所示。

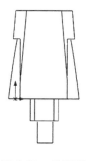

图 1-38　前视图

图 1-39　下视图

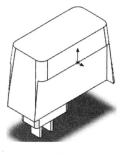

图 1-40　等轴测视图

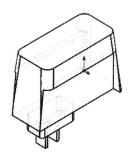

图 1-41　隐藏线可见

1.2　参考几何体

SolidWorks 使用带原点的坐标系，零件文件包含原有原点。当用户选择基准面或者打开一个草图并选择某一面时，将生成一个新的原点，与基准面或者选择的面对齐。原点可用作草图实体的定位点，并有助于定向轴心透视图。三维的视图引导可令用户快速定向到零件和装配体文件中的 X、Y、Z 轴方向。

参考坐标系的作用归纳起来有以下几点。

(1) 方便 CAD 数据的输入与输出。当 SolidWorks 三维模型导出为 IGES、FEA、STL 等格式时，此三维模型需要设置参考坐标系；同样，当 IGES、FEA、STL 等格式的模型被导入到 SolidWorks 中时，也需要设置参考坐标系。

(2) 方便计算机辅助制造。若 CAD 模型被用于数控加工，在生成刀具轨迹和 NC 加工程序时需要设置参考坐标系。

(3) 方便质量特征的计算。计算零部件的转动惯量、质心时需要设置参考坐标系。

转动惯量，即刚体围绕轴转动惯性的度量。质心，即质量中心，指物质系统上被认为质量集中于此的一个假想点。

(4) 在装配体环境中方便进行零件的装配。

1.2.1　参考坐标系简介

1. 原点

零件原点显示为蓝色，代表零件的(0,0,0)坐标。当草图处于激活状态时，草图原点显示为红色，代表草图的(0,0,0)坐标。可以将尺寸标注和几何关系添加到零件原点中，但不能添加到草图原点中。

(1) ⌞：蓝色，表示零件原点，每个零件文件中均有一个零件原点。

(2) ⌞：红色，表示草图原点，每个新草图中均有一个草图原点。

(3) ⌞：表示装配体原点。

(4) ⌐：表示零件和装配体文件中的视图引导。

2. 参考坐标系的属性设置

用户可定义零件或装配体的坐标系，并将此坐标系与测量和质量特性工具一起使用，也可将 SolidWorks 文件导出为 IGES、STL、ACIS、STEP、Parasolid、VDA 等格式。

单击【参考几何体】工具栏中的 ⊥ 【坐标系】按钮，如图 1-42 所示，或选择【插入】|【参考几何体】|【坐标系】菜单命令，系统弹出【坐标系】属性管理器，如图 1-43 所示。

(1) ⊥ 【原点】：定义原点。单击其选择框，可在绘图窗口中选择零件或者装配体中的 1 个顶点、点、中点或者默认的原点。

(2) 【X 轴】、【Y 轴】、【Z 轴】：定义各轴。单击其选择框，可在绘图窗口中按照以下方法之一定义所选轴的方向。

- 单击顶点、点或者中点，则轴与所选点对齐。
- 单击线性边线或者草图直线，则轴与所选的边线或者直线平行。
- 单击非线性边线或者草图实体，则轴与所选实体上选择的位置对齐。
- 单击平面，则轴与所选面的垂直方向对齐。

(3) ⊿ 【反转 X/Y 轴方向】按钮：反转轴的方向。

坐标系定义完成之后，单击 ✅ 【确定】按钮。

3. 修改和显示参考坐标系

(1) 将参考坐标系平移到新的位置。

在【特征管理器设计树】中，用鼠标右键单击已生成的坐标系的图标，从弹出的快捷菜单中选择【编辑特征】命令，系统弹出【坐标系】属性管理器，如图 1-44 所示。在【选择】选项组中，单击 ⊥ 【原点】选择框，在绘图窗口中单击想将原点平移到的点或者顶点处，单击 ✅ 【确定】按钮，原点即可被移动到指定的位置上。

图 1-42　单击【坐标系】按钮　　图 1-43　【坐标系】属性管理器　　图 1-44　【坐标系】属性管理器

(2) 切换参考坐标系的显示。

要切换坐标系的显示，可以选择【视图】|【坐标系】菜单命令。菜单命令左侧的图标下沉，表示坐标系可见。

(3) 隐藏或者显示参考坐标系。

在【特征管理器设计树】中用鼠标右键单击已生成的坐标系的图标，从弹出的快捷菜单中选择 ✅ 【显示】(或【隐藏】)命令，可以显示或隐藏坐标系，如图 1-45 所示。

图 1-45　选择【显示】命令

1.2.2　参考基准轴简介

参考基准轴是参考几何体中的重要组成部分。在生成草图几何体或圆周阵列时常使用参考基准轴。

参考基准轴的用途较多，概括起来有以下 3 项。

(1) 作为中心线。基准轴可作为圆柱体、圆孔、回转体的中心线。通常情况下，拉伸一个草图绘制的圆得到一个圆柱体，或通过旋转得到一个回转体时，SolidWorks 会自动生成一个临时轴，但生成圆角特征时系统不会自动生成临时轴。

(2) 作为参考轴，辅助生成圆周阵列等特征。

(3) 作为同轴度特征的参考轴。当两个均包含基准轴的零件需要生成同轴度特征时，可选择各个零件的基准轴作为几何约束条件，使两个基准轴在同一轴上。

1. 临时轴

每一个圆柱和圆锥面都有一条轴线。临时轴是由模型中的圆锥和圆柱隐含生成的，临时轴常被设置为基准轴。

可设置隐藏或显示所有临时轴。选择【视图】|【临时轴】菜单命令，如图 1-46 所示，表示临时轴可见，绘图窗口显示如图 1-47 所示。

图 1-46　选择【临时轴】菜单命令

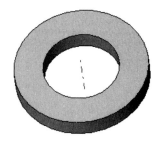

图 1-47　显示临时轴

2. 参考基准轴的属性设置

单击【参考几何体】工具栏中的 ◥ 【基准轴】按钮，或者选择【插入】|【参考几何体】|【基准轴】菜单命令，系统弹出【基准轴】属性管理器，如图 1-48 所示。

在【选择】选项组中选择以生成不同类型的基准轴。

(1) ◥ 【一直线/边线/轴】：选择草图中的一条直线或边线作为基准轴，或双击选择临时轴作为基准轴，如图 1-49 所示。

图 1-48　【基准轴】属性管理器　　　　图 1-49　选择临时轴作为基准轴

(2) 【两平面】：选择两个平面，利用两个面的交叉线作为基准轴。

(3) 【两点/顶点】：选择两个顶点、点或者中点之间的连线作为基准轴。

(4) 【圆柱/圆锥面】：选择一个圆柱或者圆锥面，利用其轴线作为基准轴。

(5) 【点和面/基准面】：选择一个平面(或者基准面)，然后选择一个顶点(或者点、中点等)，由此所生成的轴通过所选择的顶点(或者点、中点等)垂直于所选择的平面(或者基准面)。

设置属性完成后，检查【参考实体】选择框中列出的项目是否正确。

3. 显示参考基准轴

选择【视图】|【基准轴】菜单命令，可以看到菜单命令左侧的图标下沉，如图 1-50 所示，表示基准轴可见(再次选择该命令，该图标恢复，即为关闭基准轴的显示)。

图 1-50　选择【基准轴】菜单命令

1.2.3　参考基准面简介

在【特征管理器设计树】中默认提供前视、上视以及右视基准面，除了默认的基准面外，可以生成参考基准面。参考基准面用来绘制草图和为特征生成几何体。

在 SolidWorks 中，参考基准面的用途很多，总结为以下几项。

(1) 作为草图绘制平面。三维特征的生成需要绘制二维特征截面，如果三维物体在空间中无合适的草图绘制平面可供使用，可以生成基准面作为草图绘制平面。

(2) 作为视图定向参考。三维零部件的草图绘制正视方向需要定义两个相互垂直的平面才可以确定，基准面可以作为三维实体方向决定的参考平面。

(3) 作为装配时零件相互配合的参考面。零件在装配时可能利用许多平面以定义配合、对齐等，这里的配合平面类型可以是 SolidWorks 初始定义的上视、前视、右视三个基准平面，也可以是零件的表面，还可以是用户自行定义的参考基准面。

(4) 作为尺寸标注的参考。在 SolidWorks 中开始零件的三维建模时，系统中已存在三个相互垂直的基准面，在生成特征后进行尺寸标注时，如果可以选择零件上的面或者原来生成的任意基准面，则最好选择基准面，以免导致不必要的特征父子关系。

(5) 作为模型生成剖面视图的参考面。在装配体或者复杂零件等模型中，有时为了看清模型的内部构造，必须定义一个参考基准面，并利用此基准面剖切壳体，得到一个视图以便观察模型的内部结构。

(6) 作为拔模特征的参考面。在型腔零件生成拔模特征时，需要定义参考基准面。

1. 参考基准面的属性设置

单击【参考几何体】工具栏中的 【基准面】按钮，或者选择【插入】|【参考几何体】|【基准面】菜单命令，系统弹出【基准面】属性管理器，如图 1-51 所示。

在【第一参考】选项组中，选择需要生成的基准面类型及项目。

(1) 【平行】：通过模型的表面生成一个基准面，如图 1-52 所示。

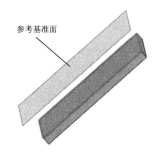

参考基准面

图 1-51　【基准面】属性管理器　　　　图 1-52　通过平面生成一个基准面

(2) 【重合】：通过一个点、线和面生成基准面。

(3) 【两面夹角】：通过一条边线(或者轴线、草图线等)与一个面(或者基准面)成一定夹角生成基准面，如图 1-53 所示。

(4) 【偏移距离】：在平行于一个面(或基准面)指定距离处生成等距基准面。首先选择一个平面(或基准面)，然后设置【偏移距离】数值，如图 1-54 所示。

选中下方的【反转】复选框，在相反的方向生成基准面。

在 SolidWorks 中，等距平面有时也被称为偏置平面，以便与 AutoCAD 等软件里的偏置概念相统一。在混合特征中经常需要等距生成多个平行平面。

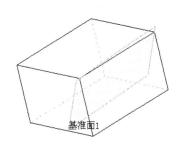

基准面1

图 1-53　两面夹角生成基准面

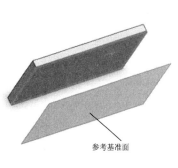

参考基准面

图 1-54　生成等距基准面

(5) ⊥【垂直】：可生成垂直于一条边线、轴线或者平面的基准面，如图 1-55 所示。

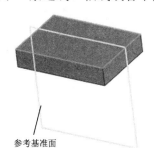

参考基准面

图 1-55　垂直于面生成基准面

2. 修改参考基准面

　　双击基准面，会显示等距距离或角度。要修改参考基准面，可双击尺寸或角度数值，在弹出的输入框中输入新的数值，如图 1-56 所示；也可在【特征管理器设计树】中用鼠标右键单击已生成的基准面的图标，从弹出的快捷菜单中选择【编辑特征】命令，在【基准面】属性管理器中的【选择】选项组中输入新数值以定义基准面，并单击✓【确定】按钮。

　　可使用基准面控标和边线来移动、复制基准面或者调整基准面的大小。要显示基准面控标，可在【特征管理器设计树】中单击已生成的基准面的图标或在绘图窗口中单击基准面的名称，如图 1-57 所示。也可选择基准面的边线，然后进行调整。

图 1-56　在输入框中输入新的数值

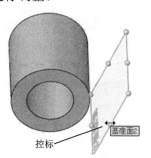

控标

图 1-57　显示基准面控标

利用基准面控标和边线，可以进行以下操作。

(1) 拖动边角或者边线控标以调整基准面的大小。

(2) 拖动基准面的边线以移动基准面。

(3) 在绘图窗口中选择基准面，然后按住 Ctrl 键并将基准面的边线拖动至新的位置，生成一个等距基准面，完成基准面的复制，如图 1-58 所示。

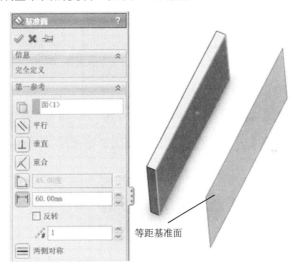

图 1-58　生成等距基准面

1.2.4　参考点简介

SolidWorks 可生成多种类型的参考点用于构造对象，还可在彼此间已指定距离分割的曲线上生成指定数量的参考点。通过选择【视图】|【点】菜单命令，可切换参考点的显示。

单击【参考几何体】工具栏中的 ❋ 【点】按钮，或选择【插入】|【参考几何体】|【点】菜单命令，系统弹出【点】属性管理器，如图 1-59 所示。

在【选择】选项组中，单击 🔲 【参考实体】选择框，可在绘图窗口中选择用以生成点的实体；要选择生成的点的类型，可单击 ⦿ 【圆弧中心】、🔲 【面中心】、✕ 【交叉点】、🔲 【投影】等按钮。

单击 🗺 【沿曲线距离或多个参考点】按钮，可沿边线、曲线或草图线段生成一组参考点。在按钮右侧的微调框中，可输入距离或百分比数值(如果数值对于生成所指定的参考点数太大，会出现信息提示，要求设置较小的数值)。

(1) 【距离】：按照设置的距离生成参考点。

(2) 【百分比】：按照设置的百分比生成参考点。

(3) 【均匀分布】：在实体上生成均匀分布的参考点。

(4) 🔧 【参考点数】：设置沿所选实体生成的参考点数。

属性设置完成后，单击 ✅ 【确定】按钮，生成参考点，如图 1-60 所示。

图 1-59 【点】属性管理器

图 1-60 生成参考点

参考几何体案例 1——创建基准 1

案例文件：ywj\01\01.prt、02.prt。

视频文件：光盘→视频课堂→第 1 章→1.2.1。

案例操作步骤如下。

step 01 单击【标准】工具栏中的 【打开】按钮，打开【打开】对话框，选择打开 "01"零件。单击【参考几何体】工具栏中的 【基准面】按钮，弹出【基准面】 属性管理器，选择模型面，设置【偏移距离】为 10mm，如图 1-61 所示。

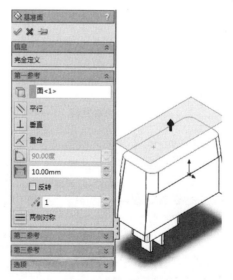

图 1-61 创建基准面

step 02 单击【参考几何体】工具栏中的 【基准轴】按钮，弹出【基准轴】属性管理 器，选择两个平面，创建其交线为轴，如图 1-62 所示。

step 03 单击【参考几何体】工具栏中的 【基准轴】按钮，弹出【基准轴】属性管理器，选择两个点，创建基准轴，如图 1-63 所示。

图 1-62　创建基准轴(1)

图 1-63　创建基准轴(2)

step 04　选择【文件】|【另存为】菜单命令，弹出【另存为】对话框，保存文件为"02"，如图 1-64 所示。

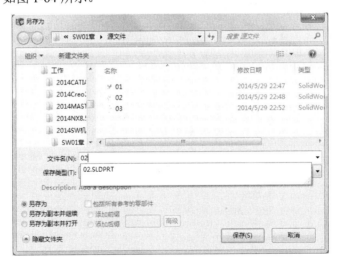

图 1-64　保存文件

参考几何体案例 2——创建基准 2

　案例文件：ywj\01\01.prt、03.prt。

　视频文件：光盘→视频课堂→第 1 章→1.2.2。

案例操作步骤如下。

step 01　单击【标准】工具栏中的 【打开】按钮，打开【打开】对话框，选择打开"01"零件。单击【参考几何体】工具栏中的 【基准面】按钮，弹出【基准面】属性管理器，选择两个模型面，创建角度基准面，如图 1-65 所示。

step 02　单击【参考几何体】工具栏中的 【坐标系】按钮，弹出【坐标系】属性管理器，创建坐标系。如图 1-66 所示。

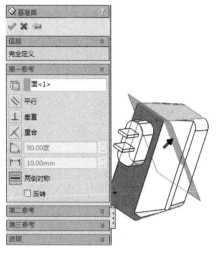

图 1-65　创建基准面

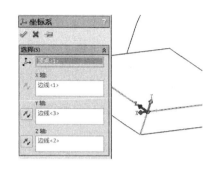

图 1-66　创建坐标系

step 03　单击【参考几何体】工具栏中的※【点】按钮，弹出【点】属性管理器，创建圆弧中心，如图 1-67 所示。

step 04　选择【文件】|【另存为】菜单命令，弹出【另存为】对话框，保存文件为"03"，如图 1-68 所示。

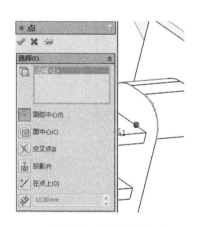

图 1-67　创建圆弧中心

图 1-68　保存文件

1.3　本　章　小　结

本章主要介绍了中文版 SolidWorks 2014 的软件界面和文件的基本操作方法，以及生成和修改参考几何体的方法，希望读者能够在本章的学习中掌握这部分内容，为以后生成实体和曲面打好基础。

第 2 章

草 图 设 计

　　使用 SolidWorks 软件进行设计是由绘制草图开始的,在草图基础上生成特征模型,进而生成零件等。因此,草图绘制对 SolidWorks 三维零件的模型生成非常重要,是 SolidWorks 进行三维建模的基础。一个完整的草图包括几何形状、几何关系和尺寸标注等的信息。

　　本章将详细介绍草图绘制的基本概念和草图绘制方法、草图编辑及生成 3D 草图的方法。

2.1 基 本 概 念

在使用草图绘制命令前，首先要了解草图绘制的基本概念，以便更好地掌握草图绘制和草图编辑的方法。本节主要介绍草图的基本操作，认识草图绘制工具栏，熟悉绘制草图时光标的显示状态。

2.1.1 绘图窗口

草图必须绘制在平面上，这个平面既可以是基准面，也可以是三维模型上的平面。初始进入草图绘制状态时，系统默认有三个基准面：前视基准面、右视基准面和上视基准面，如图 2-1 所示。由于没有其他平面，因此零件的初始草图绘制是从系统默认的基准面开始的。

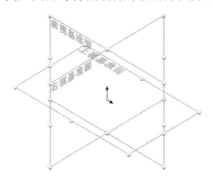

图 2-1　系统默认的基准面

1.【草图】工具栏

【草图】工具栏中的工具按钮作用于绘图窗口中的整个草图，如图 2-2 所示。

图 2-2　【草图】工具栏

2. 状态栏

当草图处于激活状态时，绘图窗口底部的状态栏会显示草图的状态，如图 2-3 所示。

(1) 绘制实体时显示鼠标指针位置的坐标。

(2) 显示"过定义"、"欠定义"或者"完全定义"等草图状态。

(3) 如果工作时草图网格线为关闭状态，提示处于绘制状态，例如"正在编辑：草图 n"(n 为草图绘制时的标号)。

(4) 当鼠标指针指向菜单命令或者工具按钮时，状态栏左侧会显示此命令或按钮的简要说明。

-19.62mm   16.88mm   0m 欠定义   在编辑 草图1

图 2-3　状态栏

3. 草图原点

激活的草图其原点为红色，可通过原点了解所绘制草图的坐标。零件中的每个草图都有自己的原点，所以在一个零件中通常有多个草图原点。当草图打开时，不能关闭对其原点的显示。

2.1.2　绘制草图的流程

绘制草图时的流程很重要，必须考虑先从哪里入手来绘制复杂草图，在基准面或平面上绘制草图时如何选择基准面等。下面介绍绘制的流程。

(1) 生成新文件。单击【标准】工具栏中的 【新建】按钮或选择【文件】|【新建】菜单命令，打开【新建 SolidWorks 文件】对话框，单击【零件】图标，然后单击【确定】按钮。

(2) 进入草图绘制状态。选择基准面或某一平面，单击【草图】工具栏中的 【草图绘制】按钮或选择【插入】|【草图绘制】菜单命令，也可用鼠标右键单击【特征管理器设计树】中的草图或零件的图标，从弹出的快捷菜单中选择【编辑草图】命令。

(3) 选择基准面。进入草图绘制后，此时绘图区域出现如图 2-4 所示的系统默认基准面，系统要求选择基准面。第一个选择的草图基准面决定零件的方位。默认情况下，新草图在前视基准面中打开。也可在【特征管理器设计树】或绘图窗口中选择任意平面作为草图绘制的平面，单击【视图】工具栏中的 【视图定向】按钮，从弹出的菜单中选择 【正视于】命令，将视图切换至指定平面的法线方向。

(4) 如果操作时出现错误或需要修改，可选择【视图】|【修改】|【视图定向】菜单命令，在弹出的【方向】对话框中单击 【更新标准视图】按钮重新定向，如图 2-5 所示。

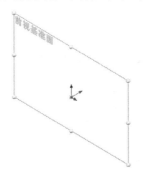

图 2-4　系统默认基准面

图 2-5　【方向】对话框

(5) 选择切入点。在设计零件基体特征时常会面临这样的选择。在一般情况下，利用一个复杂轮廓的草图生成拉伸特征，与利用一个较简单轮廓的草图生成拉伸特征、再添加几个额外的特征，具有相同的结果。

(6) 使用各种草图绘制工具绘制草图实体，如直线、矩形、圆、样条曲线等。

(7) 在【属性管理器】中对绘制的草图进行属性设置，或单击【草图】工具栏中的 【智能尺寸】按钮和【尺寸/几何关系】工具栏中的 【添加几何关系】按钮，添加尺寸和几何关系。

（8）关闭草图。完成并检查草图绘制后，单击【草图】工具栏中的  【退出草图】按钮，退出草图绘制状态。

2.1.3 草图选项

1. 设置草图的系统选项

选择【工具】|【选项】菜单命令，弹出【系统选项】对话框，选择【草图】选项后可对草图的系统选项进行设置，如图 2-6 所示。

图 2-6　【系统选项】对话框

（1）【在草图生成时垂直于草图基准面自动旋转视图】：选中该复选框，可使被选择的草绘面垂直于绘图界面。

（2）【使用完全定义草图】：选中该复选框，必须完全定义用来生成特征的草图。

（3）【在零件/装配体草图中显示圆弧中心点】：选中该复选框，草图中显示圆弧中心点。

（4）【在零件/装配体草图中显示实体点】：选中该复选框，草图实体的端点以实心原点的方式显示。该原点的颜色反映草图实体的状态(即黑色为"完全定义"，蓝色为"欠定义"，红色为"过定义"，绿色为"当前所选定的草图")。无论选项如何设置，过定义的点与悬空的点总是会显示出来。

（5）【提示关闭草图】：选中该复选框，如果生成一个有开环轮廓，且可用模型的边线封闭的草图，系统会弹出提示信息："封闭草图至模型边线?"，可选择用模型的边线封闭草图轮廓及方向。

（6）【打开新零件时直接打开草图】：选中该复选框，新零件窗口在前视基准面中打开，可直接使用草图绘制绘图窗口和草图绘制工具。

（7）【尺寸随拖动/移动修改】：选中该复选框，可通过拖动草图实体或在【移动】、【复制】属性管理器中移动实体来修改尺寸值，拖动后，尺寸自动更新；也可选择【工具】|

【草图设定】|【尺寸随拖动/移动修改】菜单命令。

(8) 【上色时显示基准面】：选中该复选框，在上色模式下编辑草图时，基准面被着色。

(9) 【以 3d 在虚拟交点之间所测量的直线长度】：选中该复选框，会从虚拟交点处而不是三维草图中的端点测量直线长度。

(10) 【激活样条曲线相切和曲率控标】：选中该复选框，可为相切和曲率显示样条曲线控标。

(11) 【默认显示样条曲线控制多边形】：选中该复选框，会显示空间中用于操纵对象形状的一系列控制点以操纵样条曲线的形状显示。

(12) 【拖动时的幻影图象】(此处为与软件界面统一，使用"图象"，下同)：在拖动草图时显示草图实体原有位置的幻影图像。

(13) 【过定义尺寸】选项组，可设置如下选项。

● 【提示设定从动状态】：选中该复选框，当一个过定义尺寸被添加到草图中时，会弹出对话框询问尺寸是否为"从动"。此复选框可以单独使用，也可与【默认为从动】选项配合使用。根据选项，当一个过定义尺寸被添加到草图中时，会出现下面 4 种情况之一，即弹出对话框并默认为"从动"、弹出对话框并默认为"驱动"、尺寸以"从动"出现、尺寸以"驱动"出现。

● 【默认为从动】：选中该复选框，当一个过定义尺寸被添加到草图中时，尺寸默认为"从动"。

2. 【草图设定】菜单

选择【工具】|【草图设定】菜单命令，如图 2-7 所示，在此菜单中可以使用草图的各种设定方法。

图 2-7　【草图设定】菜单

(1) 【自动添加几何关系】：在添加草图实体时自动建立几何关系。

(2) 【自动求解】：在生成零件时自动求解草图几何体。

(3) 【激活捕捉】：可激活快速捕捉功能。

(4) 【移动时不求解】：可在不解出尺寸或几何关系的情况下，在草图中移动草图实体。

(5) 【独立拖动单一草图实体】：可从实体中拖动单一草图实体。

(6) 【尺寸随拖动/移动修改】：拖动草图实体或在【移动】、【复制】属性管理器中将其移动以覆盖尺寸。

3. 草图网格线和捕捉

当草图或者工程图处于激活状态时，可选择在当前的草图或工程图上显示网格线。由于 SolidWorks 是参变量式设计，所以草图网格线和捕捉功能并不像 AutoCAD 那么重要，在大多数情况下不需要使用该功能。

2.1.4 草图绘制工具

与草图绘制相关的工具有【草图工具】、【草图绘制实体】、【草图设定】3 种，可通过下列 3 种方法使用这些工具。

(1) 在【草图】工具栏中单击需要的按钮。

(2) 选择【工具】|【草图绘制实体】菜单命令。

(3) 在草图绘制状态中使用快捷菜单。单击鼠标右键时，只有适用的草图绘制工具和标注几何关系工具才会显示在快捷菜单中。

2.1.5 光标

在 SolidWorks 中绘制草图实体或者编辑草图实体时，光标会根据所选择的命令，在绘图时变为相应的图标。而且 SolidWorks 软件提供了自动判断绘图位置的功能，在执行命令时，可自动寻找端点、中心点、圆心、交点、中点等，这样提高了鼠标定位的准确性和快速性，提高了绘制图形的效率。

执行不同命令时，光标会在不同草图实体及特征实体上显示不同的类型，光标既可以在草图实体上形成，也可以在特征实体上形成。在特征实体上的光标，只能在绘图平面的实体边缘产生。

下面是几种常见的光标类型。

(1) 【点】光标：执行绘制点命令时显示的光标。

(2) 【线】光标：执行绘制直线或者中心线命令时显示的光标。

(3) 【圆心/起/终点画弧】光标：执行圆心/起/终点画弧命令时显示的光标。

(4) 【圆】光标：执行绘制圆命令时显示的光标。

(5) 【椭圆】光标：执行绘制椭圆命令时显示的光标。

(6) 【抛物线】光标：执行绘制抛物线命令时显示的光标。

(7) 【样条曲线】光标：执行绘制样条曲线命令时显示的光标。

(8)　【边角矩形】光标：执行绘制边角矩形命令时显示的光标。

(9)　【多边形】光标：执行绘制多边形命令时显示的光标。

(10)　【剪裁实体】光标：执行剪裁草图实体命令时显示的光标。

(11)　【延伸实体】光标：执行延伸草图实体命令时显示的光标。

(12)　【标注尺寸】光标：执行标注尺寸命令时显示的光标。

(13)　【圆周草图阵列】光标：执行圆周阵列命令时显示的光标。

(14)　【线性草图阵列】光标：执行线性阵列命令时显示的光标。

2.2　绘　制　草　图

上一节介绍了草图绘制的基本概念，本节将介绍草图绘制命令的使用方法。在 SolidWorks 建模过程中，大部分特征都需要先建立草图实体然后再执行特征命令，因此本节的学习非常重要。

2.2.1　直线

1. 绘制直线的方法

(1)　单击【草图】工具栏中的 【直线】按钮，或选择【工具】|【草图绘制实体】|【直线】菜单命令，系统弹出【插入线条】属性管理器，如图 2-8 所示，鼠标指针变为 形状。

(2)　可按照下述方法生成单一线条或直线链。

生成单一线条：在绘图窗口中单击鼠标左键，定义直线起点的位置，将鼠标指针拖动到直线的终点位置后释放鼠标。

生成直线链：将鼠标指针拖动到直线的一个终点位置单击鼠标左键，然后将鼠标指针拖动到直线的第二个终点位置再次单击鼠标左键，最后单击鼠标右键，从弹出的快捷菜单中选择【选择】命令或【结束链】命令后结束绘制。

(3)　单击 【确定】按钮，完成直线绘制。

2. 【插入线条】属性管理器

在【插入线条】属性管理器中可编辑直线的以下属性。

(1)　【方向】选项组。

- 【按绘制原样】：单击鼠标左键并拖动鼠标指针绘制出一条任意方向的直线后释放鼠标；也可在绘制一条任意方向的直线后，继续绘制其他任意方向的直线，然后双击鼠标左键结束绘制。
- 【水平】：绘制水平线，直到释放鼠标。
- 【竖直】：绘制竖直线，直到释放鼠标。
- 【角度】：以一定角度绘制直线，直到释放鼠标(此处的角度是相对于水平线而言)。

(2)　【选项】选项组。

- 【作为构造线】：可以将实体直线转换为构造几何体的直线。

● 【无限长度】：生成一条可剪裁的、无限长度的直线。

3.【线条属性】属性管理器

在绘图窗口中选择绘制的直线，弹出【线条属性】属性管理器，用于设置该直线的属性，如图2-9所示。

图2-8　【插入线条】属性管理器　　　　图2-9　【线条属性】属性管理器

(1) 【现有几何关系】选项组。

该选项组显示现有几何关系，即草图绘制过程中自动推理或使用【添加几何关系】选项组手动生成的现有几何关系。该选项组还显示所选草图实体的状态信息，如"欠定义"、"完全定义"等。

(2) 【添加几何关系】选项组。

该选项组可将新的几何关系添加到所选草图实体中，其中只列举了所选直线实体可使用的几何关系，如【水平】、【竖直】和【固定】等。

(3) 【选项】选项组。

● 【作为构造线】：可以将实体直线转换为构造几何体的直线。

● 【无限长度】：可以生成一条可剪裁的、无限长度的直线。

(4) 【参数】选项组。

● 【长度】：设置该直线的长度。

● 【角度】：相对于网格线的角度，水平角度为180°，竖直角度为90°，且逆时针为正向。

(5) 【额外参数】选项组。

● 【开始X坐标】：开始点的x坐标。

● 【开始Y坐标】：开始点的y坐标。

- 【结束 X 坐标】：结束点的 x 坐标。
- 【结束 Y 坐标】：结束点的 y 坐标。
- ΔX【Delta X】：开始点和结束点 x 坐标之间的偏移。
- ΔY【Delta Y】：开始点和结束点 y 坐标之间的偏移。

2.2.2　圆

1．绘制圆的方法

（1）单击【草图】工具栏中的 【圆】按钮，或选择【工具】|【草图绘制实体】|【圆】菜单命令，系统弹出【圆】属性管理器，如图 2-10 所示，鼠标指针变为 形状。

（2）在【圆类型】选项组中，若单击 【圆】按钮，则在绘图窗口中单击鼠标左键可放置圆心；若单击 【周边圆】按钮，在绘图窗口中单击鼠标左键便可放置圆弧，如图 2-11 所示。

图 2-10　【圆】属性管理器

中央创建

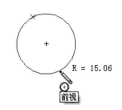
周边创建

图 2-11　选择两种不同的绘制方式

（3）拖动鼠标指针以定义半径。

（4）设置圆的属性，单击 【确定】按钮，完成圆的绘制。

2．圆的属性设置

在绘图窗口中选择绘制的圆，系统弹出【圆】属性管理器，可设置其属性，如图 2-12 所示。

（1）【现有几何关系】选项组。

可显示现有几何关系及所选草图实体的状态信息。

（2）【添加几何关系】选项组。

可将新的几何关系添加到所选的草图实体圆中。

（3）【选项】选项组。

可选中【作为构造线】复选框，将实体圆转换为构造几何体的圆。

（4）【参数】选项组。

用来设置圆心的位置坐标和圆的半径尺寸。

- 【X 坐标置中】：设置圆心的 x 坐标。

图 2-12　【圆】属性管理器

- ⊙ 【Y 坐标置中】：设置圆心的 y 坐标。
- ↗ 【半径】：设置圆的半径。

2.2.3　圆弧

圆弧有圆心/起/终点画弧、切线弧和 3 点圆弧 3 种类型。

1．圆心/起/终点画弧

(1) 单击【草图】工具栏中的 ⊙ 【圆心/起/终点画弧】按钮，或选择【工具】|【草图绘制实体】|【圆心/起/终点画弧】菜单命令，鼠标指针变为 ⊀ 形状。

(2) 确定圆心，在绘图窗口中单击鼠标左键放置圆弧圆心。

(3) 拖动鼠标指针放置起点、终点。

(4) 单击鼠标左键，显示圆周参考线。

(5) 拖动鼠标指针确定圆弧的长度和方向，然后单击鼠标左键。

(6) 设置圆弧属性，单击 ✅ 【确定】按钮，完成圆弧的绘制。

2．绘制切线弧

单击【草图】工具栏中的 ⊋ 【切线弧】按钮，可生成一条与草图实体(如直线、圆弧、椭圆或者样条曲线等)相切的弧线，也可利用自动过渡功能将绘制直线切换为绘制圆弧，而不必单击 ⊋ 【切线弧】按钮。

(1) 单击【草图】工具栏中的 ⊋ 【切线弧】按钮，或选择【工具】|【草图绘制实体】|【切线弧】菜单命令。

(2) 在直线、圆弧、椭圆或者样条曲线的端点处单击鼠标左键，系统弹出【圆弧】属性管理器，鼠标指针变为 ⊀ 形状。

(3) 拖动鼠标指针绘制所需的形状，然后单击鼠标左键。

(4) 设置圆弧的属性，单击 ✅ 【确定】按钮，完成圆弧的绘制。

3．绘制 3 点圆弧

(1) 单击【草图】工具栏中的 ⌒ 【3 点圆弧】按钮，或选择【工具】|【草图绘制实体】|【三点圆弧】菜单命令，系统弹出【圆弧】属性管理器，鼠标指针变为 ⊀ 形状。

(2) 在绘图窗口中单击鼠标左键确定圆弧的起点位置。

(3) 将鼠标指针拖动到圆弧结束处，再次单击鼠标左键确定圆弧的终点位置。

(4) 拖动圆弧设置圆弧的半径，必要时可更改圆弧的方向，然后单击鼠标左键。

(5) 设置圆弧的属性，单击 ✅ 【确定】按钮，完成圆弧的绘制。

4．圆弧的属性设置

在【圆弧】属性管理器中，可设置所绘制的圆心/起/终点画弧、切线弧和 3 点圆弧的属性，如图 2-13 所示。

(1) 【现有几何关系】选项组。

显示现有的几何关系，即在草图绘制过程中自动推理或使用【添加几何关系】选项组手动生成的几何关系(在列表中选择某一几何关系时，绘图窗口中的标注会高亮显示)；显示所选草图实体的状态信息，如"欠定义"、"完全定义"等。

(2) 【添加几何关系】选项组。

只列举所选实体可使用的几何关系，如【固定】等。

(3) 【选项】选项组。

选中【作为构造线】复选框，可将实体圆弧转换为构造几何体的圆弧。

(4) 【参数】选项组。

如果圆弧不受几何关系约束，可指定以下参数中的任何适当组合以定义圆弧。当更改一个或者多个参数时，其他参数会自动更新。

图 2-13　【圆弧】属性管理器

- ⊕【X 坐标置中】：设置圆心 x 坐标。
- ⊕【Y 坐标置中】：设置圆心 y 坐标。
- ⊕【开始 X 坐标】：设置开始点 x 坐标。
- ⊕【开始 Y 坐标】：设置开始点 y 坐标。
- ⊕【结束 X 坐标】：设置结束点 x 坐标。
- ⊕【结束 Y 坐标】：设置结束点 y 坐标。
- ⊿【半径】：设置圆弧的半径。
- ⊿【角度】：设置端点到圆心的角度。

2.2.4　椭圆和椭圆弧

使用【椭圆(长短轴)】命令可生成一个完整椭圆；使用【部分椭圆】命令可生成一个椭圆弧。

1. 绘制椭圆

(1) 选择【工具】|【草图绘制实体】|【椭圆(长短轴)】菜单命令，系统弹出【椭圆】属性管理器，鼠标指针变为 ⊿形状。

(2) 在绘图窗口中单击鼠标左键放置椭圆中心。

(3) 拖动鼠标指针并单击鼠标左键定义椭圆的长轴(或者短轴)。

(4) 拖动鼠标指针并再次单击鼠标左键定义椭圆的短轴(或者长轴)。

(5) 设置椭圆的属性，单击✅【确定】按钮，完成椭圆的绘制。

2. 绘制椭圆弧

(1) 选择【工具】|【草图绘制实体】|【部分椭圆】菜单命令，系统弹出【椭圆】属性管理器，鼠标指针变为 ⊿形状。

(2) 在绘图窗口中单击鼠标左键放置椭圆的中心位置。

(3) 拖动鼠标指针并单击鼠标左键定义椭圆的第一个轴。

(4) 拖动鼠标指针并单击鼠标左键定义椭圆的第二个轴，保留圆周引导线。

(5) 围绕圆周拖动鼠标指针定义椭圆弧的范围。

(6) 设置椭圆弧属性，单击 ✔【确定】按钮，完成椭圆弧的绘制。

3．椭圆的属性设置

在【椭圆】属性管理器中可编辑绘制的椭圆或椭圆弧的属性，其中大部分选项组中的属性设置与【圆】属性管理器相似，如图 2-14 所示，在此不做赘述。

【参数】选项组中的数值框，分别用于定义椭圆圆心的 x、y 坐标和短、长轴的长度。

(1) ⊘【X 坐标置中】：设置椭圆圆心的 x 坐标。

(2) ⊘【Y 坐标置中】：设置椭圆圆心的 y 坐标。

(3) ⊘【半径 1】：设置椭圆长轴的半径。

(4) ⊘【半径 2】：设置椭圆短轴的半径。

椭圆(长短轴)

部分椭圆

图 2-14　【椭圆】属性管理器

2.2.5　矩形和平行四边形

使用【矩形】命令可生成水平或竖直的矩形；使用【平行四边形】命令可生成任意角度的平行四边形。

绘制矩形的步骤如下。

(1) 单击【草图】工具栏中的▭【边角矩形】按钮，或选择【工具】|【草图绘制实体】|【矩形】菜单命令，鼠标指针变为 ⬚ 形状。

(2) 在绘图窗口中单击鼠标左键放置矩形的第一个顶点，拖动鼠标指针定义矩形。在拖动鼠标指针时，会动态显示矩形的尺寸，当矩形的大小和形状符合要求时释放鼠标。

(3) 要更改矩形的大小和形状，可选择并拖动一条边或一个顶点。在【线条属性】或【点】属性管理器中，【参数】选项组用于定义矩形的位置坐标、尺寸等，也可以使用 ◈

【智能尺寸】按钮，定义矩形的位置坐标、尺寸等，最后单击 【确定】按钮，完成矩形的绘制。

平行四边形的绘制方法与矩形类似，选择【工具】|【草图绘制实体】|【平行四边形】菜单命令即可。

如果需要改变矩形或平行四边形中单条边线的属性，可选择该边线，在【线条属性】属性管理器中编辑其属性。

2.2.6　抛物线

使用【抛物线】命令可生成各种类型的抛物线。

1. 绘制抛物线

(1) 选择【工具】|【草图绘制实体】|【抛物线】菜单命令，鼠标指针变为形状。

(2) 在绘图窗口中单击鼠标左键放置抛物线的焦点，然后将鼠标指针拖动到起点处，沿抛物线轨迹绘制抛物线，系统弹出【抛物线】属性管理器。

(3) 单击鼠标左键并拖动鼠标指针定义抛物线，设置抛物线属性，单击 【确定】按钮，完成抛物线的绘制。

2. 抛物线的属性设置

(1) 在绘图窗口中选择绘制的抛物线，当鼠标指针位于抛物线上时会变成形状。系统弹出【抛物线】属性管理器，如图 2-15 所示。

图 2-15　【抛物线】属性管理器

(2) 当选择抛物线顶点时，鼠标指针变成形状，拖动顶点可改变曲线的形状。
- 将顶点拖离焦点时，抛物线开口扩大，曲线展开。
- 将顶点拖向焦点时，抛物线开口缩小，曲线变尖锐。
- 要改变抛物线一条边的长度而不修改抛物线的曲线，则应选择一个端点进行拖动。

(3) 设置抛物线的属性。

在绘图窗口中选择绘制的抛物线，然后在【抛物线】属性管理器中编辑其属性。

-  【开始 X 坐标】：设置开始点 x 坐标。
- 【开始 Y 坐标】：设置开始点 y 坐标。
- 【结束 X 坐标】：设置结束点 x 坐标。
- 【结束 Y 坐标】：设置结束点 y 坐标。
- 【X 坐标置中】：将 x 坐标置中。
- 【Y 坐标置中】：将 y 坐标置中。
- 【极点 X 坐标】：设置极点 x 坐标。
- 【极点 Y 坐标】：设置极点 y 坐标。

其他属性与【圆】属性设置相似，在此不做赘述。

2.2.7 多边形

使用【多边形】命令可以生成带有任何数量边的等边多边形。用内切圆或者外接圆的直径定义多边形的大小，还可指定旋转角度。

1. 绘制多边形

(1) 选择【工具】|【草图绘制实体】|【多边形】菜单命令，鼠标指针变为 ∂ 形状，系统弹出【多边形】属性管理器。

(2) 在【参数】选项组的 ⬡ 【边数】数值框中设置多变形的边数，或在绘制多边形之后修改其边数；选中【内切圆】或【外接圆】单选按钮，并在 ⬡ 【圆直径】数值框中设置圆直径数值。

(3) 在绘图窗口中单击鼠标左键放置多边形的中心，然后拖动鼠标指针定义多边形。

(4) 设置多边形的属性，单击 ✅ 【确定】按钮，完成多边形的绘制。

2. 多边形的属性设置

完成多边形的绘制后，可通过编辑多边形的属性来改变多边形的大小、位置、形状等。

(1) 用鼠标右键单击多边形的一条边，从弹出的快捷菜单中选择【编辑多边形】命令。

(2) 系统弹出【多边形】属性管理器，如图 2-16 所示，可编辑多边形的属性。

图 2-16　【多边形】属性管理器

2.2.8　点

使用【点】命令，可将点插入到草图和工程图中。

(1) 单击【草图】工具栏中的 ✴ 【点】按钮，或选择【工具】|【草图绘制实体】|【点】菜单命令，鼠标指针变为 ✎ 形状。

(2) 在绘图窗口中单击鼠标左键放置点，系统弹出【点】属性管理器，如图 2-17 所示。【点】命令保持激活，可继续插入点。

若要设置点的属性，则在选择绘制的点后在【点】属性管理器中进行编辑。

图 2-17　【点】属性管理器

2.2.9　中心线

使用【中心线】命令可绘制中心线，作为草图镜像及旋转特征操作的旋转中心轴或构造几何体。

(1) 单击【草图】工具栏中的 ⫶ 【中心线】按钮，或选择【工具】|【草图绘制实体】|【中心线】菜单命令，鼠标指针变为 ✎ 形状。

(2) 在绘图窗口中单击鼠标左键放置中心线的起点，系统弹出【线条属性】属性管理器。

(3) 在绘图窗口中拖动鼠标指针并单击鼠标左键放置中心线的终点。

要改变中心线属性，可选择绘制的中心线；然后在【线条属性】属性管理器中进行编辑。

2.2.10　样条曲线

定义样条曲线的点至少有三个，中间为型值点(或者通过点)，两端为端点。可通过拖动样条曲线的型值点或端点改变其形状，也可在端点处指定相切，还可在 3D 草图绘制中绘制样条曲线，新绘制的样条曲线默认为"非成比例的"。

1. 绘制样条曲线

(1) 单击【草图】工具栏中的 ∿ 【样条曲线】按钮，或选择【工具】|【草图绘制实体】|【样条曲线】菜单命令，鼠标指针变为 ✎ 形状。

(2) 在绘图窗口中单击鼠标左键放置第一点，然后拖动鼠标指针以定义曲线的第一段。

(3) 在绘图窗口中放置第二点，然后拖动鼠标指针以定义样条曲线的第二段。

(4) 重复以上步骤直到完成样条曲线。完成绘制时，双击最后一个点即可。

2．样条曲线的属性设置

样条曲线的属性可在【样条曲线】属性管理器中进行设置，如图 2-18 所示。

图 2-18　【样条曲线】属性管理器

若样条曲线不受几何关系约束，则可在【参数】选项组中指定以下参数来定义样条曲线。

(1) ⟋⟍【样条曲线控制点数】：滚动查看样条曲线上的点时，曲线相应点的序数出现在框中。

(2) ⟋⟍【X 坐标】：设置样条曲线端点的 x 坐标。

(3) ⟋⟍【Y 坐标】：设置样条曲线端点的 y 坐标。

(4) ⟋【相切重量 1】、⟍【相切重量 2】：相切量。通过修改样条曲线点处的样条曲线曲率度数来控制相切向量。

(5) ⟋【相切径向方向】：通过修改相对于 X、Y、Z 轴的样条曲线倾斜角度来控制相切方向。

(6) 【相切驱动】：选中该复选框，可以激活【相切重量 1】、【相切重量 2】和【相切径向方向】等参数。

(7) 【重设此控标】按钮：将所选样条曲线控标重返到其初始状态。

(8) 【重设所有控标】按钮：将所有样条曲线控标重返到其初始状态。

(9) 【弛张样条曲线】按钮：可显示控制样条曲线的多边形，拖动控制多边形上的任意节点可更改样条曲线的形状，如图 2-19 所示。

图 2-19　控制多边形

(10) 【成比例】：成比例的样条曲线在拖动端点时会保持形状，整个样条曲线会按比例调整大小，可为成比例样条曲线的内部端点标注尺寸和添加几何关系。

3. 简化样条曲线

使用【简化样条曲线】命令可提高包含复杂样条曲线的模型的性能。除了绘制的样条曲线外，可使用如 【转换实体引用】、 【等距实体】和 【交叉曲线】等命令绘制样条曲线，也可通过单击【平滑】按钮或指定【公差】数值来减少样条曲线上点的数量。

(1) 用鼠标右键单击样条曲线，从弹出的快捷菜单中选择【简化样条曲线】命令，或选择【工具】|【样条曲线工具】|【简化样条曲线】菜单命令，弹出【简化样条曲线】对话框，如图 2-20 所示。

(2) 在【样条曲线型值点数】选项组的【在原曲线中】和【在简化曲线中】数值框中显示点的数量；在【公差】数值框中显示公差值(公差，即从原始曲线所产生的曲线的计划误差值)。如果要通过公差控制样条曲线点，则可在【公差】数值框中输入数值，然后按 Enter 键，样条曲线点的数量可在绘图窗口中预览。

(3) 单击【平滑】按钮，系统将调整公差并计算点数更少的新曲线。点的数量重新显示在【在原曲线中】和【在简化曲线中】数值框中，公差值显示在【公差】数值框中。原始样条曲线显示在绘图窗口中并显示平滑曲线的预览，如图 2-21 所示。

图 2-20　【简化样条曲线】对话框

图 2-21　平滑曲线

(4) 可继续单击【平滑】按钮，直到只剩两个点为止，单击 【确定】按钮，完成操作。

4. 插入样条曲线型值点

与前面的功能相反，【插入样条曲线型值点】命令可为样条曲线增加一个或多个点。用该命令可完成以下操作。

(1) 使用样条曲线型值点作为控标，将样条曲线调整为所需的形状。

(2) 在样条曲线型值点之间或样条曲线型值点与其他实体之间标注尺寸。

(3) 给样条曲线型值点添加几何关系。其步骤如下：用鼠标右键单击所绘制的样条曲线，从弹出的快捷菜单中选择【插入样条曲线型值点】命令，或选择【工具】|【样条曲线工具】|【插入样条曲线型值点】菜单命令，鼠标指针显示为 形状。然后在样条曲线上单击鼠标左键定义一个或多个需要插入点的位置。

如果要为样条曲线的内部点添加几何关系或尺寸标注，则样条曲线必须为"非成比例的"（"非成比例的"为默认值）。若正在处理的样条曲线是成比例的，则选择样条曲线，在【样条曲线】属性管理器中取消选中【成比例】复选框。

5. 改变样条曲线

(1) 改变样条曲线的形状。

选择样条曲线，控标出现在型值点和线段端点上，可用以下方法改变样条曲线。

- 拖动控标改变样条曲线的形状。
- 添加或移除样条曲线型值点改变样条曲线的形状。
- 用鼠标右键单击样条曲线，从弹出的快捷菜单中选择【插入样条曲线型值点】命令。
- 在样条曲线上通过控制多边形改变样条曲线的形状。

控制多边形是空间中用于操纵对象形状的一系列控制点(即节点)。用户可拖动控制点而不是令修改区域局部化的样条曲线点，从而更精确地控制样条曲线的形状。在打开的草图中，用鼠标右键单击样条曲线，从弹出的快捷菜单中选择【显示控制多边形】命令，就可显示出控制多边形。

(2) 简化样条曲线。

用鼠标右键单击样条曲线，从弹出的快捷菜单中选择【简化样条曲线】命令。

(3) 删除样条曲线型值点。

选择要删除的点后按 Delete 键。

(4) 改变样条曲线的属性。

从绘图窗口中选择样条曲线，在【样条曲线】属性管理器中编辑其属性。

绘制草图案例 1——创建草图 1

案例文件：ywj\02\01.prt。

视频文件：光盘→视频课堂→第 2 章→2.2.1。

案例操作步骤如下。

step 01 单击【草图】工具栏中的 【草图绘制】按钮，选择上视基准面作为草绘平面，如图 2-22 所示。

step 02 单击【草图】工具栏中的 【圆】按钮，绘制直径分别为 20 和 40 的两个圆，如图 2-23 所示。

step 03 单击【草图】工具栏中的 【直线】按钮，绘制两条直线，其中一条长度为10，如图 2-24 所示。

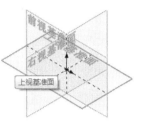

图 2-22 选择草绘面

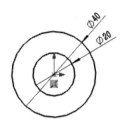

图 2-23 绘制圆

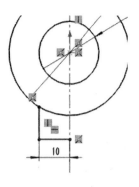

图 2-24 绘制直线(1)

step 04 单击【草图】工具栏中的 ◥【直线】按钮，绘制 3 条直线，参数如图 2-25 所示。

step 05 单击【草图】工具栏中的 ⚠【镜向实体】按钮，镜像直线图形，如图 2-26 所示。

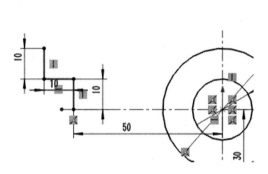

图 2-25 绘制直线(2)

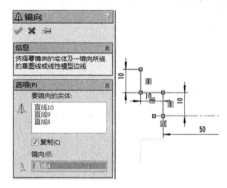

图 2-26 镜像直线(1)

step 06 单击【草图】工具栏中的 ⚠【镜向实体】按钮，镜像如图 2-27 所示的直线图形。

step 07 单击【草图】工具栏中的 ⚠【镜向实体】按钮，镜像如图 2-28 所示的直线图形。

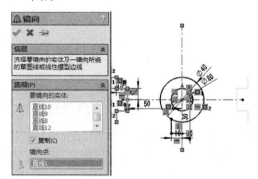

图 2-27 镜像直线(2)

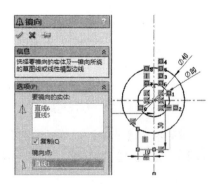

图 2-28 镜像直线(3)

step 08 单击【草图】工具栏中的 🔘【圆心/起/终点画弧】按钮，绘制半径为 100 的圆弧，如图 2-29 所示。

step 09 完成草图的绘制，如图 2-30 所示。

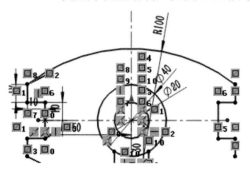

图 2-29 绘制圆弧

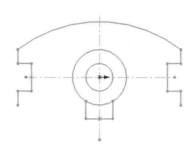

图 2-30 完成的草图

绘制草图案例 2——创建草图 2

📋 案例文件：ywj\02\02.prt。

🎞 视频文件：光盘→视频课堂→第 2 章→2.2.2。

案例操作步骤如下。

step 01 单击【草图】工具栏中的 ☑【草图绘制】按钮，选择上视基准面作为草绘平面。单击【草图】工具栏中的 🔲【边角矩形】按钮，绘制 50×10 的矩形，如图 2-31 所示。

step 02 单击【草图】工具栏中的 ╲【直线】按钮和 ╎【中心线】按钮，绘制直线和中心线，参数如图 2-32 所示。

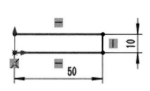

图 2-31 绘制矩形

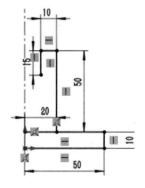

图 2-32 绘制直线

step 03 单击【草图】工具栏中的 ⚠【镜向实体】按钮，镜像直线图形，如图 2-33 所示。

step 04 完成草图的绘制，如图 2-34 所示。

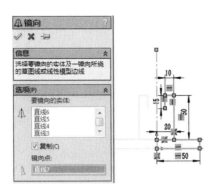

图 2-33　镜像直线

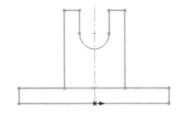

图 2-34　完成的草图

绘制草图案例 3——创建草图 3

案例文件：ywj\02\03.prt。

视频文件：光盘→视频课堂→第 2 章→2.2.3。

案例操作步骤如下。

step 01 单击【草图】工具栏中的 ![icon]【草图绘制】按钮，选择上视基准面作为草绘平面。单击【草图】工具栏中的 ![icon]【边角矩形】按钮，绘制 100×60 的矩形，如图 2-35 所示。

step 02 单击【草图】工具栏中的 ![icon]【圆】按钮，绘制直径分别为 20 和 40 的两个圆，如图 2-36 所示。

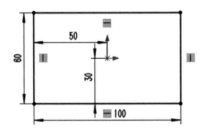

图 2-35　绘制矩形

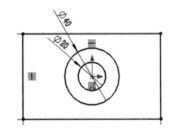

图 2-36　绘制圆

step 03 单击【草图】工具栏中的 ![icon]【圆】按钮，绘制直径为 10 的圆，如图 2-37 所示。

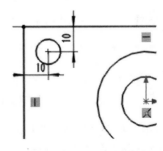

图 2-37　绘制小圆

step 04 ▶ 单击【草图】工具栏中的▦【线性草图阵列】按钮，创建圆的矩形阵列，如图 2-38 所示。

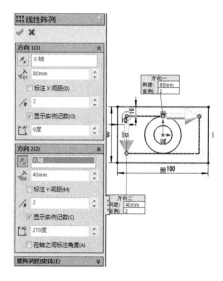

图 2-38　阵列草图

step 05 ▶ 单击【草图】工具栏中的📖【绘制圆形】按钮，绘制矩形的圆角，半径为 10mm，如图 2-39 所示。

step 06 ▶ 完成草图的绘制，如图 2-40 所示。

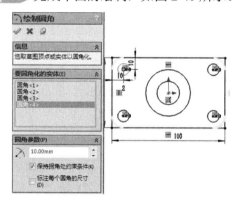

图 2-39　绘制圆角

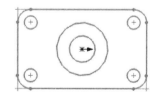

图 2-40　完成的草图

绘制草图案例 4——创建草图 4

📝 案例文件：ywj\02\04.prt。

🎬 视频文件：光盘→视频课堂→第 2 章→2.2.4。

案例操作步骤如下。

step 01 ▶ 单击【草图】工具栏中的◰【草图绘制】按钮，选择上视基准面作为草绘平面。单击【草图】工具栏中的⬡【多边形】按钮，绘制六边形，直径为 50，如图 2-41 所示。

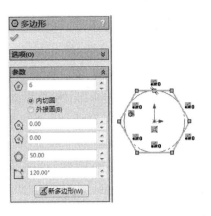

图 2-41 绘制多边形

step 02 单击【草图】工具栏中的 ◎【圆】按钮，绘制直径为 30 的圆，如图 2-42 所示。

step 03 单击【草图】工具栏中的 ✳【点】按钮，绘制点，位置如图 2-43 所示。

step 04 单击【草图】工具栏中的 ╲【直线】按钮，绘制两条直线，如图 2-44 所示。完成草图的绘制。

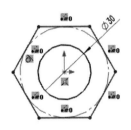

图 2-42 绘制圆

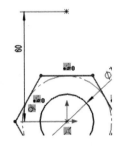

图 2-43 绘制点

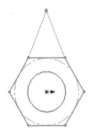

图 2-44 绘制直线

绘制草图案例 5——创建草图 5

案例文件：ywj\02\05.prt。

视频文件：光盘→视频课堂→第 2 章→2.2.5。

案例操作步骤如下。

step 01 单击【草图】工具栏中的 ╚【草图绘制】按钮，选择上视基准面进行绘制。单击【草图】工具栏中的 ◎【圆】按钮，绘制直径为 40 的圆，如图 2-45 所示。

图 2-45 绘制圆(1)

step 02 单击【草图】工具栏中的 ⊙【圆】按钮，绘制直径为 20 的圆，如图 2-46 所示。

step 03 单击【草图】工具栏中的 ∿【样条曲线】按钮，绘制样条曲线，如图 2-47 所示。

图 2-46 绘制圆(2)   图 2-47 绘制样条曲线

step 04 按住 Ctrl 键，选择圆形和样条曲线，弹出【属性】属性管理器，选择【相切】几何关系，如图 2-48 所示。

step 05 按住 Ctrl 键，选择圆形和样条曲线，弹出【属性】属性管理器，选择【相切】几何关系，如图 2-49 所示。

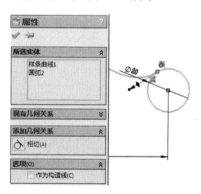 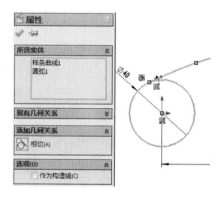

图 2-48 设置相切(1)   图 2-49 设置相切(2)

step 06 完成草图的绘制，如图 2-50 所示。

图 2-50 完成的草图

2.3 编 辑 草 图

草图绘制完毕后，需要对草图做进一步的编辑以符合设计的需要，本节介绍常用的草图编辑工具，如剪切、复制、移动、旋转、剪裁、延伸、分割、合并、派生、转换实体引用、等距实体等。

2.3.1　剪切、复制、粘贴草图

绘制草图时，可在同一草图中或在不同草图间进行剪切、复制、粘贴一个或多个草图实体的操作，如复制整个草图并将其粘贴到当前零件的一个面或另一个草图、零件、装配体或工程图文件中(目标文件必须是打开的)。

要在同一文件中复制草图或将草图复制到另一个文件中，可在【特征管理器设计树】中选择并拖动草图实体，同时按住 Ctrl 键。

要在同一草图内部复制，可在【特征管理器设计树】中选择并拖动草图实体，同时按住 Shift 键，也可按照以下步骤复制、粘贴一个或者多个草图实体。

(1) 在【特征管理器设计树】中选择绘制完成的草图。

(2) 选择【编辑】|【复制】菜单命令，或按 Ctrl+C 组合键。

(3) 选择【编辑】|【粘帖】菜单命令，或按 Ctrl+V 组合键，单击放置复制的草图。

2.3.2　移动、旋转、缩放、复制草图

如果要移动、旋转、按比例缩放、复制草图，可选择【工具】|【草图工具】菜单命令，然后选择以下命令。

(1) 【移动】：移动草图。

(2) 【旋转】：旋转草图。

(3) 【缩放比例】：按比例缩放草图。

(4) 【复制】：复制草图。

下面进行详细的介绍。

1. 移动和复制

使用【移动】命令可将实体移动一定距离，或以实体上某一点为基准，将实体移动至已有的草图点。

选择要移动的草图，然后选择【工具】|【草图工具】|【移动】菜单命令，系统弹出【移动】属性管理器。在【参数】选项组中，选中【从/到】单选按钮，再单击【起点】下的 【基准点】选择框，在绘图窗口中选择移动的起点，拖动鼠标指针定义草图实体要移动到的位置，如图 2-51 所示。

也可选中 X/Y 单选按钮，然后设置 $^{\Delta X}$(Delta X)和 $^{\Delta Y}$(Delta Y)数值定义草图实体移动的位置。

(1) $^{\Delta X}$(Delta X)：表示开始点和结束点 x 坐标之间的偏移。

图 2-51　移动草图

(2) $^{\Delta Y}$(Delta Y)：表示开始点和结束点 y 坐标之间的偏移。

如果单击【重复】按钮，将按照相同距离继续修改草图实体位置。单击 【确定】按钮，草图实体被移动。

【复制】命令的使用方法与【移动】命令相同，在此不做赘述。

移动或复制操作不生成几何关系。如果需要在移动或者复制过程中保留现有几何关系，则选中【保留几何关系】复选框；当取消选中【保留几何关系】复选框时，只有在所选项目和未被选择的项目之间的几何关系被断开，所选项目之间的几何关系仍被保留。

2．旋转

使用【旋转】命令可使实体沿旋转中心旋转一定角度。

(1) 选择要旋转的草图。

(2) 选择【工具】|【草图工具】|【旋转】菜单命令。

(3) 系统弹出【旋转】属性管理器，如图 2-52 所示。在【参数】选项组中，单击【旋转中心】下的 ·【基准点】选择框，然后在绘图窗口中单击鼠标左键放置旋转中心。

(4) 在 ⟂【角度】数值框中设置旋转角度，或在绘图窗口中任意拖动鼠标指针。单击 ✓【确定】按钮，草图实体被旋转。

拖动鼠标指针时，角度捕捉增量根据鼠标指针离基准点的距离而变化，在 ⟂【角度】数值框中会显示精确的角度值。

3．按比例缩放

使用【缩放比例】命令可将实体放大或者缩小一定的倍数，或生成一系列尺寸成等比例的实体。

选择要按比例缩放的草图，再选择【工具】|【草图工具】|【缩放比例】菜单命令，系统弹出【比例】属性管理器，如图 2-53 所示。

图 2-52　【旋转】属性管理器　　　图 2-53　【比例】属性管理器

(1) 【比例缩放点】：单击 ·【基准点】选择框，可在绘图窗口中单击草图的某个点作为比例缩放的基准点。

(2) ○【比例因子】：比例因子按算术方法递增(不按几何体方法)。

(3) 【复制】：选中此复选框，可以设置 ⟋【份数】数值，将草图按比例缩放并复制。

2.3.3　剪裁草图

【剪裁】命令可用来裁剪或延伸某一草图实体，使之与另一个草图实体重合，或者删除某一草图实体。

单击【草图】工具栏中的 【剪裁实体】按钮，或选择【工具】|【草图工具】|【剪裁】菜单命令，系统弹出【剪裁】属性管理器，如图 2-54 所示。

图 2-54   【剪裁】属性管理器

在【选项】选项组中可以设置以下参数。

(1) 【强劲剪裁】：剪裁草图实体。拖动鼠标指针时，剪裁一个或多个草图实体到最近的草图实体处。

(2) 【边角】：修改所选的两个草图实体，直到它们以虚拟边角交叉。沿其自然路径延伸一个或两个草图实体时就会生成虚拟边角。

控制【边角】选项的因素如下。

● 选择的草图实体可以不同(如直线和圆弧、抛物线和直线等)。
● 根据草图实体的不同，剪裁操作可以延伸一个草图实体而缩短另一个草图实体，或同时延伸两个草图实体。
● 受所选草图实体的末端影响，剪裁操作可能发生在所选草图实体两端的任意端。
● 剪裁行为不受选择草图实体顺序的影响。
● 如果所选的两个草图实体之间不可能有几何上的自然交叉，则剪裁操作无效。

(3) 【在内剪除】：剪裁位于两个所选边界之间的草图实体，例如，椭圆等闭环草图实体将会生成一个边界区域，方式与选择两个开环实体作为边界相同。

控制此选项的因素如下。

● 作为两个边界实体的草图实体可以不同。
● 选择要剪裁的草图实体必须与每个边界实体交叉一次，或与两个边界实体完全不交叉。
● 剪裁操作将会删除所选边界内部全部的有效草图实体。
● 要剪裁的有效草图实体包括开环草图实体，不包括闭环草图实体(如圆等)。

(4) 【在外剪除】：剪裁位于两个所选边界之外的开环草图实体。

控制此选项的因素如下。

● 作为两个边界实体的草图实体可以不同。
● 边界不受所选草图实体端点的限制，将边界定义为草图实体的无限延续。

● 剪除操作将会删除所选边界外全部的有效草图实体。

● 要剪裁的有效草图实体包括开环草图实体,不包括闭环草图实体(如圆等)。

(5) ┼【剪裁到最近端】:删除草图实体到与另一草图实体如直线、圆弧、圆、椭圆、样条曲线、中心线等或模型边线的交点。

控制此选项的因素如下。

● 删除所选草图实体,直到与其他草图实体的最近交点。

● 延伸所选草图实体。实体延伸的方向取决于拖动鼠标指针的方向。

在草图上移动鼠标指针，一直到希望剪裁(或者删除)的草图实体以红色高亮显示,然后单击该实体。如果草图实体没有和其他草图实体相交,则整个草图实体被删除。剪裁草图也可以删除草图实体余下的部分。

2.3.4 延伸草图

使用┬【延伸】命令可以延伸草图实体以增加其长度,如直线、圆弧或中心线等,常用于将一个草图实体延伸到另一个草图实体。

(1) 选择【工具】|【草图工具】|【延伸】菜单命令。

(2) 将鼠标指针拖动到要延伸的草图实体上,如直线、圆弧或者中心线等,所选草图实体显示为红色,绿色的直线或圆弧表示草图实体延伸的方向。

(3) 单击该草图实体,草图实体延伸到与下一草图实体相交。

如果预览显示延伸方向出错,将鼠标指针拖动到直线或者圆弧的另一半上并再一次预览。

2.3.5 分割草图

【分割实体】命令用于通过添加分割点将一个草图实体分割成两个草图实体。

(1) 打开包含需要分割实体的草图。

(2) 选择【工具】|【草图工具】|【分割实体】菜单命令,或在绘图窗口中用鼠标右键单击草图实体,从弹出的快捷菜单中选择【分割实体】命令。当鼠标指针位于被分割的草图实体上时,会变成形状。

(3) 单击草图实体上的分割位置,该草图实体被分割成两个草图实体,这两个草图实体间会添加一个分割点,如图 2-55 所示。

图 2-55 分割点

2.3.6 派生草图

用户可从属于同一零件的另一草图派生草图,或从同一装配体中的另一草图派生草图。

从现有草图派生草图时,这两个草图将保持相同特性。对原始草图所做的更改将反映到派生草图中。通过拖动派生草图和标注尺寸,可将草图定位在所选面上。派生的草图是固定链接的，它将作为单一实体被拖动。

不能在派生的草图中添加或者删除几何体，派生草图的形状总是与原始草图相同，但可用尺寸或者几何关系重新定义该草图。

更改原始草图时，派生草图会自动更新。

如果要解除派生草图与原始草图之间的链接，可在【特征管理器设计树】中用鼠标右键单击派生草图或零件的名称，然后从弹出的快捷菜单中选择【解除派生】命令。链接解除后，即使对原始草图进行修改，派生草图也不会再自动更新。

从同一零件中的草图派生草图的步骤如下：选择需要派生新草图的草图，按住键盘上的 Ctrl 键并单击将放置新草图的面；选择【插入】|【派生草图】菜单命令，草图在所选面的基准面上出现。

从同一装配体中的草图派生草图的步骤如下：用鼠标右键单击需要放置派生草图的零件，从弹出的快捷菜单中选择【编辑零件】命令；在同一装配体中选择需要派生的草图，按住键盘上的 Ctrl 键并单击将放置新草图的面；选择【插入】|【派生草图】菜单命令，草图在所选面的基准面上出现，并可以进行编辑。

2.3.7 转换实体引用

使用【转换实体引用】命令可将其他特征上的边线投影到某草图平面上，此边线可以是模型边线(包括一个或多个模型的边线、一个模型的面和该面所指定环的边线)，也可是外部草图实体(包括一个或多个相连接的草图实体，或一个具有闭环轮廓线的草图实体等)。

(1) 单击【标准】工具栏中的 【选择】按钮，在绘图窗口中选择模型面或边线、环、曲线、外部草图轮廓线、一组边线、一组曲线等。

(2) 单击【草图】工具栏中的 【草图绘制】按钮，进入草图绘制状态。

(3) 单击【草图】工具栏中的 【转换实体引用】按钮(见图 2-56)，或选择【工具】|【草图工具】|【转换实体引用】菜单命令，将模型面转换为草图实体，如图 2-57 所示。

图 2-56 在【草图】工具栏中单击【转换实体引用】按钮

图 2-57 将模型面转换为草图实体

【转换实体引用】命令将自动建立以下几何关系。

(1) 在新的草图曲线和草图实体之间的边线上建立几何关系，如果草图实体更改，曲线也会随之更新。

(2) 在草图实体的端点上生成内部固定几何关系，使草图实体保持"完全定义"状态。

当使用【显示/删除几何关系】命令时，不会显示此内部几何关系，拖动草图实体端点可移除几何关系。

2.3.8　等距实体

使用【等距实体】命令可将其他特征的边线以一定的距离和方向偏移，偏移的特征可以是一个或多个草图实体、一个模型面、一条模型边线或外部草图曲线。

选择一个草图实体或者多个草图实体、一个模型面、一条模型边线或外部草图曲线等，单击【草图】工具栏中的  【等距实体】按钮，或选择【工具】|【草图工具】|【等距实体】菜单命令，系统弹出【等距实体】属性管理器，如图 2-58 所示。

在【参数】选项组中可设置以下参数。

图 2-58　【等距实体】属性管理器

(1) 　【等距距离】：设置等距数值，或在绘图窗口中移动鼠标指针来定义等距距离。

(2) 【添加尺寸】：在草图中添加等距距离，不会影响到原有草图实体中的任何尺寸。

(3) 【反向】：更改单向等距的方向。

(4) 【选择链】：生成所有连续草图实体的等距实体。

(5) 【双向】：在绘图窗口的两个方向生成等距实体。

(6) 【制作基体结构】：将原有草图实体转换为构造性直线。

(7) 【顶端加盖】：通过选中【双向】复选框并添加顶盖以延伸原有非相交草图实体，可以选中【圆弧】或【直线】单选按钮作为延伸顶盖的类型。

编辑草图案例 1——编辑草图 1

　案例文件：ywj\02\01.prt、06.prt。

　视频文件：光盘→视频课堂→第 2 章→2.3.1。

案例操作步骤如下。

step 01 单击【草图】工具栏中的 ▲ 【镜向实体】按钮，镜像圆弧图形，如图 2-59 所示。

step 02 单击【草图】工具栏中的 🖥 【移动实体】按钮，移动直线图形，如图 2-60 所示。

step 03 单击【草图】工具栏中的 ╬ 【剪裁实体】按钮，弹出【剪裁】属性管理器，单击【强劲剪裁】按钮，进行草图剪裁，如图 2-61 所示。

step 04 完成草图的绘制如图 2-62 所示。

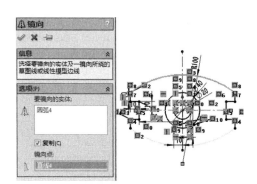

图 2-59　镜像圆弧

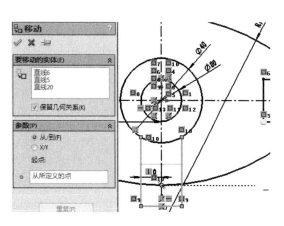

图 2-60　移动直线

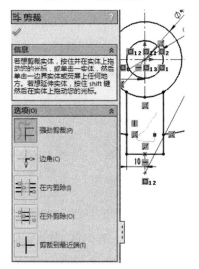

图 2-61　剪裁草图

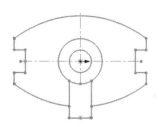

图 2-62　完成的草图

编辑草图案例 2——编辑草图 2

案例文件：ywj\02\02.prt、07.prt。

视频文件：光盘→视频课堂→第 2 章→2.3.2。

案例操作步骤如下。

step 01 单击【草图】工具栏中的 ❉【剪裁实体】按钮，弹出【剪裁】属性管理器，单击【强劲剪裁】按钮，进行草图剪裁，如图 2-63 所示。

step 02 单击【草图】工具栏中的 ❉【旋转实体】按钮，旋转直线图形，角度为 90 度，如图 2-64 所示。

step 03 单击【草图】工具栏中的 ❉【缩放实体】按钮，缩小草图，比例为 0.5，如图 2-65 所示。

step 04 单击【草图】工具栏中的 ❉【复制实体】按钮，复制草图，如图 2-66 所示。

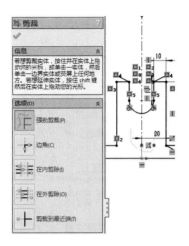

图 2-63　剪裁草图

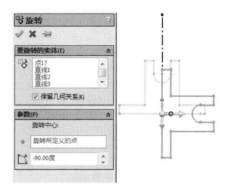

图 2-64　旋转草图

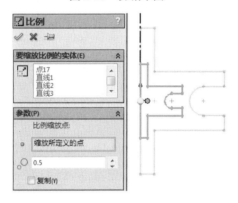

图 2-65　缩小草图

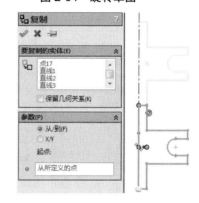

图 2-66　复制草图

step 05　完成绘制的草图如图 2-67 所示。

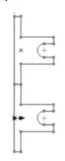

图 2-67　完成的草图

编辑草图案例 3——编辑草图 3

案例文件：ywj\02\03.prt、08.prt。

视频文件：光盘→视频课堂→第 2 章→2.3.3。

案例操作步骤如下。

step 01 单击【草图】工具栏中的 ＼【直线】按钮，绘制直线，如图 2-68 所示。

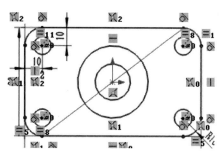

图 2-68 绘制直线

step 02 单击【草图】工具栏中的 ❈【剪裁实体】按钮，弹出【剪裁】属性管理器，单击【强劲剪裁】按钮，进行草图剪裁，如图 2-69 所示。

step 03 选择【工具】|【草图工具】|【分割实体】菜单命令，弹出【分割实体】属性管理器，选择草图对象进行分割，如图 2-70 所示。完成草图的绘制。

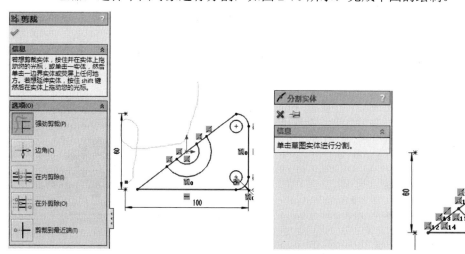

图 2-69 剪裁草图　　　　　　　　　　图 2-70 分割实体

编辑草图案例 4——编辑草图 4

> 案例文件：ywj\02\04.prt、09.prt。
>
> 视频文件：光盘→视频课堂→第 2 章→2.3.4。

案例操作步骤如下。

step 01 单击【草图】工具栏中的 ❈【剪裁实体】按钮，弹出【剪裁】属性管理器，单击【强劲剪裁】按钮，进行草图剪裁，如图 2-71 所示。

step 02 单击【草图】工具栏中的 ⊐【等距实体】按钮，弹出【等距实体】属性管理器，设置【等距距离】为"35"，如图 2-72 所示。

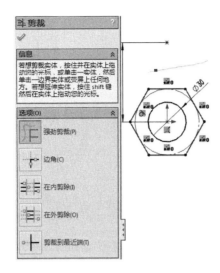

图 2-71　剪裁草图

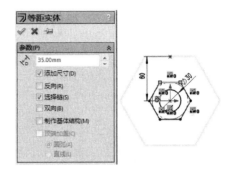

图 2-72　等距实体

step 03　单击【草图】工具栏中的 \ 【直线】按钮，绘制直线，如图 2-73 所示。

step 04　单击【草图】工具栏中的 ✿ 【圆周草图阵列】按钮，创建直线的圆周阵列，如图 2-74 所示。

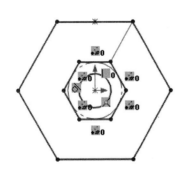

图 2-73　绘制直线

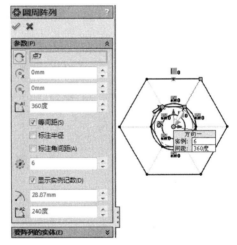

图 2-74　圆周阵列

step 05　完成草图的绘制如图 2-75 所示。

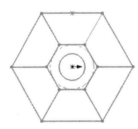

图 2-75　完成的草图

编辑草图案例5——编辑草图5

案例文件：ywj\02\05.prt、10.prt。

视频文件：光盘→视频课堂→第2章→2.3.5。

案例操作步骤如下。

step 01 打开草图，如图2-76所示。

step 02 单击【草图】工具栏中的 ⚠ 【镜向实体】按钮，镜像草图，如图2-77所示。

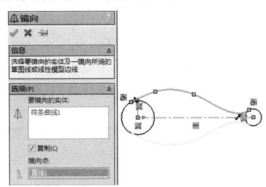

图 2-76　打开草图　　　　　　　　　　　图 2-77　镜像草图

step 03 单击【草图】工具栏中的 ✻ 【剪裁实体】按钮，弹出【剪裁】属性管理器，单击【强劲剪裁】按钮，进行草图剪裁，如图2-78所示。

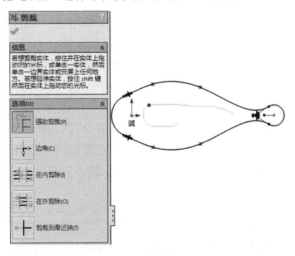

图 2-78　剪裁草图

step 04 单击【草图】工具栏中的 ⬭ 【椭圆】按钮，绘制椭圆，长、短轴的半径分别为15和10，如图2-79所示。

step 05 完成草图的绘制如图2-80所示。

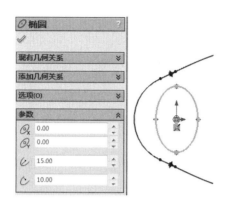

图 2-79　绘制椭圆

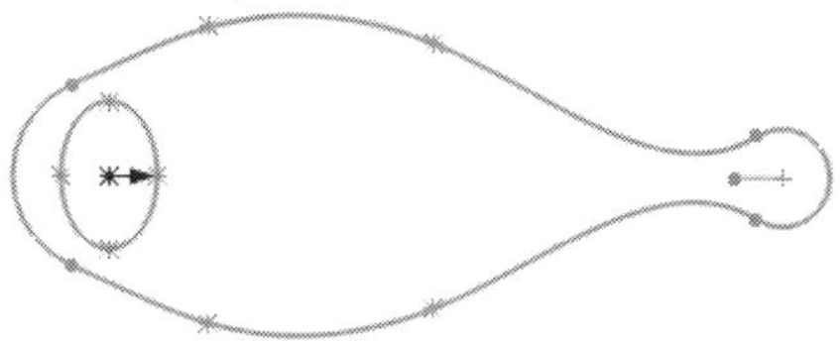

图 2-80　完成的草图

2.4　3D 草 图

3D 草图由系列直线、圆弧以及样条曲线构成。3D 草图可以用作扫描路径，也可以用作放样或者扫描的引导线、放样的中心线等。

2.4.1　简介

单击【草图】工具栏中的 ▓【3D 草图】按钮，或选择【插入】|【3D 草图】菜单命令，开始绘制 3D 草图。

1. 3D 草图坐标系

生成 3D 草图时，在默认情况下，通常是相对于模型中默认的坐标系进行绘制。如果要切换到另外两个默认基准面中的一个，则单击所需的草图绘制工具，然后按 Tab 键，当前的草图基准面的原点会显示出来。如果要改变 3D 草图的坐标系，则单击所需的草图绘制工具，按住 Ctrl 键，然后单击一个基准面、一个平面或一个用户定义的坐标系。如果选择一个基准面或者平面，3D 草图基准面将进行旋转，使 x、y 草图基准面与所选项目对正。如果选择一个坐标系，3D 草图基准面将进行旋转，使 x、y 草图基准面与该坐标系的 x、y 基准面平行。在开始 3D 草图绘制前，将视图方向改为等轴测，因为在此方向中 x、y、z 方向均可见，可以更方便地生成 3D 草图。

2. 空间控标

当使用 3D 草图绘图时，一个图形化的助手可以帮助定位方向，此助手被称为空间控标。在所选基准面上定义直线或者样条曲线的第一个点时，空间控标就会显示出来。使用空间控标可提示当前绘图的坐标，如图 2-81 所示。

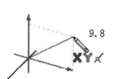

图 2-81　空间控标

3. 3D 草图的尺寸标注

使用 3D 草图时，先按照近似长度绘制直线，然后再按照精确尺寸进行标注。选择两个点、一条直线或者两条平行线，可以添加一个长度尺寸。选择三个点或者两条直线，可以添加一个角度尺寸。

4．直线捕捉

在 3D 草图中绘制直线时，可用直线捕捉零件中现有的几何体，如模型表面或顶点及草图点。如果沿一个主要坐标方向绘制直线，则不会激活捕捉功能；如果在一个平面上绘制直线，且系统推理出捕捉到一个空间点，则会显示一个暂时的 3D 图形框以指示不在平面上的捕捉。

2.4.2　3D 直线

当绘制直线时，直线捕捉到的一个主要方向(即 x、y、z)将分别被约束为水平、竖直或沿 z 轴方向(相对于当前的坐标系为 3D 草图添加几何关系)，但并不一定要求沿着这三个主要方向之一绘制直线，可在当前基准面中与一个主要方向成任意角度进行绘制。如果直线端点捕捉到现有的几何模型，可在基准面之外进行绘制。

一般是相对于模型中的默认坐标系进行绘制。如果需要转换到其他两个默认基准面，则选择【草图绘制】工具，然后按 Tab 键，即显示当前草图基准面的原点。

(1) 单击【草图】工具栏中的 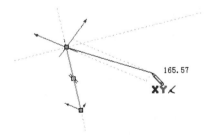【3D 草图】按钮，或选择【插入】|【3D 草图】菜单命令，进入 3D 草图绘制状态。

(2) 单击【草图】工具栏中的 【直线】按钮，系统弹出【插入线条】属性管理器。在绘图窗口中单击鼠标左键开始绘制直线，此时出现空间控标，帮助在不同的基准面上绘制草图(如果想改变基准面，可按 Tab 键)。

(3) 拖动鼠标指针至直线段的终点处。

(4) 如果要继续绘制直线，可选择线段的终点，然后按 Tab 键转换到另一个基准面。

(5) 拖动鼠标指针直至出现第二段直线，然后释放鼠标，如图 2-82 所示。

图 2-82　绘制 3D 直线

2.4.3　3D 圆角

3D 圆角的绘制方法如下。

(1) 单击【草图】工具栏中的 【3D 草图】按钮，或选择【插入】|【3D 草图】菜单命令，进入 3D 草图绘制状态。

(2) 单击【草图】工具栏中的 【绘制圆角】按钮，或选择【工具】|【草图工具】|【圆角】菜单命令，系统弹出【绘制圆角】属性管理器。在【圆角参数】选项组中，设置 ↗【圆角半径】数值，如图 2-83 所示。

(3) 选择两条相交的线段或选择其交叉点，即可绘制出圆角，如图 2-84 所示。

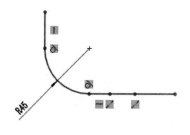

图 2-83　【绘制圆角】属性管理器　　　　　图 2-84　绘制圆角

2.4.4　3D 样条曲线

3D 样条曲线的绘制方法如下。

(1) 单击【草图】工具栏中的 【3D 草图】按钮，或选择【插入】|【3D 草图】菜单命令，进入 3D 草图绘制状态。

(2) 单击【草图】工具栏中的 ～【样条曲线】按钮，或选择【工具】|【草图绘制实体】|【样条曲线】菜单命令。

(3) 在绘图窗口中单击鼠标左键放置第一个点，拖动鼠标指针定义曲线的第一段，系统弹出【样条曲线】属性管理器，如图 2-85 所示，它比二维的【样条曲线】属性管理器多了 ↗【Z 坐标】参数。

(4) 每次单击鼠标左键时，都会出现空间控标来帮助在不同的基准面上绘制草图(如果想改变基准面，可按 Tab 键)。

(5) 重复前面的步骤，直到完成 3D 样条曲线的绘制。

2.4.5　3D 草图点

3D 草图点的绘制方法如下。

(1) 单击【草图】工具栏中的 ❧【3D 草图】按钮，或选择【插入】|【3D 草图】菜单命令，进入 3D 草图绘制状态。

图 2-85　【样条曲线】属性管理器

(2) 单击【草图】工具栏中的 ✳【点】按钮，或选择【工具】|
【草图绘制实体】|【点】菜单命令。

(3) 在绘图窗口中单击鼠标左键放置点，系统弹出【点】属性
管理器，如图 2-86 所示，它比二维的【点】属性管理器多了 🔘z
【Z 坐标】参数。

(4)【点】命令保持激活状态，可继续插入点。

如果需要改变点的属性，可在 3D 草图中选择一个点，然后
在【点】属性管理器中编辑其属性。

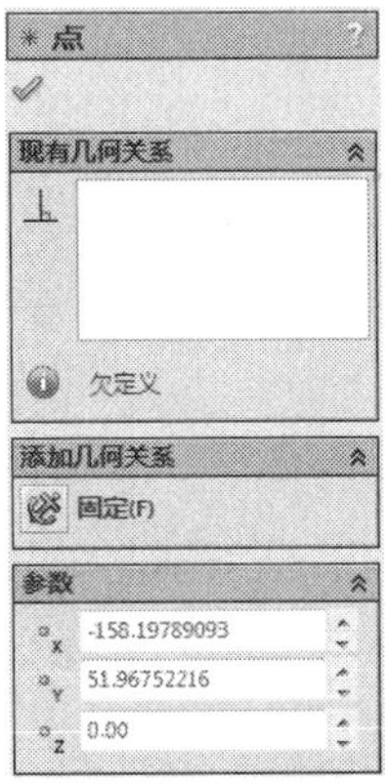

2.4.6 面部曲线

当使用从其他软件导入的文件时，可从一个面或曲面上提取
ISO 参数(UV)曲线，然后使用【面部曲线】命令进行局部清理，由此生成的每个曲线都将成
为单独的 3D 草图。然而，如果使用【面部曲线】命令时正在编辑 3D 草图，那么所有提取的
曲线都将被添加到激活的 3D 草图中。

打开一个零件，提取 ISO 参数曲线的步骤如下。

(1) 选择【工具】|【草图工具】|【面部曲线】菜单命令，然后选择一个面或曲面。

(2) 系统弹出【面部曲线】属性管理器，曲线的预览显示在面上，不同的颜色表示曲线的
不同方向，与【面部曲线】属性管理器中的颜色相对应。该面的名称显示在【选择】选项组
的 🔲【面】选择框中，如图 2-87 所示。

图 2-86 【点】属性管理器

【面部曲线】的属性管理器

生成面部曲线

图 2-87 面部曲线的属性管理器及生成

(3) 在【选择】选项组中，可选中【网格】或【位置】两个单选按钮之一。

- 【网格】：均匀放置的曲线，可为【方向 1 曲线数】和【方向 2 曲线数】指定数值。
- 【位置】：两个曲线的相交处，可在绘图窗口中拖动鼠标指针以定义位置。

选中不同的单选按钮，其属性设置如图 2-88 所示。

如果不需要曲线，可以取消选中【方向 1 开/关】或【方向 2 开/关】复选框。

(4) 在【选项】选项组中，可选择以下两个选项。

- 【约束于模型】：选中该复选框时，曲线随模型的改变而更新。
- 【忽视孔】：用于带内部缝隙或环的输入曲面。当选中该复选框时，曲线通过孔而
  生成；取消选中该复选框时，曲线停留在孔的边线。

方向 1 曲线数

方向 2 曲线数

方向 1 开
关和位置

方向 2 开
关和位置

图 2-88　选中不同的单选按钮后的属性设置

(5) 单击 ✔【确定】按钮，生成面部曲线。

3D 草图案例 1——绘制草图 1

📷 **案例文件**：ywj\02\11.prt。

🎬 **视频文件**：光盘→视频课堂→第 2 章→2.4.1。

案例操作步骤如下。

step 01 单击【草图】工具栏中的 ☑【草图绘制】按钮，
选择上视基准面作为草绘平面。单击【草图】工具栏
中的 ☐【边角矩形】按钮，绘制 50×30 的矩形，如图 2-89
所示。

step 02 单击【草图】工具栏中的 ▨【基准面】按钮，弹出
【基准面】属性管理器，设置【偏移距离】为"30"，
创建基准面，如图 2-90 所示。

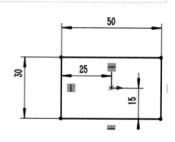

图 2-89　绘制矩形(1)

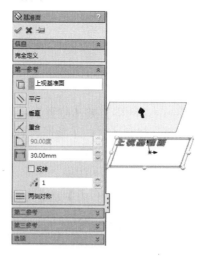

图 2-90　创建基准面

step 03　单击【草图】工具栏中的　【草图绘制】按钮，选择刚创建的基准面进行绘制，如图 2-91 所示。

step 04　单击【草图】工具栏中的　【边角矩形】按钮，绘制 30×20 的矩形，如图 2-92 所示。

图 2-91　选择草绘面

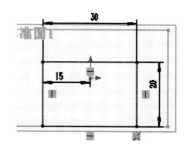

图 2-92　绘制矩形(2)

step 05　单击【草图】工具栏中的　【3D 草图】按钮，再单击【草图】工具栏中的　【直线】按钮，绘制空间直线，如图 2-93 所示。

step 06　单击【草图】工具栏中的　【直线】按钮，绘制空间直线。完成草图绘制，如图 2-94 所示。

图 2-93　绘制空间直线

图 2-94　完成的草图

3D 草图案例 2——绘制草图 2

案例文件：ywj\02\12.prt。

视频文件：光盘→视频课堂→第 2 章→2.4.2。

案例操作步骤如下。

step 01　单击【草图】工具栏中的　【草图绘制】按钮，选择上视基准面作为草绘平面。单击【草图】工具栏中的　【直线】按钮，绘制三角形，如图 2-95 所示。

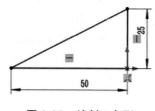

图 2-95　绘制三角形

step 02 单击【草图】工具栏中的 ✎【3D 草图】按钮，再单击【草图】工具栏中的 ＼【直线】按钮，绘制空间直线，长度为 40，如图 2-96 所示。

step 03 单击【草图】工具栏中的 ＼【直线】按钮，绘制空间直线，如图 2-97 所示。

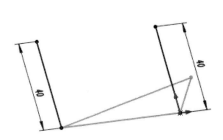

图 2-96 绘制空间直线(1)

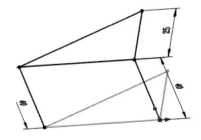

图 2-97 绘制空间直线(2)

step 04 单击【草图】工具栏中的 ⊕【绘制圆形】按钮，绘制圆角，半径为 5mm，如图 2-98 所示。

step 05 完成绘制的草图如图 2-99 所示。

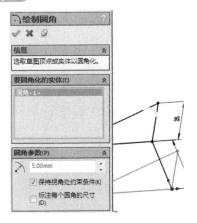

图 2-98 绘制圆角

图 2-99 完成的草图

3D 草图案例 3——绘制草图 3

🏠 案例文件：ywj\02\13.prt。

🎬 视频文件：光盘→视频课堂→第 2 章→2.4.3。

案例操作步骤如下。

step 01 单击【草图】工具栏中的 ✎【3D 草图】按钮，再单击【草图】工具栏中的 ◎【圆】按钮，绘制半径为 30 的圆，如图 2-100 所示。

step 02 单击【草图】工具栏中的 ∿【样条曲线】按钮，绘制样条曲线，如图 2-101 所示。

step 03 单击【草图】工具栏中的 ◎【圆】按钮，绘制半径为 30 的圆，如图 2-102 所示。

图 2-100　绘制空间圆(1)

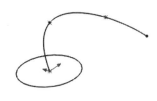

图 2-101　绘制样条曲线

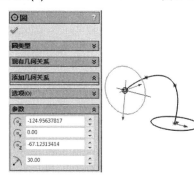

图 2-102　绘制空间圆(2)

3D 草图案例 4——绘制草图 4

案例文件：ywj\02\14.prt。

视频文件：光盘→视频课堂→第 2 章→2.4.4。

案例操作步骤如下。

step 01　单击【草图】工具栏中的【草图绘制】按钮，选择上视基准面作为草绘平面。单击【草图】工具栏中的【圆】按钮，绘制直径为 50 的圆，如图 2-103 所示。

step 02　单击【草图】工具栏中的【3D 草图】按钮，再单击【草图】工具栏中的【直线】按钮，绘制长度为 80 的空间直线，如图 2-104 所示。

step 03　单击【草图】工具栏中的【样条曲线】按钮，绘制样条曲线，如图 2-105 所示。

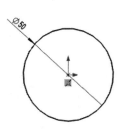

图 2-103　绘制圆

图 2-104　绘制空间直线

图 2-105　绘制样条曲线

step 04 单击【草图】工具栏中的 ▦ 【基准面】按钮，弹出【草图绘制平面】属性管理器，设置【距离】为"30mm"，如图 2-106 所示，创建基准面。

step 05 单击【草图】工具栏中的 ◎ 【圆】按钮，绘制圆形，如图 2-107 所示。完成草图的绘制。

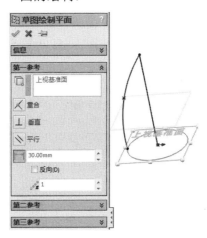

图 2-106   创建基准面

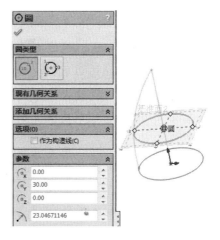

图 2-107   绘制空间圆

2.5 本 章 小 结

本章主要介绍了 SolidWorks 的草图设计，包括草图设计的基本概念、绘制草图的各种命令，以及编辑草图的各种方法。之后介绍的 3D 草图方便创建空间曲线，为以后的曲面曲线和空间特征的创建打下了基础。

第 3 章
实体特征设计

本章主要介绍各种实体特征设计的方法，包括拉伸、旋转、扫描和放样。

拉伸凸台/基体是由草图生成的实体零件的第一个特征，基体是实体的基础，在此基础上可以通过增加和减少材料实现各种复杂的实体零件，本章重点讲解增加材料的拉伸凸台特征和减少材料的拉伸切除特征。

旋转特征通过绕中心线旋转一个或多个轮廓来添加或移除材料，可以生成凸台/基体、旋转切除或旋转曲面，旋转特征可以是实体、薄壁特征或曲面。

扫描特征是通过沿着一条路径移动轮廓(截面)来生成基体、凸台、切除或曲面的方法，使用该方法可以生成复杂的模型零件。

放样特征通过在轮廓之间进行过渡来生成特征。

3.1 拉 伸 特 征

拉伸特征包括拉伸凸台/基体特征和拉伸切除特征，下面将着重介绍这两种特征。

3.1.1 拉伸凸台/基体特征

单击【特征】工具栏中的 【拉伸凸台/基体】按钮，或选择【插入】|【凸台/基体】|【拉伸】菜单命令，系统弹出【凸台-拉伸】属性管理器，如图 3-1 所示。

1．【从】选项组

该选项组用来设置特征拉伸的开始条件，其选项包括【草图基准面】、【曲面/面/基准面】、【顶点】和【等距】，如图 3-2 所示。

图 3-1　【凸台-拉伸】属性管理器　　　图 3-2　【开始条件】下拉列表

(1)【草图基准面】：以草图所在的基准面作为基础开始拉伸。

(2)【曲面/面/基准面】：以这些实体作为基础开始拉伸。操作时必须为【曲面/面/基准面】选择有效的实体，实体可以是平面或者非平面，平面实体不必与草图基准面平行，但草图必须完全在非平面曲面或者平面的边界内。

(3)【顶点】：从选择的顶点处开始拉伸。

(4)【等距】：从与当前草图基准面等距的基准面上开始拉伸，等距距离可以手动输入。

2．【方向 1】选项组

(1)【终止条件】：设置特征拉伸的终止条件，其选项如图 3-3 所示。单击 【反向】按钮，可沿预览中所示的相反方向拉伸特征。

图 3-3　【终止条件】下拉列表

- 【给定深度】：设置给定的 【深度】数值以终止拉伸。
- 【成形到一顶点】：拉伸到在图形区域中选择的顶点。
- 【成形到一面】：拉伸到在图形区域中选择的一个面或基准面。
- 【到离指定面指定的距离】：拉伸到在图形区域中选择的一个面或基准面，然后设置【等距距离】数值。
- 【成形到实体】：拉伸到在图形区域中所选择的实体或者曲面实体。在装配体中拉伸时，可用此选项延伸草图到所选的实体。如果拉伸的草图在所选实体或者曲面实体之外，此选项可执行面的自动延伸以终止拉伸。
- 【两侧对称】：设置【深度】数值，从平面两侧的对称位置处生成拉伸特征。

(2) 【拉伸方向】：在图形区域中选择方向向量，并从垂直于草图轮廓的方向拉伸草图。

(3) 【拔模开/关】：设置【拔模角度】数值，如果有必要，选中【向外拔模】复选框。

3．【方向 2】选项组

该选项组中的参数用来设置同时从草图基准面，向两个方向拉伸的相关参数，用法和【方向 1】选项组基本相同。

4．【薄壁特征】选项组

该选项组中的参数可控制拉伸的【厚度】(不是【深度】)数值。薄壁特征基体是钣金零件的基础。

(1) 【类型】。

设置薄壁特征拉伸的类型，如图 3-4 所示。

- 【单向】：以同一【厚度】数值，沿一个方向拉伸草图。
- 【两侧对称】：以同一【厚度】数值，沿相反方向拉伸草图。
- 【双向】：以不同【方向 1 厚度】、【方向 2 厚度】数值，沿相反方向拉伸草图。

(2) 【顶端加盖】(见图 3-5)。

为薄壁特征拉伸的顶端加盖，生成一个中空的零件(仅限于闭环的轮廓草图)。

(3) 【加盖厚度】(在选中【顶端加盖】复选框时可用)：设置薄壁特征从拉伸端到草图基准面的加盖厚度，只可用于模型中第一个生成的拉伸特征。

图 3-4　【类型】下拉列表

图 3-5　选中【顶端加盖】复选框

计算机辅助设计案例课堂

5.【所选轮廓】选项组

◇【所选轮廓】：允许使用部分草图生成拉伸特征，可以在图形区域中选择草图轮廓和模型边线。

3.1.2 拉伸切除特征

单击【特征】工具栏中的🖼【拉伸切除】按钮，或选择【插入】|【切除】|【拉伸】菜单命令，弹出【切除-拉伸】属性管理器，如图 3-6 所示。

该属性设置与【拉伸】属性管理器的属性设置方法基本一致。不同之处是，在【方向 1】选项组中多了【反侧切除】复选框。

【反侧切除】(仅限于拉伸的切除)：移除轮廓外的所有部分，如图 3-7 所示。在默认情况下，从轮廓内部移除，如图 3-8 所示。

图 3-6 【切除-拉伸】属性管理器　　　图 3-7 反侧切除　　　图 3-8 默认切除

拉伸特征案例 1——创建拉杆

📇 案例文件：ywj\03\01.prt。

🎬 视频文件：光盘→视频课堂→第 3 章→3.1.1。

案例操作步骤如下。

step 01 单击【草图】工具栏中的🖉【草图绘制】按钮，选择上视基准面作为草绘平面。单击【草图】工具栏中的◎【圆】按钮，绘制直径为 20 的圆，如图 3-9 所示。

图 3-9 绘制圆(1)

step 02 单击【特征】工具栏中的 ⬚【拉伸凸台/基体】按钮，弹出【凸台-拉伸】属性管理器，设置【深度】为"20mm"，如图 3-10 所示，创建拉伸特征。

图 3-10 拉伸特征(1)

step 03 单击【草图】工具栏中的 ⬚【草图绘制】按钮，选择草绘面，如图 3-11 所示。

step 04 单击【草图】工具栏中的 ⊙【圆】按钮，绘制直径为 30 的圆，如图 3-12 所示。

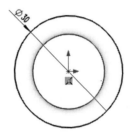

图 3-11 选择草绘面(1)   图 3-12 绘制圆(2)

step 05 单击【特征】工具栏中的 ⬚【拉伸凸台/基体】按钮，弹出【凸台-拉伸】属性管理器，设置【深度】为"50mm"，如图 3-13 所示，创建拉伸特征。

step 06 单击【草图】工具栏中的 ⬚【草图绘制】按钮，选择草绘面，如图 3-14 所示。

图 3-13 拉伸特征(2)   图 3-14 选择草绘面(2)

step 07 单击【草图】工具栏中的 ◎【圆】按钮，绘制直径为 20 的圆，如图 3-15 所示。

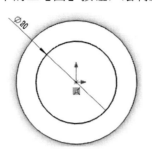

图 3-15　绘制圆(3)

step 08 单击【特征】工具栏中的 ◎【拉伸凸台/基体】按钮，弹出【凸台-拉伸】属性管理器，设置【深度】为"30mm"，如图 3-16 所示，创建拉伸特征。

step 09 完成创建的拉杆模型如图 3-17 所示。

图 3-16　拉伸特征(3)

图 3-17　完成的拉杆模型

拉伸特征案例 2——创建底座

案例文件：ywj\03\02.prt。

视频文件：光盘→视频课堂→第 3 章→3.1.2。

案例操作步骤如下。

step 01 单击【草图】工具栏中的 ❏【草图绘制】按钮，选择上视基准面作为草绘平面。单击【草图】工具栏中的 ❏【边角矩形】按钮，绘制 50×50 的矩形，如图 3-18 所示。

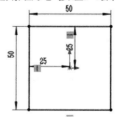

图 3-18　绘制矩形

step 02 单击【特征】工具栏中的 【拉伸凸台/基体】按钮，弹出【凸台-拉伸】属性管理器，设置【深度】为"10mm"，如图 3-19 所示，创建拉伸特征。

step 03 单击【草图】工具栏中的 【草图绘制】按钮，选择草绘面，如图 3-20 所示。

图 3-19　拉伸草图

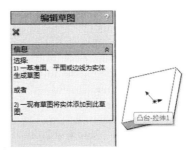

图 3-20　选择草绘面(1)

step 04 单击【草图】工具栏中的 【圆】按钮，绘制直径分别为 20 和 40 的两个圆，如图 3-21 所示。

step 05 单击【特征】工具栏中的 【拉伸凸台/基体】按钮，弹出【凸台-拉伸】属性管理器，设置【深度】为"50mm"，如图 3-22 所示，创建拉伸特征。

step 06 单击【草图】工具栏中的 【基准面】按钮，弹出【基准面】对话框，设置【偏移距离】为"40mm"，如图 3-23 所示，创建基准面。

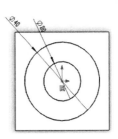

图 3-21　绘制同心圆(1)

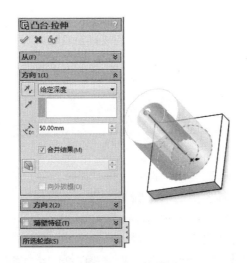

图 3-22　拉伸特征(1)

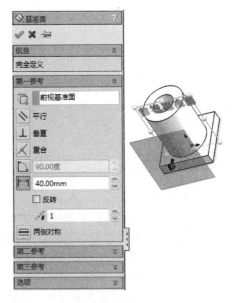

图 3-23　创建基准面

step 07 ▶ 单击【草图】工具栏中的 ☑【草图绘制】按钮，选择草绘面，如图 3-24 所示。

step 08 ▶ 单击【草图】工具栏中的 ◎【圆】按钮，绘制直径分别为 30 和 36 的两个圆，如图 3-25 所示。

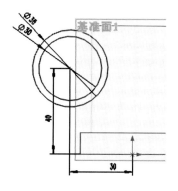

图 3-24　选择草绘面(2)　　　　　　图 3-25　绘制同心圆(2)

step 09 ▶ 单击【特征】工具栏中的 ◙【拉伸凸台/基体】按钮，弹出【凸台-拉伸】属性管理器，设置【深度】为"80mm"，如图 3-26 所示，创建拉伸特征。

step 10 ▶ 完成的底座模型如图 3-27 所示。

图 3-26　拉伸特征(2)　　　　　　图 3-27　完成的底座模型

拉伸特征案例3——创建摇臂

📷 案例文件：ywj\03\03.prt。

🎬 视频文件：光盘→视频课堂→第 3 章→3.1.3。

案例操作步骤如下。

step 01 ▶ 单击【草图】工具栏中的 ☑【草图绘制】按钮，选择上视基准面作为草绘平面。单击【草图】工具栏中的 ◎【圆】按钮，绘制直径分别为 30 和 50 的两个圆，如图 3-28 所示。

step 02 ▶ 单击【特征】工具栏中的 ◙【拉伸凸台/基体】按钮，弹出【凸台-拉伸】属性管理器，设置【深度】为"40mm"，如

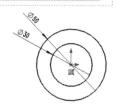

图 3-28　绘制同心圆

图 3-29 所示，创建拉伸特征。

step 03 单击【草图】工具栏中的 ◩【草图绘制】按钮，选择草绘面，如图 3-30 所示。

图 3-29　拉伸草图(1)

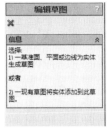

图 3-30　选择草绘面

step 04 单击【草图】工具栏中的 ◎【圆】按钮，绘制直径为 50 和 60 的圆，如图 3-31 所示。

step 05 单击【草图】工具栏中的 ∿【样条曲线】按钮，绘制两条样条曲线，如图 3-32 所示。

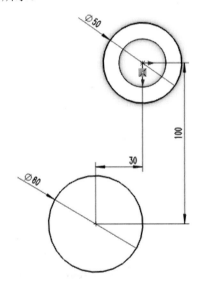

图 3-31　绘制圆

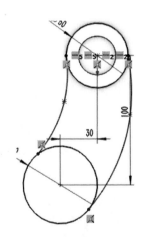

图 3-32　绘制样条曲线

step 06 单击【草图】工具栏中的 ≝【剪裁实体】按钮，弹出【剪裁】属性管理器，单击【强劲剪裁】按钮，进行草图剪裁，如图 3-33 所示。

step 07 单击【特征】工具栏中的 ◩【拉伸凸台/基体】按钮，弹出【凸台-拉伸】属性管理器，设置【深度】为"20mm"，如图 3-34 所示，创建拉伸特征。

step 08 完成的摇臂模型如图 3-35 所示。

计算机辅助设计案例课堂

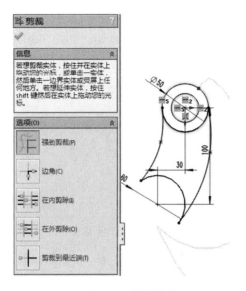

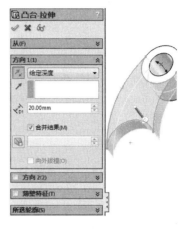

图 3-33　剪裁草图　　　　　　　　　　图 3-34　拉伸草图(2)

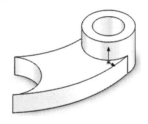

图 3-35　完成的摇臂模型

拉伸特征案例 4——创建顶盖

📁 案例文件：ywj\03\04.prt。

🎬 视频文件：光盘→视频课堂→第 3 章→3.1.4。

案例操作步骤如下。

step 01　单击【草图】工具栏中的 ✍ 【草图绘制】按钮，选择上视基准面作为草绘平面。单击【草图】工具栏中的 ⊙ 【圆】按钮，绘制直径为 100 的圆，如图 3-36 所示。

图 3-36　绘制圆(1)

step 02　单击【特征】工具栏中的 📦 【拉伸凸台/基体】按钮，弹出【凸台-拉伸】属性管理器，设置【深度】为"4mm"，如图 3-37 所示，创建拉伸特征。

step 03　单击【草图】工具栏中的 ☒【草图绘制】按钮，选择草绘面，如图 3-38 所示。

图 3-37　拉伸草图(1)

图 3-38　选择草绘面(1)

step 04　单击【草图】工具栏中的 ◎【圆】按钮，绘制直径为 70 的圆，如图 3-39 所示。

step 05　单击【特征】工具栏中的 ◙【拉伸凸台/基体】按钮，弹出【凸台-拉伸】属性管理器，设置【深度】为"10mm"，如图 3-40 所示，创建拉伸特征。

step 06　单击【草图】工具栏中的 ☒【草图绘制】按钮，选择草绘面，如图 3-41 所示。

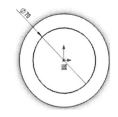

图 3-39　绘制圆(2)

图 3-40　拉伸草图(2)

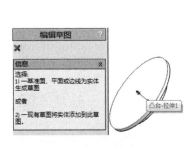

图 3-41　选择草绘面(2)

step 07　单击【草图】工具栏中的 ◎【圆】按钮，绘制直径为 20 的圆，如图 3-42 所示。

step 08　单击【草图】工具栏中的 ＼【直线】按钮，绘制两条切线，如图 3-43 所示。

step 09　单击【特征】工具栏中的 ◙【拉伸凸台/基体】按钮，弹出【凸台-拉伸】属性管理器，设置【深度】为"2mm"，如图 3-44 所示，创建拉伸特征。

step 10　单击【特征】工具栏中的 ❀【圆周阵列】按钮，创建特征的圆形阵列，设置【实例数】为"3"，如图 3-45 所示。

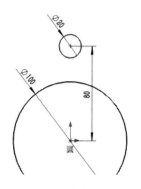

图 3-42　绘制圆(3)

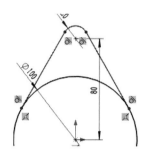

图 3-43　绘制切线

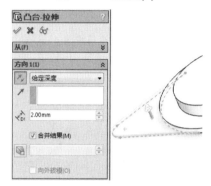

图 3-44　拉伸草图(3)

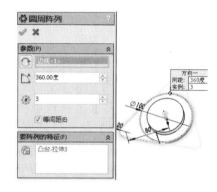

图 3-45　圆周阵列

step 11　完成的顶盖模型如图 3-46 所示。

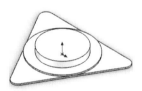

图 3-46　完成的顶盖模型

拉伸特征案例 5——创建三通

📓 案例文件：ywj\03\05.prt。

🎬 视频文件：光盘→视频课堂→第 3 章→3.1.5。

案例操作步骤如下。

step 01　单击【草图】工具栏中的✏【草图绘制】按钮，选择上
视基准面作为草绘平面。单击【草图】工具栏中的⊙【圆】按
钮，绘制直径为 40 的圆，如图 3-47 所示。

step 02　单击【特征】工具栏中的🗔【拉伸凸台/基体】按钮，弹
出【凸台-拉伸】属性管理器，设置【深度】为"80mm"，
如图 3-48 所示，创建拉伸特征。

图 3-47　绘制圆(1)

step 03　单击【草图】工具栏中的 🖉【草图绘制】按钮，选择草绘面，如图 3-49 所示。

step 04　单击【草图】工具栏中的 ◎【圆】按钮，绘制直径为 32 的圆，如图 3-50 所示。

图 3-48　拉伸圆

图 3-49　选择草绘面(1)

图 3-50　绘制圆(2)

step 05　单击【特征】工具栏中的 🖹【拉伸切除】按钮，弹出【切除-拉伸】属性管理器，设置【终止条件】为【完全贯穿】，如图 3-51 所示，创建拉伸切除特征。

step 06　单击【草图】工具栏中的 🖉【草图绘制】按钮，选择草绘面，如图 3-52 所示。

图 3-51　拉伸切除(1)

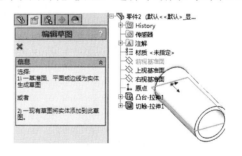

图 3-52　选择草绘面(2)

step 07　单击【草图】工具栏中的 ◎【圆】按钮，绘制直径为 32 的圆，如图 3-53 所示。

step 08　单击【特征】工具栏中的 🖹【拉伸切除】按钮，弹出【切除-拉伸】属性管理器，设置【终止条件】为【完全贯穿】，如图 3-54 所示，创建拉伸切除特征。

step 09　完成的三通模型如图 3-55 所示。

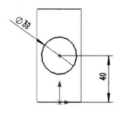

图 3-53　绘制圆(3)

图 3-54　拉伸切除(2)

图 3-55　完成的三通模型

3.2 旋 转 特 征

下面讲解旋转特征的属性设置和创建旋转特征的操作步骤。

3.2.1 旋转凸台/基体特征的属性设置

单击【特征】工具栏中的 ⊕ 【旋转凸台/基体】按钮，或选择【插入】|【凸台/基体】|
【旋转】菜单命令，系统打开【旋转】属性管理器，如图 3-56 所示。

1．【旋转轴】和【方向 1】选项组

(1) ╲ 【旋转轴】：选择旋转所围绕的轴。根据生成旋转特征的类型来看，此轴可以为中心线、直线或者边线。

(2)【旋转类型】：从草图基准面中定义旋转方向，其选项如图 3-57 所示。

图 3-56　【旋转】属性管理器　　　　图 3-57　【旋转类型】下拉列表

- 【给定深度】：从草图以单一方向生成旋转。
- 【成形到一顶点】：从草图基准面生成旋转到指定顶点。
- 【成形到一面】：从草图基准面生成旋转到指定曲面。
- 【到离指定面指定的距离】：从草图基准面生成旋转到指定曲面的指定等距。
- 【两侧对称】：从草图基准面以顺时针和逆时针方向生成相同的旋转角度。

(3) ◎ 【反向】按钮：单击该按钮，更改旋转方向。

(4) ⌖ 【方向 1 角度】：设置旋转角度，默认的角度为 360°，沿顺时针方向从所选草图开始测量角度。

2．【薄壁特征】选项组

【类型】：设置旋转厚度的方向。

(1)【单向】：以同一 ⌖ 【方向 1 厚度】数值，从草图以单一方向添加薄壁特征。如果有

必要，单击 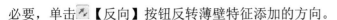【反向】按钮反转薄壁特征添加的方向。

(2)【两侧对称】：以同一 【方向 1 厚度】数值，并以草图为中心，在草图两侧使用均等厚度的体积添加薄壁特征。

(3)【双向】：在草图两侧添加不同厚度的薄壁特征。设置 【方向 1 厚度】数值，从草图向外添加薄壁特征；设置 【方向 2 厚度】数值，从草图向内添加薄壁特征。

3.【所选轮廓】选项组

在使用多轮廓生成旋转特征时使用此选项组。

单击 ◇【所选轮廓】选择框，拖动鼠标指针 ，在图形区域中选择适当的轮廓，此时显示出旋转特征的预览，可以选择任何轮廓来生成单一或者多实体零件，然后单击 ✅【确定】按钮，生成旋转特征。

3.2.2　旋转凸台/基体特征的操作方法

生成旋转凸台/基体特征的操作方法如下。

(1) 绘制草图，以一个或多个轮廓以及一条中心线、直线或边线作为特征旋转所围绕的轴，如图 3-58 所示。

(2) 单击【特征】工具栏中的 【旋转凸台/基体】按钮，或选择【插入】|【凸台/基体】|【旋转】菜单命令，系统打开【旋转】属性管理器，如图 3-59 所示。根据需要设置参数，单击 ✅【确定】按钮，生成旋转特征，如图 3-60 所示。

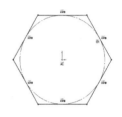

图 3-58　绘制草图

图 3-59　【旋转】属性管理器

图 3-60　生成的旋转特征

旋转特征案例 1——创建接头

　案例文件：ywj\03\06.prt。

　视频文件：光盘→视频课堂→第 3 章→3.2.1。

案例操作步骤如下。

step 01　单击【草图】工具栏中的 【草图绘制】按钮，选择前视基准面作为草绘平面。单击【草图】工具栏中的 【直线】按钮，绘制两条直线，如图 3-61 所示。

step 02　单击【草图】工具栏中的 【直线】按钮，绘制 3 条直线，如图 3-62 所示。

step 03　单击【草图】工具栏中的 【直线】按钮，绘制封闭直线，如图 3-63 所示。

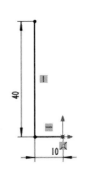
图 3-61　绘制直线(1)

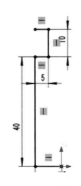
图 3-62　绘制直线(2)

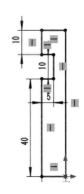
图 3-63　封闭草图

step 04 单击【特征】工具栏中的 ⊕【旋转凸台/基体】按钮，打开【旋转】属性管理器，设置【方向 1 角度】为"360 度"，如图 3-64 所示，创建旋转特征。

step 05 完成的接头模型如图 3-65 所示。

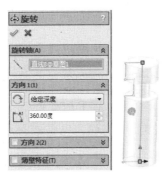
图 3-64　旋转草图

图 3-65　完成的接头模型

旋转特征案例 2——创建轴承套

📁 案例文件：ywj\03\07.prt。

🎬 视频文件：光盘→视频课堂→第 3 章→3.2.2。

案例操作步骤如下。

step 01 单击【草图】工具栏中的 ✏【草图绘制】按钮，选择前视基准面作为草绘平面。单击【草图】工具栏中的 ┆【中心线】按钮，绘制中心线，如图 3-66 所示。

step 02 单击【草图】工具栏中的 □【边角矩形】按钮，绘制 40×10 的矩形，如图 3-67 所示。

step 03 单击【草图】工具栏中的 ⊙【圆】按钮，绘制直径为 12 的圆，如图 3-68 所示。

step 04 单击【草图】工具栏中的 ▓【剪裁实体】按钮，进行草图剪裁，如图 3-69 所示。

step 05 单击【特征】工具栏中的 ⊕【旋转凸台/基体】按钮，打开【旋转】属性管理器，设置【方向 1 角度】为"360 度"，如图 3-70 所示，创建旋转特征。

step 06 完成的轴承套模型如图 3-71 所示。

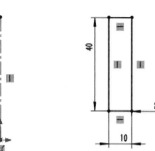

图 3-66 绘制中心线

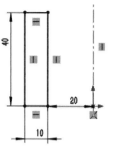

图 3-67 绘制矩形

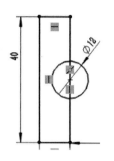

图 3-68 绘制圆

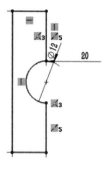

图 3-69 剪裁草图

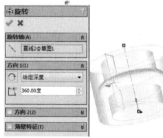

图 3-70 旋转草图

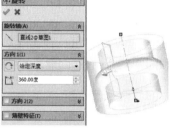

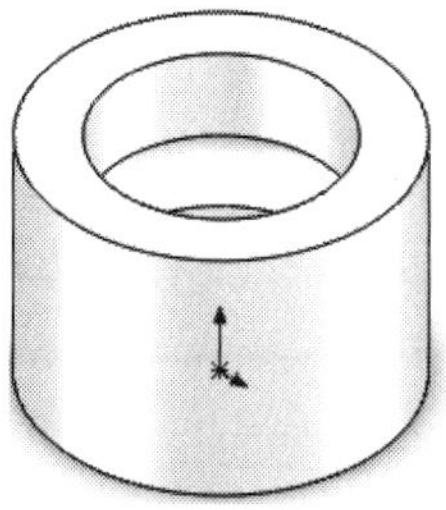

图 3-71 完成的轴承套模型

旋转特征案例 3——创建外壳

案例文件：ywj\03\08.prt。

视频文件：光盘→视频课堂→第 3 章→3.2.3。

案例操作步骤如下。

step 01 单击【草图】工具栏中的 【草图绘制】按钮，选择前视基准面作为草绘平面。单击【草图】工具栏中的 【中心线】按钮，绘制中心线，如图 3-72 所示。

step 02 单击【草图】工具栏中的 【边角矩形】按钮，绘制 50×5 的矩形，如图 3-73 所示。

图 3-72 绘制中心线

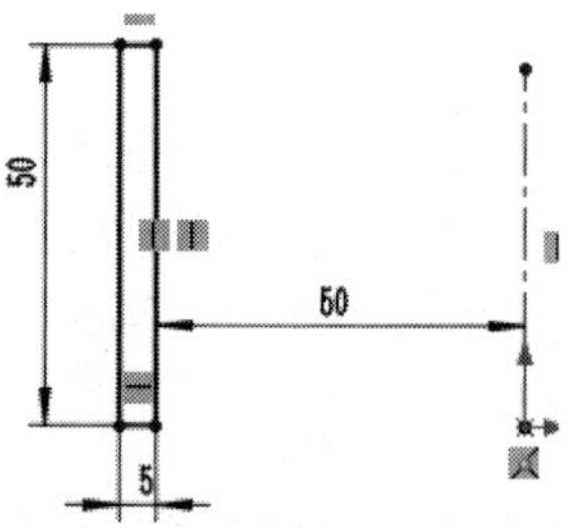

图 3-73 绘制矩形(1)

step 03 单击【草图】工具栏中的 【边角矩形】按钮，绘制 10×5 的矩形，如图 3-74 所示。

step 04 单击【草图】工具栏中的 【边角矩形】按钮，绘制另一个 10×5 的矩形，如图 3-75 所示。

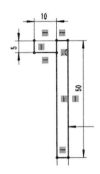

图 3-74　绘制矩形(2)

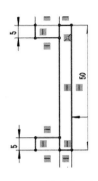

图 3-75　绘制矩形(3)

step 05　单击【草图】工具栏中的 ⊬【剪裁实体】按钮，弹出【剪裁】属性管理器，单击【强劲剪裁】按钮，进行草图剪裁，如图 3-76 所示。

step 06　单击【特征】工具栏中的 ⊕【旋转凸台/基体】按钮，弹出【旋转】属性管理器，设置【方向 1 角度】为"180 度"，如图 3-77 所示，创建选择特征。

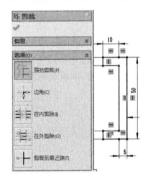

图 3-76　剪裁草图

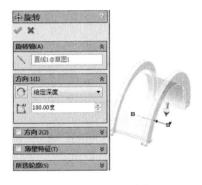

图 3-77　旋转草图

step 07　单击【草图】工具栏中的 ⧉【草图绘制】按钮，选择草绘面，如图 3-78 所示。

step 08　单击【草图】工具栏中的 ▢【边角矩形】按钮，绘制矩形，如图 3-79 所示。

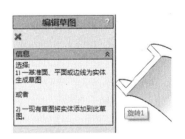

图 3-78　选择草绘面

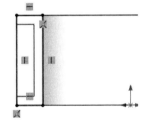

图 3-79　绘制矩形(4)

step 09　单击【特征】工具栏中的 ▦【拉伸凸台/基体】按钮，弹出【凸台-拉伸】属性管理器，设置【深度】为"5mm"，如图 3-80 所示，进行拉伸，完成外壳模型的创建。

图 3-80　拉伸草图

旋转特征案例 4——创建法兰

案例文件：ywj\03\09.prt。

视频文件：光盘→视频课堂→第 3 章→3.2.4。

案例操作步骤如下。

step 01　单击【草图】工具栏中的 🖋【草图绘制】按钮，选择前视基准面作为草绘平面。单击【草图】工具栏中的 🃏【中心线】按钮，绘制中心线，如图 3-81 所示。

step 02　单击【草图】工具栏中的 🔲【边角矩形】按钮，绘制 80×20 的矩形，如图 3-82 所示。

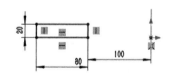

图 3-81　绘制中心线　　　　　　　图 3-82　绘制矩形(1)

step 03　运用【边角矩形】命令，绘制 100×20 的矩形，如图 3-83 所示。

step 04　单击【草图】工具栏中的 ✂【剪裁实体】按钮，进行草图剪裁，如图 3-84 所示。

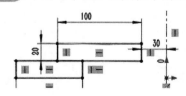

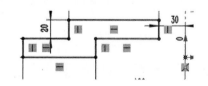

图 3-83　绘制矩形(2)　　　　　　　图 3-84　剪裁草图

step 05　单击【特征】工具栏中的 🌀【旋转凸台/基体】按钮，弹出【旋转】属性管理器，设置【方向 1 角度】为"360 度"，如图 3-85 所示，创建旋转特征。

step 06 单击【草图】工具栏中的 🖉【草图绘制】按钮，选择草绘面，如图 3-86 所示。

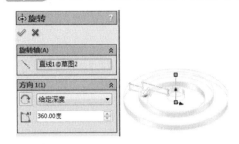

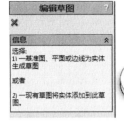

图 3-85　旋转草图　　　　　　　　　　　　　　图 3-86　选择草绘面

step 07 单击【草图】工具栏中的 ⊙【圆】按钮，绘制直径为 24 的
圆，如图 3-87 所示。

step 08 单击【草图】工具栏中的 ❁【圆周草图阵列】按钮，创建草
图的圆形阵列，设置【实例数】为"3"，如图 3-88 所示。

step 09 单击【特征】工具栏中的 ◙【拉伸切除】按钮，弹出【切除
-拉伸】属性管理器，设置【终止条件】为【完全贯穿】，如图
3-89 所示，创建拉伸切除特征。

图 3-87　绘制圆

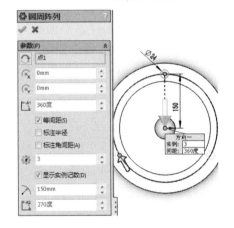

图 3-88　圆周阵列　　　　　　　　　　　　　　　图 3-89　拉伸切除

step 10 完成的法兰模型如图 3-90 所示。

图 3-90　完成的法兰模型

3.3 扫 描 特 征

扫描特征是沿着一条路径移动轮廓，生成基体特征、凸台特征、切除特征或者曲面特征的一种方法。

3.3.1 扫描特征的使用规则

扫描特征使用的规则如下。

(1) 基体或凸台扫描特征的轮廓必须是闭环的；曲面扫描特征的轮廓可以是闭环的，也可以是开环的。

(2) 路径可以是开环或者闭环。

(3) 路径可以是一个草图、一条曲线或一组模型边线中包含的一组草图曲线。

(4) 路径的起点必须位于轮廓的基准面上。

(5) 不论是截面、路径或所形成的实体，都不能出现自相交叉的情况。

扫描特征时可利用引导线生成多轮廓特征及薄壁特征。

3.3.2 扫描特征的使用方法

扫描特征的使用方法如下。

(1) 单击【特征】工具栏中的 【扫描】按钮，或选择【插入】|【凸台/基体】|【扫描】菜单命令。

(2) 选择【插入】|【切除】|【扫描】菜单命令。

(3) 单击【曲面】工具栏中的 【扫描曲面】按钮，或选择【插入】|【曲面】|【扫描曲面】菜单命令。

3.3.3 扫描特征的属性设置

单击【特征】工具栏中的 【扫描】按钮，或选择【插入】|【凸台/基体】|【扫描】菜单命令，弹出【扫描】属性管理器，如图 3-91 所示。

1．【轮廓和路径】选项组

(1) 【轮廓】：设置用来生成扫描的草图轮廓。可在图形窗口或【特征管理器设计树】中选择草图轮廓。基体或凸台扫描特征的轮廓应为闭环，曲面扫描特征的轮廓可为开环或闭环。

(2) 【路径】：设置轮廓扫描的路径。路径可以是开环或者闭环，可以是草图中的一组曲线、一条曲线或一组模型边线，但路径的起点必须位于轮廓的基准面上。

不论是轮廓、路径或形成的实体，都不能自相交叉。

2．【选项】选项组

(1) 【方向/扭转控制】：控制轮廓在沿路径扫描时的方向，其选项如图 3-92 所示。

图 3-91　【扫描】属性管理器

图 3-92　【方向/扭转控制】下拉列表

- 【随路径变化】：轮廓相对于路径时刻保持处于同一角度。
- 【保持法向不变】：使轮廓总是与起始轮廓保持平行。
- 【随路径和第一引导线变化】：中间轮廓的扭转由路径到第一条引导线的向量决定，在所有中间轮廓的草图基准面中，该向量与水平方向之间的角度保持不变。
- 【随第一和第二引导线变化】：中间轮廓的扭转由第一条引导线到第二条引导线的向量决定。
- 【沿路径扭转】：沿路径扭转轮廓。可以按照度数、弧度或旋转圈数定义扭转。
- 【以法向不变沿路径扭曲】：在沿路径扭曲时，保持与开始轮廓平行，沿路径扭转轮廓。

(2) 【定义方式】(在设置【方向/扭转控制】为【沿路径扭转】或【以法向不变沿路径扭曲】时可用)：定义扭转的形式，可以选择【度数】、【弧度】、【旋转】选项，也可以单击 【反向】按钮，其选项如图 3-93 所示。

　　　　【扭转角度】：在扭转中设置度数、弧度或旋转圈数的数值。

(3) 【路径对齐类型】(在设置【方向/扭转控制】为【随路径变化】时可用)：当路径上出现少许波动或不均匀波动，使轮廓不能对齐时，可将轮廓稳定下来，其选项如图 3-94 所示。

- 【无】：垂直于轮廓而对齐轮廓，不进行纠正，如图 3-95 所示。
- 【最小扭转】(只对于 3D 路径)：阻止轮廓在随路径变化时自我相交。

图 3-93 【定义方式】下拉列表

图 3-94 【路径对齐类型】下拉列表

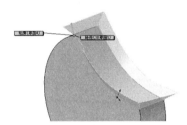

图 3-95 设置【路径对齐类型】为【无】

● 【方向向量】：按照所选择的向量方向对齐轮廓，选择设定方向向量的实体，如图 3-96 所示。

　　【方向向量】(在设置【路径对齐类型】为【方向向量】时可用)：选择基准面、平面、直线、边线、圆柱、轴、特征上的顶点组等以设置方向向量。

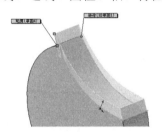

图 3-96 设置【路径对齐类型】为【方向向量】

● 【所有面】：当路径包括相邻面时，使扫描轮廓在几何关系可能的情况下与相邻面相切，如图 3-97 所示。

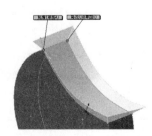

图 3-97 设置【路径对齐类型】为【所有面】

（4）【合并切面】：如果扫描轮廓具有相切线段，可使产生的扫描中的相应曲面相切，保持相切的面可以是基准面、圆柱面或锥面。

（5）【显示预览】：显示扫描的上色预览；取消选中此项，则只显示轮廓和路径。

（6）【合并结果】：将多个实体合并成一个实体。

（7）【与结束端面对齐】：将扫描轮廓延伸到路径所遇到的最后一个面。扫描的面被延伸或缩短以与扫描端点处的面相匹配，而不需要再选择其他约束条件。此选项常用于螺旋线，如图 3-98 所示。

选中【与结束端面对齐】复选框　　　　　　取消选中【与结束端面对齐】复选框

图 3-98　螺旋线端面对齐方式

3．【引导线】选项组

（1）【引导线】：在轮廓沿路径扫描时加以引导以生成特征。引导线必须与轮廓或轮廓草图中的点重合。

（2）【上移】、【下移】：调整引导线的顺序。选择一条引导线并拖动鼠标指针以调整轮廓顺序。

（3）【合并平滑的面】：改进带引导线扫描的性能，并在引导线或者路径不是曲率连续的所有点处分割扫描。

（4）【显示截面】：显示扫描的截面。单击按钮，可按截面数查看轮廓并进行删减。

4．【起始处/结束处相切】选项组

（1）【起始处相切类型】：其选项如图 3-99 所示。

● 【无】：不应用相切。

● 【路径相切】：垂直于起始点路径而生成扫描。

（2）【结束处相切类型】：与【起始处相切类型】的选项相同，如图 3-100 所示，在此不做赘述。

图 3-99　【起始处相切类型】下拉列表　　　图 3-100　【结束处相切类型】下拉列表

5．【薄壁特征】选项组

生成的薄壁特征扫描如图 3-101 所示。

使用实体特征的扫描 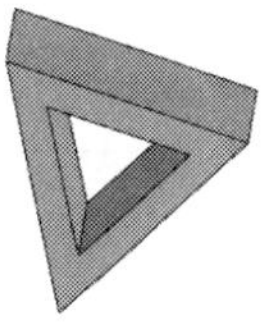　　　　　　　使用薄壁特征的扫描

图 3-101　生成薄壁特征扫描

【类型】：设置【薄壁特征】扫描的类型，其选项如图 3-102 所示。

图 3-102　【类型】下拉列表

- 【单向】：设置同一 【厚度】数值，以单一方向从轮廓生成薄壁特征。
- 【两侧对称】：设置同一 【方向 1 厚度】数值，以两个方向从轮廓生成薄壁特征。
- 【双向】：设置不同 【方向 1 厚度】、 【方向 2 厚度】数值，以相反的两个方向从轮廓生成薄壁特征。

3.3.4　扫描特征的操作方法

生成扫描特征的操作方法如下。

(1) 选择【插入】|【凸台/基体】|【扫描】菜单命令，系统弹出【扫描】属性管理器。在【轮廓和路径】选项组中，单击 【轮廓】选择框，在图形区域中选择草图 1，单击 【路径】选择框，在图形区域中选择草图 2，如图 3-103 所示。

图 3-103　【扫描】属性管理器中的参数设置

(2) 在【选项】选项组中，设置【方向/扭转控制】为【随路径变化】，【路径对齐类型】为【无】，创建的扫描特征如图 3-104 所示。

(3) 在【选项】选项组中，设置【方向/扭转控制】为【保持法向不变】，单击 【确定】按钮，创建的扫描特征如图 3-105 所示。

图 3-104　【随路径变化】扫描图　　　　图 3-105　【保持法向不变】扫描图

扫描特征案例 1——创建管头

案例文件：ywj\03\10.prt。

视频文件：光盘→视频课堂→第 3 章→3.3.1。

案例操作步骤如下。

step 01　单击【草图】工具栏中的🖉【草图绘制】按钮，选择前视基准面作为草绘平面。单击【草图】工具栏中的◎【圆】按钮，绘制直径分别为 40 和 50 的两个圆，如图 3-106 所示。

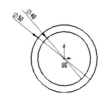

step 02　单击【草图】工具栏中的🖉【草图绘制】按钮，选择上视草绘面，如图 3-107 所示。

图 3-106　绘制同心圆

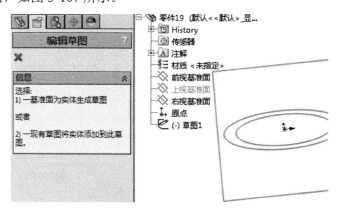

图 3-107　选择草绘面

step 03　单击【草图】工具栏中的◠【三点圆弧】按钮，绘制半径为 120 的圆弧，如图 3-108 所示。

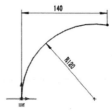

图 3-108　绘制圆弧

step 04 单击【特征】工具栏中的 🔄【扫描】按钮，弹出【扫描】属性管理器，依次选择截面和路径，如图 3-109 所示，创建扫描特征。

step 05 完成的管头模型如图 3-110 所示。

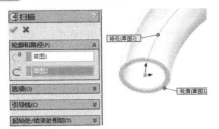

图 3-109 扫描特征　　　　　　　　　　　图 3-110 完成的管头模型

扫描特征案例 2——创建旋钮

📁 **案例文件**：ywj\03\11.prt。

🎬 **视频文件**：光盘→视频课堂→第 3 章→3.3.2。

案例操作步骤如下。

step 01 单击【草图】工具栏中的 ✏️【草图绘制】按钮，选择上视基准面作为草绘平面。单击【草图】工具栏中的 ⭕【圆】按钮，绘制直径为 20 的圆，如图 3-111 所示。

step 02 单击【特征】工具栏中的 📦【拉伸凸台/基体】按钮，弹出【凸台-拉伸】属性管理器，设置【深度】为"2mm"，如图 3-112 所示，创建拉伸特征。

图 3-111 绘制圆

step 03 单击【草图】工具栏中的 ✏️【草图绘制】按钮，选择草绘面，如图 3-113 所示。

图 3-112 拉伸草图　　　　　　　图 3-113 选择草绘面(1)

step 04 单击【草图】工具栏中的 〰️【样条曲线】按钮，绘制样条曲线，如图 3-114 所示。

step 05 单击【草图】工具栏中的 ✏️【草图绘制】按钮，选择草绘面，如图 3-115 所示。

step 06 单击【草图】工具栏中的 ▢【边角矩形】按钮，绘制 5×1 的矩形，如图 3-116 所示。

step 07 单击【特征】工具栏中的 🔄【扫描】按钮，弹出【扫描】属性管理器，依次选择截面和路径，如图 3-117 所示，创建扫描特征。

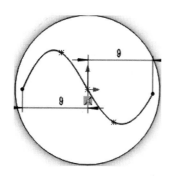

图 3-114　绘制样条曲线

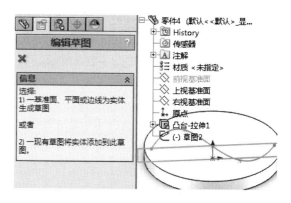

图 3-115　选择草绘面(2)

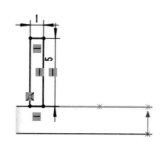

图 3-116　绘制矩形(1)

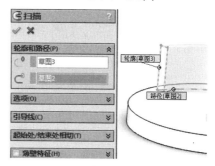

图 3-117　扫描特征

step 08 单击【草图】工具栏中的 ✎【草图绘制】按钮，选择草绘面，如图 3-118 所示。

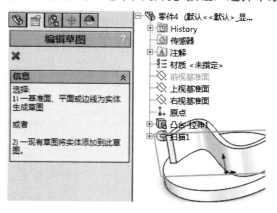

图 3-118　选择草绘面(3)

step 09 单击【草图】工具栏中的 □【边角矩形】按钮，绘制 5×26 的矩形，如图 3-119 所示。

step 10 单击【草图】工具栏中的 ◠【三点圆弧】按钮，绘制半径为 20 的圆弧，如图 3-120 所示。

step 11 单击【特征】工具栏中的 ▣【拉伸切除】按钮，弹出【切除-拉伸】属性管理器，设置【终止条件】为【完全贯穿】，如图 3-121 所示，创建拉伸切除特征。

step 12 完成的旋钮模型如图 3-122 所示。

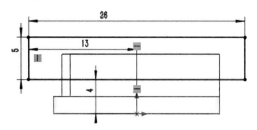

图 3-119 绘制矩形(2)

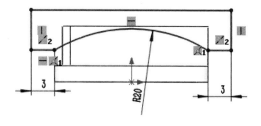

图 3-120 绘制圆弧

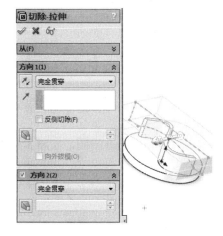

图 3-121 拉伸切除

图 3-122 完成的旋钮模型

扫描特征案例 3——创建螺纹

案例文件：ywj\03\12.prt。

视频文件：光盘→视频课堂→第 3 章→3.3.3。

案例操作步骤如下。

step 01 单击【草图】工具栏中的【草图绘制】按钮，选择上视基准面作为草绘平面。单击【草图】工具栏中的◎【圆】按钮，绘制直径分别为 60 和 50 的两个圆，如图 3-123 所示。

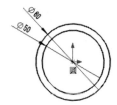

图 3-123 绘制同心圆

step 02 单击【特征】工具栏中的【拉伸凸台/基体】按钮，弹出【凸台-拉伸】属性管理器，设置【深度】为"100mm"，如图 3-124 所示，创建拉伸特征。

step 03 单击【草图】工具栏中的【草图绘制】按钮，选择草绘面，如图 3-125 所示。

图 3-124　拉伸特征

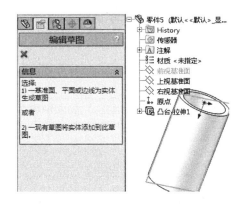

图 3-125　选择草绘面(1)

step 04　单击【草图】工具栏中的 \ 【直线】按钮，绘制边长为 3 的等边三角形，如图 3-126 所示。

step 05　单击【曲线】工具栏中的 ▧ 【螺旋线/涡状线】按钮，弹出【螺旋线/涡状线】属性管理器，选择草绘面，如图 3-127 所示。

step 06　单击【草图】工具栏中的 ⊙ 【圆】按钮，绘制直径为 60 的圆，如图 3-128 所示。

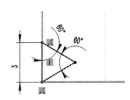

图 3-126　绘制直线草图

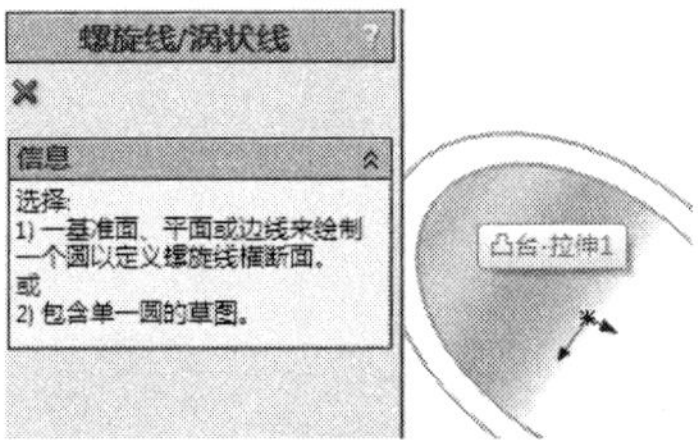

图 3-127　选择草绘面(2)

图 3-128　绘制圆

step 07　在弹出的【螺旋线/涡状线】属性管理器中，设置【螺距】为"6mm"，【圈数】为"6"，创建螺旋线，如图 3-129 所示。

step 08　单击【特征】工具栏中的 ▧ 【扫描切除】按钮，弹出【切除-扫描】属性管理器，分别选择路径和截面，如图 3-130 所示，创建扫描切除特征。

图 3-129　创建螺旋线

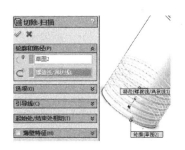

图 3-130　扫描切除

step 09 完成的螺纹模型如图 3-131 所示。

图 3-131　完成的螺纹模型

3.4　放　样　特　征

放样特征通过在轮廓之间进行过渡以生成特征，放样的对象可以是基体、凸台、切除或者曲面，可用两个或多个轮廓生成放样，但仅第一个或最后一个对象的轮廓可以是点。

3.4.1　放样特征的使用方法

放样特征的使用方法如下。

(1) 单击【特征】工具栏中的 ⚗ 【放样凸台/基体】按钮，或选择【插入】|【凸台/基体】|【放样】菜单命令。

(2) 选择【插入】|【切除】|【放样】菜单命令。

(3) 单击【曲面】工具栏中的 ⚗ 【放样曲面】按钮，或选择【插入】|【曲面】|【放样】菜单命令。

3.4.2　放样特征的属性设置

选择【插入】|【凸台/基体】|【放样】菜单命令，系统弹出【放样】属性管理器，如图 3-132 所示。

1.【轮廓】选项组

(1) 🔗 【轮廓】：用来生成放样的轮廓，可以选择要放样的草图轮廓、面或者边线。

(2) ⬆ 【上移】、⬇ 【下移】：调整轮廓的顺序。

如果放样预览显示放样不理想，可重新选择或将草图重新排序以在轮廓上连接不同的点。

2.【起始/结束约束】选项组

(1) 【开始约束】、【结束约束】：应用约束以控制开始和结束轮廓的相切，其选项如图 3-133 所示。

图 3-132　【放样】属性管理器

图 3-133 【开始约束】、【结束约束】下拉列表

- 【无】：不应用相切约束(即曲率为零)。
- 【方向向量】：根据所选的方向向量应用相切约束。
- 【垂直于轮廓】：应用在垂直于开始或者结束轮廓处的相切约束。

(2) ↗ 【方向向量】(在设置【开始约束】为【方向向量】时可用)：按照所选择的方向向量应用相切约束，放样与所选线性边线或轴相切，或与所选面或基准面的法线相切，如图 3-134 所示。

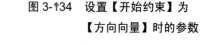

图 3-134 设置【开始约束】为【方向向量】时的参数

(3) 【拔模角度】(在设置【开始约束】为【方向向量】或【垂直于轮廓】时可用)：为起始或结束轮廓应用拔模角度，如图 3-135 所示。

(4) 起始/结束处相切长度(在设置【开始约束】为【方向向量】或【垂直于轮廓】时可用)：控制对放样的影响量，如图 3-136 所示。

图 3-135 【拔模角度】参数　　图 3-136 【起始/结束处相切长度】参数

(5) 【应用到所有】：显示一个为整个轮廓控制所有约束的控标；取消选中此复选框，显示可允许单个线段控制约束的多个控标。

在选择不同【开始/结束约束】选项时的效果如图 3-137 所示。

设置【开始约束】为【无】　　　　设置【开始约束】为【无】
设置【结束约束】为【无】　　　　设置【结束约束】为【垂直于轮廓】

图 3-137 选择不同【开始/结束约束】选项时的效果

设置【开始约束】为【垂直于轮廓】　　　设置【开始约束】为【垂直于轮廓】

设置【结束约束】为【无】　　　　　　　设置【结束约束】为【垂直于轮廓】

设置【开始约束】为【方向向量】　　　　设置【开始约束】为【方向向量】

设置【结束约束】为【无】　　　　　　　设置【结束约束】为【垂直于轮廓】

图 3-137　（续）

3. 【引导线】选项组

(1) 【引导线感应类型】：控制引导线对放样的影响力，其选项如图 3-138 所示。

- 【到下一引线】：只将引导线延伸到下一引导线。
- 【到下一尖角】：只将引导线延伸到下一尖角。
- 【到下一边线】：只将引导线延伸到下一边线。
- 【整体】：将引导线影响力延伸到整个放样。

图 3-138　【引导线感应类型】
下拉列表

选择不同【引导线感应类型】选项时的效果如图 3-139 所示。

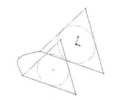

两个轮廓和一条引导线

设置【引导线感应类型】为【到下一尖角】　　设置【引导线感应类型】为【整体】

图 3-139　选择不同【引导线感应类型】选项时的效果

(2) 【引导线】：选择引导线来控制放样。

(3) ↑【上移】、↓【下移】：调整引导线的顺序。

(4) 【边线<n>-相切】：控制放样与引导线相交处的相切关系(n 为所选引导线标号)。其选项如图 3-140 所示。

图 3-140 【边线<n>-相切】下拉列表

- 【无】：不应用相切约束。
- 【方向向量】：根据所选的方向向量应用相切约束。
- 【与面相切】(在引导线位于现有几何体的边线上时可用)：在位于引导线路径上的相邻面之间添加边侧相切，从而在相邻面之间生成更平滑的过渡。

  为获得最佳结果，轮廓在其与引导线相交处还应与相切面相切。理想的公差是 2°或者小于 2°，可以使用连接点离相切面小于 30°的轮廓(角度大于 30°，放样就会失败)。

(5) ↗【方向向量】(在设置【边线<n>-相切】为【方向向量】时可用)：根据所选的方向向量应用相切约束，放样与所选线性边线或者轴相切，也可以与所选面或者基准面的法线相切。

(6) 【拔模角度】(在设置【边线<n>-相切】为【方向向量】或者在设置【草图<n>-相切】为【方向向量】或【垂直于轮廓】时可用)：只要几何关系成立，将拔模角度沿引导线应用到放样。

4．【中心线参数】选项组

(1) ⚓【中心线】：使用中心线引导放样形状。

(2) 【截面数】：在轮廓之间并围绕中心线添加截面。

(3) 👓【显示截面】：显示放样截面。单击▪▪▪按钮显示截面，也可输入截面数，然后单击👓【显示截面】按钮跳转到该截面。

5．【草图工具】选项组

可使用 Selection Manager(选择管理器)帮助选择草图实体。

(1) 【拖动草图】按钮：激活拖动模式，当编辑放样特征时，可从任何已经为放样定义了轮廓线的 3D 草图中拖动 3D 草图线段、点或基准面，3D 草图在拖动时自动更新。如果需要退出草图拖动状态，再次单击【拖动草图】按钮即可。

(2) 🔄【撤销草图拖动】按钮：撤销先前的草图拖动并将预览返回到其先前状态。

6．【选项】选项组

【选项】选项组，如图 3-141 所示。

(1) 【合并切面】：如果对应的线段相切，则保持放样中的曲面相切。

(2) 【闭合放样】：沿放样方向生成闭合实体，选中此选项会自动连接最后一个和第一个草图实体。

(3) 【显示预览】：显示放样的上色预览；取消选中此选项，则只能查看路径和引导线。

(4) 【合并结果】：合并所有放样要素。

7．【薄壁特征】选项组

【类型】：设置【薄壁特征】放样的类型。如图 3-142 所示。

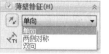

图 3-141　【选项】选项组　　　　　　　图 3-142　【类型】下拉列表

(1) 【单向】：设置同一  【厚度】数值，以单一方向从轮廓生成薄壁特征。

(2) 【两侧对称】：设置同一 【厚度】数值，以两个方向从轮廓生成薄壁特征。

(3) 【双向】：设置不同 【方向厚度】、 【方向 2 厚度】数值，以两个相反的方向从轮廓生成薄壁特征。

3.4.3　放样特征的操作方法

生成放样特征的操作方法如下。

(1) 打开需要放样的草图。选择【插入】|【凸台/基体】|【放样】菜单命令，系统弹出【放样】属性管理器。在【轮廓】选项组中，单击 【轮廓】选择框，在图形区域中分别选择矩形草图的一个顶点和六边形草图的一个顶点，如图 3-143 所示。单击 【确定】按钮，结果如图 3-144 所示。

(2) 在【轮廓】选项组中，单击 【轮廓】选择框，在图形区域中分别选择矩形草图的一个顶点和六边形草图的另一个顶点。单击 【确定】按钮，结果如图 3-145 所示。

图 3-143　设置【轮廓】选项组　　　图 3-144　生成放样特征(1)　　　图 3-145　生成放样特征(2)

(3) 在【起始/结束约束】选项组中，设置【开始约束】为【垂直于轮廓】，如图 3-146 所示。单击 【确定】按钮，结果如图 3-147 所示。

图 3-146　【起始/结束约束】选项组　　　　图 3-147　生成放样特征(3)

放样特征案例 1——创建管件

📁 案例文件：ywj\03\13.prt。

🎬 视频文件：光盘→视频课堂→第 3 章→3.4.1。

案例操作步骤如下。

step 01 单击【草图】工具栏中的 ☑【草图绘制】按钮，选择上视基准面作为草绘平面。单击【草图】工具栏中的 ◎【圆】按钮，绘制直径为 40 的圆，如图 3-148 所示。

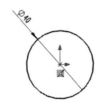

图 3-148 绘制圆(1)

step 02 单击【草图】工具栏中的 ▨【基准面】按钮，弹出【基准面】属性管理器，设置【偏移距离】为"50mm"，如图 3-149 所示，创建基准面。

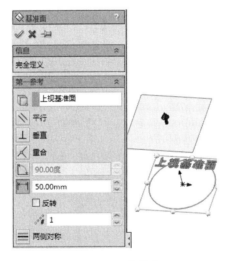

图 3-149 创建基准面

step 03 单击【草图】工具栏中的 ☑【草图绘制】按钮，选择草绘面，如图 3-150 所示。

step 04 单击【草图】工具栏中的 ◎【圆】按钮，绘制直径为 60 的圆，如图 3-151 所示。

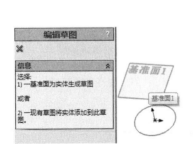

图 3-150 选择草绘面(1)

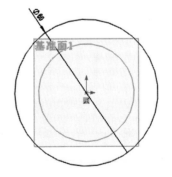

图 3-151 绘制圆(2)

step 05 单击【草图】工具栏中的⊿【草图绘制】按钮，选择草绘面，如图 3-152 所示。

step 06 单击【草图】工具栏中的∿【样条曲线】按钮，绘制样条曲线，如图 3-153 所示。

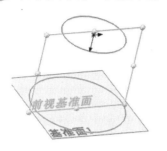

图 3-152　选择草绘面(2)

图 3-153　绘制样条曲线

step 07 单击【草图】工具栏中的⚠【镜向实体】按钮，镜像曲线图形，如图 3-154 所示。

step 08 单击【特征】工具栏中的⚮【放样凸台/基体】按钮，弹出【放样】属性管理器，分别选择上下轮廓和两条引导线，如图 3-155 所示，创建放样特征。

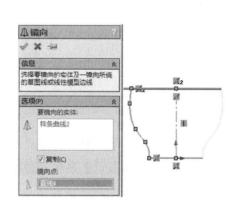

图 3-154　镜像曲线

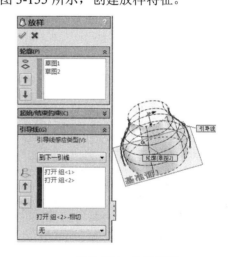

图 3-155　放样特征

step 09 单击【特征】工具栏中的⊞【抽壳】按钮，弹出【抽壳 1】属性管理器，选择移除的面，设置【厚度】为"2mm"，如图 3-156 所示，创建抽壳特征。

step 10 完成的管件模型如图 3-157 所示。

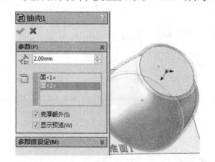

图 3-156　抽壳

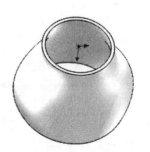

图 3-157　完成的管件模型

放样特征案例 2——创建罩子

案例文件：ywj\03\14.prt。

视频文件：光盘→视频课堂→第 3 章→3.4.2。

案例操作步骤如下。

step 01 单击【草图】工具栏中的 ▣【草图绘制】按钮，选择上视基准面作为草绘平面。单击【草图】工具栏中的 ▢【边角矩形】按钮，绘制 100×140 的矩形，如图 3-158 所示。

step 02 单击【草图】工具栏中的 ▭【绘制圆角】按钮，绘制矩形的圆角，半径为 "10mm"，如图 3-159 所示。

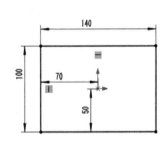

图 3-158　绘制矩形

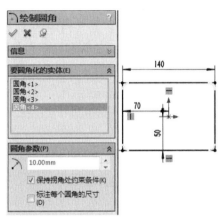

图 3-159　绘制圆角

step 03 单击【草图】工具栏中的 ▦【基准面】按钮，弹出【基准面】属性管理器，设置【偏移距离】为 "80mm"，如图 3-160 所示，创建基准面。

图 3-160　创建基准面

step 04 单击【草图】工具栏中的🗐【草图绘制】按钮，选择草绘面，如图 3-161 所示。

step 05 单击【草图】工具栏中的⊘【圆】按钮，绘制直径为 100 的圆，如图 3-162 所示。

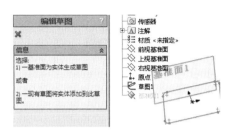

图 3-161　选择草绘面

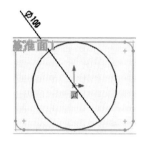

图 3-162　绘制圆

step 06 单击【特征】工具栏中的⚱【放样凸台/基体】按钮，弹出【放样】属性管理器，分别选择上下轮廓，如图 3-163 所示，创建放样特征。

step 07 单击【特征】工具栏中的🗐【抽壳】按钮，弹出【抽壳 1】属性管理器，选择移除的面，设置【厚度】为"2mm"，如图 3-164 所示，创建抽壳特征。

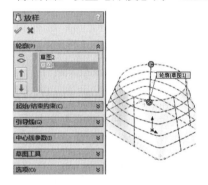

图 3-163　放样特征

图 3-164　抽壳

step 08 完成的罩子模型如图 3-165 所示。

图 3-165　完成的罩子模型

放样特征案例 3——创建漏斗

📂 案例文件：ywj\03\15.prt。

🎬 视频文件：光盘→视频课堂→第 3 章→3.4.3。

案例操作步骤如下。

step 01 单击【草图】工具栏中的🗐【草图绘制】按钮，选择上视基准面作为草绘平

面。单击【草图】工具栏中的◎【圆】按钮，绘制直径为
100 的圆，如图 3-166 所示。

step 02 单击【草图】工具栏中的▨【基准面】按钮，弹出【基
准面】属性管理器，设置【偏移距离】为"200mm"，如
图 3-167 所示，创建基准面。

step 03 单击【草图】工具栏中的Ꙍ【草图绘制】按钮，选择草
绘面，如图 3-168 所示。

图 3-166 绘制圆(1)

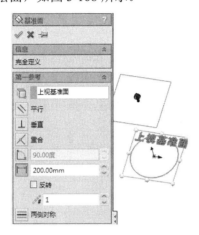

图 3-167 创建基准面(1)

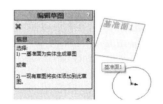

图 3-168 选择草绘面(1)

step 04 单击【草图】工具栏中的◎【圆】按钮，绘制直径为 100 的圆，如图 3-169 所示。

step 05 单击【草图】工具栏中的▨【基准面】按钮，弹出【基准面】属性管理器，设
置【偏移距离】为"100mm"，如图 3-170 所示，创建基准面。

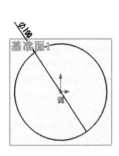

图 3-169 绘制圆(2)

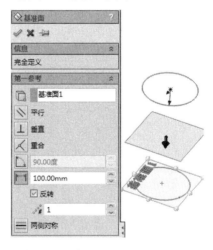

图 3-170 创建基准面(2)

step 06 单击【草图】工具栏中的Ꙍ【草图绘制】按钮，选择草绘面，如图 3-171 所示。

step 07 单击【草图】工具栏中的◎【圆】按钮，绘制直径为 10 的圆，如图 3-172 所示。

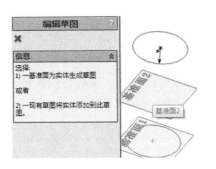

图 3-171 选择草绘面(2)

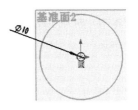

图 3-172 绘制圆(3)

step 08 单击【特征】工具栏中的 ◢【放样凸台/基体】按钮，弹出【放样】属性管理器，分别选择上中下轮廓，如图 3-173 所示，创建放样特征。

step 09 单击【特征】工具栏中的 ▣【抽壳】按钮，弹出【抽壳 1】属性管理器，选择移除的面，设置【厚度】为"1mm"，如图 3-174 所示，创建抽壳特征。

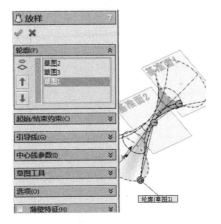

图 3-173 放样特征

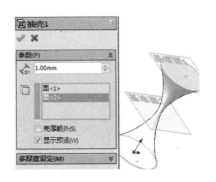

图 3-174 抽壳

step 10 完成的漏斗模型如图 3-175 所示。

图 3-175 完成的漏斗模型

3.5 本 章 小 结

本章主要介绍了实体特征的各种创建方法，其中包括拉伸、旋转、扫描和放样这 4 类命令，相关的命令还对应相应的切除命令，比如拉伸切除和旋转切除命令，读者可以结合案例进行学习。

第 4 章

零件形变特征

零件形变特征可以改变复杂曲面和实体模型的局部或整体形状，无须考虑用于生成模型的草图或者特征约束，其特征包括压凹特征、弯曲特征、变形特征、拔模特征和圆顶特征等。本章将主要介绍这 5 种特征的创建方法和属性设置。

4.1 压凹特征

压凹特征是利用厚度和间隙生成的特征，其应用包括封装、冲印、铸模及机器的压入配合等。根据所选实体类型，指定目标实体和工具实体之间的间隙数值，并为压凹特征指定厚度数值。压凹特征可变形或从目标实体中切除某个部分。

压凹特征以工具实体的形状，在目标实体中生成袋套或突起，因此在最终实体中比在原始实体中显示更多的面、边线和顶点。其注意事项如下。

(1) 目标实体和工具实体必须有一个为实体。

(2) 如果要生成压凹特征，目标实体必须与工具实体接触，或间隙值必须允许穿越目标实体的突起。

(3) 如果要生成切除特征，目标实体和工具实体不必相互接触，但间隙值必须大到可足够生成与目标实体的交叉。

(4) 如果需要以曲面工具实体压凹(或者切除)实体，曲面必须与实体完全相交。

(5) 唯一不受允许的压凹组合是：曲面目标实体和曲面工具实体。

4.1.1 压凹特征属性设置

选择【插入】|【特征】|【压凹】菜单命令，系统弹出【压凹】属性管理器，如图 4-1 所示。

1．【选择】选项组

(1) ⬠【目标实体】：选择要压凹的实体或曲面实体。

(2) ⬠【工具实体区域】：选择一个或多个实体(或者曲面实体)。

(3) 【保留选择】、【移除选择】：选择要保留或移除的模型边界。

(4) 【切除】：选中此复选框，则移除目标实体的交叉区域，无论是实体还是曲面，即使没有厚度也会存在间隙。

2．【参数】选项组

(1) ⬠【厚度】(仅限实体)：确定压凹特征的厚度。

(2) "间隙"：确定目标实体和工具实体之间的间隙。如果有必要，可单击 ⬠【反向】按钮。

图 4-1 【压凹】属性管理器

4.1.2 压凹特征创建步骤

选择【插入】|【特征】|【压凹】菜单命令，系统弹出【压凹】属性管理器。在【选择】选项组中，单击⬠【目标实体】选择框，在图形区域中选择模型实体，单击⬠【工具实体区域】选择框，选择模型中拉伸特征的下表面，取消选中的【切除】复选框；在【参数】选项

组中，设置【厚度】为 10mm，如图 4-2 所示。在图形区域中显示出预览，单击 【确定】按钮，生成压凹特征，如图 4-3 所示。

图 4-2　【压凹】的属性设置　　　　图 4-3　生成压凹特征

压凹特征案例 1——创建连接件 1

案例操作步骤如下。

step 01　单击【草图】工具栏中的 【草图绘制】按钮，选择上视基准面作为草绘平面。单击【草图】工具栏中的 【直槽口】按钮，绘制 60×20 的槽口，如图 4-4 所示。

step 02　单击【特征】工具栏中的 【拉伸凸台／基体】按钮，弹出【凸台-拉伸】属性管理器，设置【深度】为"2mm"，如图 4-5 所示，创建拉伸特征。

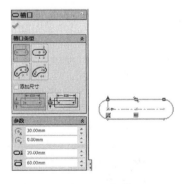

图 4-4　绘制槽口　　　　　　　　图 4-5　拉伸草图(1)

step 03　新建一个零件，单击【草图】工具栏中的 【草图绘制】按钮，选择上视基准面作为草绘平面。单击【草图】工具栏中的 【圆】按钮，绘制半径为 5 的圆，如图 4-6 所示。

step 04　单击【特征】工具栏中的 【拉伸凸台/基体】按钮，弹出【凸台-拉伸】属性管理器，设置【深度】为"10mm"，如图 4-7 所示，创建拉伸特征。

图 4-6　绘制圆　　　　　　　　　　　　　图 4-7　拉伸草图(2)

step 05 用鼠标右键单击设计树中的零件节点，从弹出的快捷菜单中选择【添加到库】命令，如图 4-8 所示。

step 06 在弹出的【添加到库】属性管理器中设置文件夹位置，如图 4-9 所示。

图 4-8　添加到库　　　　　　　　　　　　图 4-9　选择库的位置

step 07 打开设计库，拖动刚添加的零件到绘图界面，如图 4-10 所示。

step 08 在弹出的【插入零件】属性管理器中进行设置，插入零件，如图 4-11 所示。

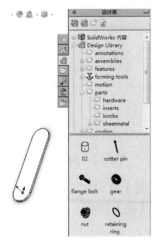

图 4-10　添加库零件　　　　　　　　　　图 4-11　插入零件

step 09 选择【插入】|【特征】|【压凹】菜单命令，弹出【压凹】属性管理器，选择实体和区域，设置【厚度】为"2"，如图 4-12 所示，创建压凹特征。

step 10 完成的连接件 1 模型如图 4-13 所示。

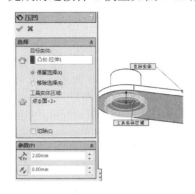

图 4-12 压凹特征　　　　　　　　　图 4-13 完成的连接件 1 模型

压凹特征案例 2——创建连接件 2

案例文件：ywj\04\01.prt、03.prt。

视频文件：光盘→视频课堂→第 4 章→4.1.2。

案例操作步骤如下。

step 01 打开设计库，拖动零件 "cotter pin" 到绘图界面，如图 4-14 所示。

step 02 在弹出的【插入零件】属性管理器中进行设置，插入零件，如图 4-15 所示。

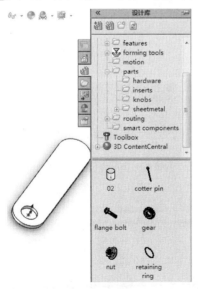

图 4-14 添加库零件　　　　　　　　　图 4-15 插入零件

step 03 选择【插入】|【特征】|【压凹】菜单命令，弹出【压凹】属性管理器，选择实体和区域，设置【厚度】为"1mm"，如图 4-16 所示，创建压凹特征。

step 04 完成的连接件 2 模型如图 4-17 所示。

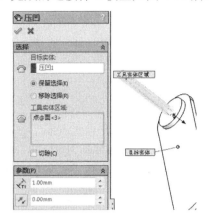

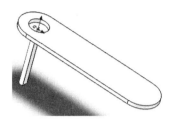

图 4-16　压凹特征　　　　　　图 4-17　完成的连接件 2 模型

压凹特征案例 3——创建连接件 3

案例文件：ywj\04\03.prt、04.prt。

视频文件：光盘→视频课堂→第 4 章→4.1.3。

案例操作步骤如下。

step 01 打开设计库，拖动零件"02"到绘图界面，如图 4-18 所示。

step 02 在弹出的【插入零件】属性管理器中进行设置，插入零件，如图 4-19 所示。

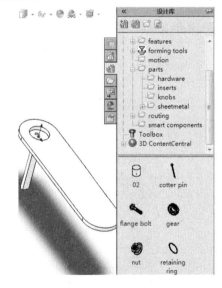

图 4-18　添加库零件　　　　　　图 4-19　插入零件

step 03 选择【插入】|【特征】|【压凹】菜单命令，弹出【压凹】属性管理器，选择实体和区域，设置【厚度】为"1mm"，如图 4-20 所示，创建压凹特征。

step 04 完成的连接件 3 模型如图 4-21 所示。

图 4-20　压凹特征

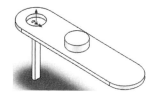

图 4-21　完成的连接件 3 模型

4.2　弯　曲　特　征

弯曲特征以直观的方式对复杂的模型进行变形。弯曲特征包括 4 个选项：折弯、扭曲、锥削和伸展。

4.2.1　弯曲特征属性设置

1．折弯

围绕三重轴中的红色 X 轴(即折弯轴)折弯一个或者多个实体，可以重新定位三重轴的位置和剪裁基准面，控制折弯的角度、位置和界限以改变折弯形状。

选择【插入】|【特征】|【弯曲】菜单命令，系统弹出【弯曲】属性管理器。在【弯曲输入】选项组中，选中【折弯】单选按钮，属性设置如图 4-22 所示。

(1)　【弯曲输入】选项组。

● 　【粗硬边线】：生成如圆锥面、圆柱面及平面等的分析曲面，通常会形成剪裁基准面与实体相交的分割面。如果取消选择此项，则结果将基于样条曲线，曲面和平面会因此显得更光滑，而原有面保持不变。

● 　【角度】：设置折弯角度，需要配合折弯半径。

● 　【半径】：设置折弯半径。

图 4-22　选中【折弯】单选按钮后的属性设置

（2）【剪裁基准面 1】选项组。

⦿【为剪裁基准面 1 选择一参考实体】：将剪裁基准面 1 的原点锁定为所选模型上的点。

⟐【基准面 1 剪裁距离】：从实体的外部界限沿三重轴的剪裁基准面轴(蓝色 Z 轴)移动到剪裁基准面上的距离。

（3）【剪裁基准面 2】选项组。

【剪裁基准面 2】选项组的属性设置与【剪裁基准面 1】选项组基本相同，在此不做赘述。

（4）【三重轴】选项组。

使用这些参数来设置三重轴的位置和方向。

● ⟐【为枢轴三重轴参考选择一坐标系特征】：将三重轴的位置和方向锁定到坐标系上。

必须添加坐标系特征到模型上，才能使用此选项。

● ⟐【X 旋转原点】、⟐【Y 旋转原点】、⟐【Z 旋转原点】：沿指定轴移动三重轴位置(相对于三重轴的默认位置)。

● ⟐【X 旋转角度】、⟐【Y 旋转角度】、⟐【Z 旋转角度】：围绕指定轴旋转三重轴(相对于三重轴自身)，此角度表示围绕零部件坐标系的旋转角度，且按照 Z、Y、X 顺序进行旋转。

（5）【弯曲选项】选项组。

◈【弯曲精度】：控制曲面品质，提高品质还会提高弯曲特征的成功率。

2．扭曲

扭曲特征是通过定位三重轴和剪裁基准面，控制扭曲的角度、位置和界限，使特征围绕三重轴的蓝色 Z 轴扭曲。

选择【插入】|【特征】|【弯曲】菜单命令，系统弹出【弯曲】属性管理器。在【弯曲输入】选项组中，选中【扭曲】单选按钮，如图 4-23 所示。

⟐【角度】：设置扭曲的角度。

其他选项组的属性设置不再赘述。

3．锥削

锥削特征是通过定位三重轴和剪裁基准面，控制锥削的角度、位置和界限，使特征按照三重轴的蓝色 Z 轴方向进行锥削。

选择【插入】|【特征】|【弯曲】菜单命令，系统弹出【弯曲】属性管理器。在【弯曲输入】选项组中，选中【锥削】单选按钮，如图 4-24 所示。

⟐【锥剃因子】：设置锥削量。调整锥剃因子时，剪裁基准面不移动。

其他选项组的属性设置不再赘述。

4．伸展

伸展特征是通过指定距离或使用鼠标左键拖动剪裁基准面的边线，使特征按照三重轴的蓝色 Z 轴方向进行伸展。

选择【插入】|【特征】|【弯曲】菜单命令，系统弹出【弯曲】属性管理器。在【弯曲输入】选项组中，选中【伸展】单选按钮，如图 4-25 所示。

　　【伸展距离】：设置伸展量。

其他选项组的属性设置不再赘述。

图 4-23　选中【扭曲】单选按钮　　图 4-24　选中【锥削】单选按钮　　图 4-25　选中【伸展】单选按钮

4.2.2　弯曲特征的创建步骤

1．折弯

选择【插入】|【特征】|【弯曲】菜单命令，系统弹出【弯曲】属性管理器。在【弯曲输入】选项组中，选中【折弯】单选按钮，单击　【弯曲的实体】选择框，在图形区域中选择所有拉伸特征，设置　【角度】为 90 度，　【半径】为 132.86mm，单击　【确定】按钮，生成折弯弯曲特征，如图 4-26 所示。

2．扭曲

选择【插入】|【特征】|【弯曲】菜单命令，系统弹出【弯曲】属性管理器。在【弯曲输入】选项组中，选中【扭曲】单选按钮，单击　【弯曲的实体】选择框，在图形区域中选择所有拉伸特征，设置　【角度】为 90 度，单击　【确定】按钮，生成扭曲弯曲特征，如图 4-27 所示。

图 4-26　生成折弯弯曲特征　　　　　图 4-27　生成扭曲特征

3．锥削

选择【插入】|【特征】|【弯曲】菜单命令，系统弹出【弯曲】属性管理器。在【弯曲输入】选项组中，选中【锥削】单选按钮，单击　【弯曲的实体】选择框，在图形区域中选择

所有拉伸特征，设置 【锥削因子】为 1.5，单击 ✅【确定】按钮，生成锥削弯曲特征，如图 4-28 所示。

4．伸展

选择【插入】|【特征】|【弯曲】菜单命令，系统弹出【弯曲】属性管理器。在【弯曲输入】选项组中，选中【伸展】单选按钮，单击 【弯曲的实体】选择框，在图形区域中选择所有拉伸特征，设置 【伸展距离】为 100mm，单击 ✅【确定】按钮，生成伸展弯曲特征，如图 4-29 所示。

图 4-28　生成锥削弯曲特征　　　　图 4-29　生成伸展弯曲特征

弯曲特征案例 1——创建弯杆 1

案例文件：ywj\04\05.prt。

视频文件：光盘→视频课堂→第 4 章→4.2.1。

案例操作步骤如下。

step 01 单击【草图】工具栏中的 【草图绘制】按钮，选择上视基准面作为草绘平面。单击【草图】工具栏中的 【圆】按钮，绘制半径为 2 的圆，如图 4-30 所示。

step 02 单击【特征】工具栏中的 【拉伸凸台/基体】按钮，弹出【凸台-拉伸】属性管理器，设置【深度】为"200mm"，如图 4-31 所示，创建拉伸特征。

图 4-30　绘制圆　　　　　　　图 4-31　拉伸草图

step 03 选择【插入】|【特征】|【弯曲】菜单命令，弹出【弯曲】属性管理器，选中【折弯】单选按钮，设置【角度】为"120 度"，【半径】为"95.49mm"，如图 4-32 所示，创建折弯。

step 04 完成的弯杆 1 模型如图 4-33 所示。

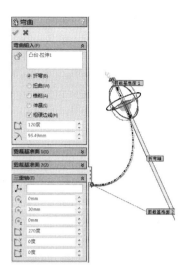

图 4-32　弯曲模型　　　　　　　　　　图 4-33　完成的弯杆 1 模型

弯曲特征案例 2——创建弯杆 2

案例文件：ywj\04\05.prt、06.prt。

视频文件：光盘→视频课堂→第 4 章→4.2.2。

案例操作步骤如下。

step 01 选择【插入】|【特征】|【弯曲】菜单命令，弹出【弯曲】属性管理器，选中【折弯】单选按钮，设置【角度】为 "50 度"，【半径】为 "193.5mm"，如图 4-34 所示，创建折弯。

step 02 选择【插入】|【特征】|【弯曲】菜单命令，弹出【弯曲】属性管理器，选中【扭曲】单选按钮，设置【角度】为 "30 度"，如图 4-35 所示，创建扭曲特征。

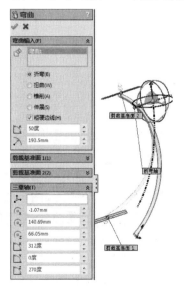

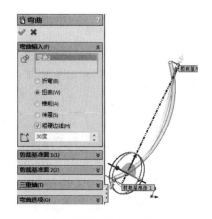

图 4-34　弯曲模型　　　　　　　　　　图 4-35　扭曲模型

step 03 完成的弯杆 2 模型如图 4-36 所示。

图 4-36　完成的弯杆 2 模型

弯曲特征案例 3——创建手柄 1

案例文件：ywj\04\07.prt。

视频文件：光盘→视频课堂→第 4 章→4.2.3。

案例操作步骤如下。

step 01 单击【草图】工具栏中的 █ 【草图绘制】按钮，选择前视基准面作为草绘平面。单击【草图】工具栏中的 ▢ 【边角矩形】按钮，绘制 20×2 的矩形，如图 4-37 所示。

step 02 单击【草图】工具栏中的 ∿ 【样条曲线】按钮，绘制样条曲线，如图 4-38 所示。

step 03 单击【草图】工具栏中的 ╲ 【直线】按钮，绘制封闭直线，如图 4-39 所示。

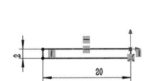

图 4-37　绘制矩形　　　　　　图 4-38　绘制样条曲线　　　　图 4-39　绘制直线

step 04 单击【特征】工具栏中的 ⬆ 【旋转凸台/基体】按钮，弹出【旋转】属性管理器，设置【方向 1 角度】为 "360 度"，如图 4-40 所示，创建旋转特征。

step 05 单击【草图】工具栏中的 █ 【草图绘制】按钮，选择草绘面，如图 4-41 所示。

step 06 单击【草图】工具栏中的 ⊙ 【圆】按钮，绘制半径为 6 的圆，如图 4-42 所示。

step 07 单击【特征】工具栏中的 ▦ 【拉伸凸台/基体】按钮，弹出【凸台-拉伸】属性管理器，设置【深度】为 "200mm"，如图 4-43 所示，创建拉伸特征。

step 08 选择【插入】|【特征】|【弯曲】菜单命令，弹出【弯曲】属性管理器，选中【折弯】单选按钮，设置【角度】为 "28.65 度"，【半径】为 "775.32mm"，如图 4-44 所示，创建折弯。

step 09 完成的手柄 1 模型如图 4-45 所示。

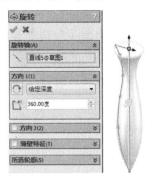

图 4-40 旋转草图

图 4-41 选择草绘面

图 4-42 绘制圆

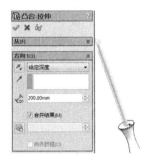

图 4-43 拉伸草图

图 4-44 弯曲模型

图 4-45 完成的手柄 1 模型

弯曲特征案例 4——创建手柄 2

案例文件：ywj\04\07.prt、08.prt。

视频文件：光盘→视频课堂→第 4 章→4.2.4。

案例操作步骤如下。

step 01 选择【插入】|【特征】|【弯曲】菜单命令，弹出【弯曲】属性管理器，选中

【锥削】单选按钮，设置【锥剃因子】为"0.5"，如图 4-46 所示，创建锥削特征。

step 02 选择【插入】|【特征】|【弯曲】菜单命令，弹出【弯曲】属性管理器，选中【伸展】单选按钮，设置【伸展距离】为"50mm"，如图 4-47 所示，创建伸展特征。

step 03 完成的手柄 2 模型如图 4-48 所示。

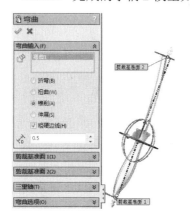

图 4-46 锥削模型

图 4-47 伸展模型

图 4-48 完成的手柄 2 模型

4.3 变 形 特 征

变形特征是指改变复杂曲面和实体模型的局部或者整体形状，无须考虑用于生成模型的草图或者特征约束。变形特征提供一种简单的方法虚拟改变模型，在生成设计概念或者对复杂模型进行几何修改时很有用，因为使用传统的草图、特征或者历史记录编辑需要花费很长的时间。

4.3.1 变形特征属性设置

变形有 3 种类型，包括【点】、【曲线到曲线】和【曲面推进】。

1. 点

点变形是改变复杂形状的最简单的方法。选择模型面、曲面、边线、顶点上的点，或者选择空间中的点，然后设置用于控制变形的距离和球形半径数值。

选择【插入】|【特征】|【变形】菜单命令，系统弹出【变形】属性管理器。在【变形类型】选项组中，选中【点】单选按钮，其属性设置如图 4-49 所示。

(1)【变形点】选项组。

● ▣【变形点】：设置变形的中心，可以选择平面、边线、顶点上的点或者空间中的点。

● 【变形方向】：选择线性边线、草图直线、平面、基准面或者两个点作为变形方向。如果选择一条线性边线或者直线，则方向平行于该边线或者直线；如果选择一个基准面或者平面，则方向垂直于该基准面或者平面；如果选择两个点或者顶点，则方向自第一个点或者顶点指向第二个点或者顶点。

- 【变形距离】：指定变形的距离(即点位移)。
- 【显示预览】：使用线框视图(在取消选中的【显示预览】复选框时)或者上色视图(在选中【显示预览】复选框时)预览结果。如果需要提高使用大型复杂模型的性能，在做了所有选择之后才选中该复选框。

(2) 【变形区域】选项组。

- 【变形半径】：更改通过变形点的球状半径数值，变形区域的选择不会影响变形半径的数值。
- 【变形区域】：选中该复选框，可以激活 【固定曲线/边线/面】和 【要变形的其他面】选择框，如图 4-50 所示。
- 【要变形的实体】：在使用空间中的点时，允许选择多个实体或者一个实体。

图 4-49   选中【点】单选按钮后的属性设置

图 4-50   选中【变形区域】复选框

(3) 【形状选项】选项组。

- 【变形轴】(在取消选中的【变形区域】复选框时可用)：通过生成平行于一条线性边线或者草图直线、垂直于一个平面或者基准面、沿着两个点或者顶点的折弯轴以控制变形形状。此选项使用 【变形半径】数值生成类似于折弯的变形。
- 、 、 【刚度】：控制变形过程中变形形状的刚性。可以将刚度层次与其他选项(如 【变形轴】等)结合使用。刚度有 3 种层次，即 【刚度-最小】、 【刚度-中等】、 【刚度-最大】。
- 【形状精度】：控制曲面品质。默认品质在高曲率区域中可能有所不足，当移动滑杆到右侧提高精度时，可以增加变形特征的成功率。

2. 曲线到曲线

曲线到曲线的变形是改变复杂形状更为精确的方法。通过将几何体从初始曲线(可以是曲线、边线、剖面曲线以及草图曲线组等)映射到目标曲线组而完成。

选择【插入】|【特征】|【变形】菜单命令，系统弹出【变形】属性管理器。在【变形类型】选项组中，选中【曲线到曲线】单选按钮，其属性设置如图 4-51 所示。

图 4-51 选中【曲线到曲线】单选按钮后的属性设置

(1)【变形曲线】选项组。

- 【初始曲线】：设置变形特征的初始曲线。选择一条或者多条连接的曲线(或者边线)作为 1 组，可以是单一曲线、相邻边线或者曲线组。

- 【目标曲线】：设置变形特征的目标曲线。选择一条或者多条连接的曲线(或者边线)作为 1 组，可以是单一曲线、相邻边线或者曲线组。

- 【组[n]】(n 为组的标号)：允许添加、删除以及循环选择组以进行修改。曲线可以是模型的一部分(如边线、剖面曲线等)或者单独的草图。

- 【显示预览】：使用线框视图或者上色视图预览结果。如果要提高使用大型复杂模型的性能，在做了所有选择之后才选中该复选框。

(2)【变形区域】选项组。

- 【固定的边线】：防止所选曲线、边线或者面被移动。在图形区域中选择要变形的固定边线和额外面，如果取消选中该复选框，则只能选择实体。

- 【统一】：尝试在变形操作过程中保持原始形状的特性，可以帮助还原曲线到曲线的变形操作，生成尖锐的形状。

- 【固定曲线/边线/面】：防止所选曲线、边线或者面被变形和移动。
  如果 【初始曲线】位于闭合轮廓内，则变形将受此轮廓约束。
  如果 【初始曲线】位于闭合轮廓外，则轮廓内的点将不会变形。

- 【要变形的其他面】：允许添加要变形的特定面，如果未选择任何面，则整个实体将会受影响。

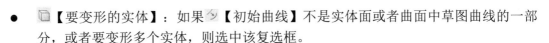

- 【要变形的实体】：如果 【初始曲线】不是实体面或者曲面中草图曲线的一部分，或者要变形多个实体，则选中该复选框。

(3) 【形状选项】选项组。

- 、 、 【刚度】：控制变形过程中变形形状的刚性。可以将刚度层次与其他选项(如 【变形轴】等)结合使用。刚度有 3 种层次，即 【刚度-最小】、 【刚度-中等】、 【刚度-最大】。

- 【形状精度】：控制曲面品质。默认品质在高曲率区域中可能有所不足，当移动滑杆到右侧提高精度时，可以增加变形特征的成功率。

- 【重量】(在选中【固定的边线】复选框和取消选中【统一】复选框时可用)：控制下面两个的影响系数。

- 【保持边界】：确保所选边界作为 【固定曲线/边线/面】是固定的；取消选中【保持边界】复选框，可以更改变形区域。

- 【匹配】：允许应用这些条件，将变形曲面或者面匹配到目标曲面或者面边线。

【无】：不应用匹配条件。

【曲面相切】：使用平滑过渡匹配面和曲面的目标边线。

【曲线方向】：使用 【目标曲线】的法线形成变形，可将 【初始曲线】映射到 【目标曲线】来匹配 【目标曲线】。

3. 曲面推进

曲面推进变形是通过使用工具实体的曲面，推进目标实体的曲面以改变其形状。目标实体的曲面近似于工具实体的曲面，但在变形前后每个目标曲面之间保持一对一的对应关系。可以选择自定义的工具实体(如多边形或者球面等)，也可以使用自己的工具实体。在图形区域中使用三重轴标注可以调整工具实体的大小，拖动三重轴或者在【特征管理器设计树】中进行设置可以控制工具实体的移动。

与点变形相比，曲面推进变形可以对变形形状提供更有效的控制，同时还是基于工具实体形状生成特定特征的可预测的方法。使用曲面推进变形，可以设计自由形状的曲面、模具、塑料、软包装、钣金等，这对合并工具实体的特性到现有设计中很有帮助。

选择【插入】|【特征】|【变形】菜单命令，系统弹出【变形】属性管理器。在【变形类型】选项组中，选中【曲面推进】单选按钮，其属性设置如图 4-52 所示。

(1) 【推进方向】选项组。

- 【变形方向】：设置推进变形的方向，可以选择一条草图直线或者直线边线、一个平面或者基准面、两个点或者顶点。

- 【显示预览】：使用线框视图或者上色视图预览结果，如果需要提高使用大型复杂模型的性能，在做了所有选择之后才选中该复选框。

(2) 【变形区域】选项组。

- 【要变形的其他面】：允许添加要变形的特定面，仅变形所选面；如果未选择任何面，则整个实体将会受影响。

- 【要变形的实体】：即目标实体，决定要被工具实体变形的实体。无论工具实体在何处与目标实体相交，或者在何处生成相对位移(当工具实体不与目标实体相交时)，整个实体都会受影响。

- 【工具实体】列表：设置对 □【要变形的实体】进行变形的工具实体。使用图形窗口中的标注设置工具实体的大小。如果要使用已生成的工具实体，可从其选项中选中【选择实体】复选框，然后在图形区域中选择工具实体。【工具实体】列表如图 4-53 所示。

图 4-52　选中【曲面推进】单选按钮后的属性设置　　　图 4-53　　【工具实体】下拉列表

- 　【变形误差】：为工具实体与目标面或者实体的相交处指定圆角半径数值。

(3) 【工具实体位置】选项组。

以下选项允许通过输入正确的数值重新定位工具实体。此方法比使用三重轴更精确。

- $^{\Delta X}$Delta X、$^{\Delta Y}$Delta Y、$^{\Delta Z}$Delta Z：沿 X、Y、Z 轴移动工具实体的距离。
- 【X 旋转角度】、【Y 旋转角度】、【Z 旋转角度】：围绕 X、Y、Z 轴以及旋转原点旋转工具实体的旋转角度。
- 【X 旋转原点】、【Y 旋转原点】、【Z 旋转原点】：定位由图形窗口中三重轴表示的旋转中心。当鼠标指针变为 形状时，可以通过拖动鼠标指针或者旋转工具实体的方法定位工具实体。

4.3.2　变形特征创建步骤

生成变形特征的操作步骤如下。

(1) 选择【插入】|【特征】|【变形】菜单命令，系统弹出【变形】属性管理器。在【变形类型】选项组中，选中【点】单选按钮；在【变形点】选项组中，单击 □【变形点】选择

框，在图形区域中选择模型的一个角端点，设置 【变形距离】为 10mm；在【变形区域】选项组中，设置 【变形半径】为 10mm，如图 4-54 所示；在【形状选项】选项组中，单击 【刚度-中等】按钮，单击 【确定】按钮，生成中等刚度变形特征，如图 4-55 所示。

图 4-54　【变形】的属性设置　　　　图 4-55　生成中等刚度变形特征

　　(2) 在【形状选项】选项组中，单击 【刚度-最小】按钮，单击 【确定】按钮，生成最小刚度变形特征，如图 4-56 所示。

　　(3) 在【形状选项】选项组中，单击 【刚度-最大】按钮，单击 【确定】按钮，生成最大刚度变形特征，如图 4-57 所示。

图 4-56　生成最小刚度变形特征　　　　图 4-57　生成最大刚度变形特征

变形特征案例 1——创建拨叉 1

案例文件：ywj\04\09.prt。

视频文件：光盘→视频课堂→第 4 章→4.3.1。

案例操作步骤如下。

step 01 单击【草图】工具栏中的 【草图绘制】按钮，选择前视基准面作为草绘平面。单击【草图】工具栏中的 【边角矩形】按钮，绘制 60×30 的矩形，如图 4-58 所示。

step 02 单击【草图】工具栏中的 【圆】按钮，绘制直径为 20 的圆，如图 4-59 所示。

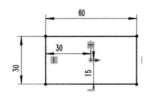

图 4-58　绘制矩形

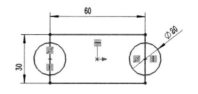

图 4-59　绘制圆

step 03　单击【草图】工具栏中的 【剪裁实体】按钮，进行草图剪裁，如图 4-60 所示。

step 04　单击【特征】工具栏中的 【拉伸凸台/基体】按钮，弹出【凸台-拉伸】属性管理器，设置【深度】为 "4mm"，如图 4-61 所示，创建拉伸特征。

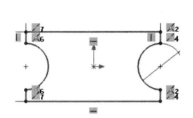

图 4-60　剪裁草图

图 4-61　拉伸草图

step 05　选择【插入】|【特征】|【变形】菜单命令，弹出【变形】属性管理器，选中【点】单选按钮，选择变形点，设置【变形距离】为 "10mm"，如图 4-62 所示，创建变形特征。

step 06　再次选择【插入】|【特征】|【变形】菜单命令，弹出【变形】属性管理器，选中【点】单选按钮，选择变形点，设置【变形距离】为 "10mm"，如图 4-63 所示，创建变形特征。

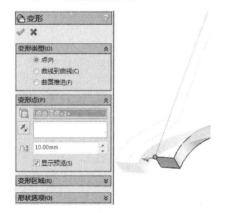

图 4-62　模型变形(1)

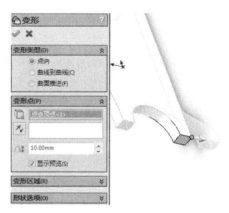

图 4-63　模型变形(2)

step 07 完成的拨叉 1 模型如图 4-64 所示。

图 4-64　完成的拨叉 1 模型

变形特征案例 2——创建拨叉 2

案例文件：ywj\04\09.prt、10.prt。

视频文件：光盘→视频课堂→第 4 章→4.3.2。

案例操作步骤如下。

step 01 选择【插入】|【特征】|【变形】菜单命令，弹出【变形】属性管理器，选中【曲线到曲线】单选按钮，选择变形曲线，如图 4-65 所示，创建变形特征。

step 02 选择【插入】|【特征】|【变形】菜单命令，弹出【变形】属性管理器，选中【点】单选按钮，选择变形点，设置【变形距离】为"10mm"，如图 4-66 所示，创建变形特征。

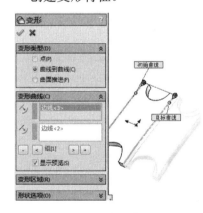

图 4-65　曲线变形

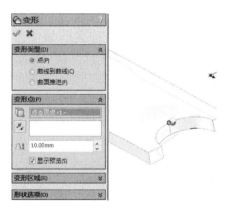

图 4-66　点变形

step 03 完成的拨叉 2 模型如图 4-67 所示。

图 4-67　完成的拨叉 2 模型

4.4 拔模特征

拔模特征是用指定的角度斜削模型中所选的面，使型腔零件更容易脱出模具，可以在现有的零件中插入拔模，或者在进行拉伸特征时拔模，也可以将拔模应用到实体或者曲面模型中。

4.4.1 拔模特征属性设置

在【手工】模式中，可以指定拔模类型，包括【中性面】、【分型线】和【阶梯拔模】。

1．中性面

选择【插入】|【特征】|【拔模】菜单命令，系统弹出【拔模】属性管理器。在【拔模类型】选项组中，选中【中性面】单选按钮，如图 4-68 所示。

(1)【拔模角度】选项组。

📐【拔模角度】：垂直于中性面进行测量的角度。

(2)【中性面】选项组。

【中性面】：选择一个面或者基准面。如果有必要，可单击 📄【反向】按钮向相反的方向倾斜拔模。

(3)【拔模面】选项组。

● 📄【拔模面】：在图形区域中选择要拔模的面。

● 【拔模沿面延伸】：可以将拔模延伸到额外的面，其选项如图 4-69 所示。

【无】：只在所选的面上进行拔模。

【沿切面】：将拔模延伸到所有与所选面相切的面。

【所有面】：将拔模延伸到所有从中性面拉伸的面。

【内部的面】：将拔模延伸到所有从中性面拉伸的内部面。

【外部的面】：将拔模延伸到所有在中性面旁边的外部面。

图 4-68　选中【中性面】单选按钮后的属性设置

图 4-69　【拔模沿面延伸】下拉列表

2．分型线

选中【分型线】单选按钮，可以对分型线周围的曲面进行拔模。使用分型线拔模时，可以包括阶梯拔模。

如果要在分型线上拔模，可以先插入一条分割线以分离要拔模的面，或者使用现有的模型边线，然后再指定拔模方向。可以使用拔模分析工具检查模型上的拔模角度。拔模分析根据所指定的角度和拔模方向生成模型颜色编码的渲染。

选择【插入】|【特征】|【拔模】菜单命令，系统弹出【拔模】属性管理器。在【拔模类型】选项组中，选中【分型线】单选按钮，如图 4-70 所示。

【允许减少角度】：只可用于分型线拔模。在由最大角度所生成的角度总和与拔模角度为 90°或者以上时允许生成拔模。

在同被拔模的边线和面相邻的一个或者多个边或者面的法线与拔模方向几乎垂直时，可以选中【允许减少角度】复选框。当选中该复选框时，拔模面有些部分的拔模角度可能比指定的拔模角度要小。

(1)【拔模方向】选项组。

【拔模方向】：在图形区域中选择一条边线或者一个面指示拔模的方向。如果有必要，单击 【反向】按钮以改变拔模的方向。

(2)【分型线】选项组。

- 【分型线】：在图形区域中选择分型线。如果要为分型线的每一条线段指定不同的拔模方向，单击选择框中的边线名称，然后单击【其它面】按钮。
- 【拔模沿面延伸】：可以将拔模延伸到额外的面，其选项如图 4-71 所示。

【无】：只在所选的面上进行拔模。

【沿切面】：将拔模延伸到所有与所选面相切的面。

图 4-70　选中【分型线】单选按钮后的属性设置

图 4-71　【拔模沿面延伸】下拉列表

3．阶梯拔模

阶梯拔模是分型线拔模的变体，它是围绕拔模方向的基准面旋转而生成的一个面。

135

选择【插入】|【特征】|【拔模】菜单命令，系统弹出【拔模】属性管理器。在【拔模类型】选项组中，选中【阶梯拔模】单选按钮，如图 4-72 所示。

【阶梯拔模】的属性设置与【分型线】基本相同，在此不做赘述。

在 DraftXpert 模式中，可以生成多个拔模、执行拔模分析、编辑拔模以及自动调用 FeatureXpert 以求解初始没有进入模型的拔模特征。

选择【插入】|【特征】|【拔模】菜单命令，系统弹出【拔模】属性管理器。在 DraftXpert 模式中，切换到【添加】选项卡，如图 4-73 所示。

(1) 【要拔模的项目】选项组。

● ☒【拔模角度】：设置拔模角度(垂直于中性面进行测量)。

● 【中性面】：选择一个平面或者基准面。如果有必要，单击 ☒【反向】按钮，向相反的方向倾斜拔模。

● ☐【拔模面】：在图形区域中选择要拔模的面。

图 4-72　选中【阶梯拔模】单选按钮后的属性设置　　　图 4-73　【添加】选项卡

(2) 【拔模分析】选项组。

● 【自动涂刷】：选择模型的拔模分析。

● 颜色轮廓映射：通过颜色和数值显示模型中拔模的范围以及【正拔模】和【负拔模】的面数。

在 DraftXpert 模式中，切换到【更改】选项卡，如图 4-74 所示。

(1) 【要更改的拔模】选项组。

● ☐【拔模面】：在图形区域中，选择包含要更改或者删除的拔模的面。

● 【中性面】：选择一个平面或者基准面。如果有必要，单击 ☒【反向】按钮，向相反的方向倾斜拔模。如果只更改 ☒【拔模角度】，则无须选择中性面。

● ☒【拔模角度】：设置拔模角度(垂直于中性面进行测量)。

(2)【现有拔模】选项组。

【分排列表方式】：按照角度、中性面或者拔模方向过滤所有拔模，其下拉列表如图 4-75 所示，可以根据需要更改或者删除拔模。

(3)【拔模分析】选择组。

【拔模分析】选择组的属性设置与【添加】选项卡中基本相同，在此不做赘述。

图 4-74 【更改】选项卡

图 4-75 【分排列表方式】下拉列表

4.4.2 拔模特征创建步骤

选择【插入】|【特征】|【拔模】菜单命令，系统弹出【拔模】属性管理器。在【拔模类型】选项组中，选中【中性面】单选按钮；在【拔模角度】选项组中，设置 ⬜ 【拔模角度】为 3 度；在【中性面】选项组中，单击【中性面】选择框，选择模型小圆柱体的上表面；在【拔模面】选项组中，单击 ⬜ 【拔模面】选择框，选择模型小圆柱体的圆柱面，如图 4-76 所示，单击 ✅ 【确定】按钮，生成拔模特征，如图 4-77 所示。

图 4-76 【拔模】的属性设置

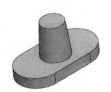

图 4-77 生成拔模特征

拔模特征案例 1——创建支座 1

📁 案例文件：ywj\04\11.prt。

🎬 视频文件：光盘→视频课堂→第 4 章→4.4.1。

案例操作步骤如下。

step 01 单击【草图】工具栏中的 🖉【草图绘制】按钮，选择上视基准面作为草绘平面。单击【草图】工具栏中的 □【边角矩形】按钮，绘制 80×40 的矩形，如图 4-78 所示。

step 02 单击【草图】工具栏中的 🔽【绘制圆形】按钮，绘制矩形的圆角，半径为 "5mm"，如图 4-79 所示。

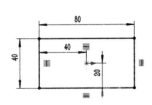

图 4-78　绘制矩形

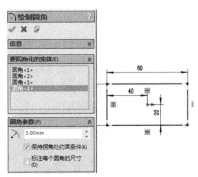

图 4-79　绘制圆角

step 03 单击【草图】工具栏中的 ◎【圆】按钮，绘制直径为 6 的 4 个圆，如图 4-80 所示。

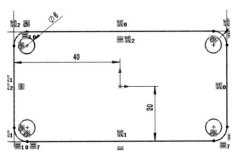

图 4-80　绘制圆

step 04 单击【特征】工具栏中的 🗐【拉伸凸台/基体】按钮，弹出【凸台-拉伸】属性管理器，设置【深度】为 "6mm"，如图 4-81 所示，创建拉伸特征。

step 05 单击【草图】工具栏中的 🖉【草图绘制】按钮，选择草绘面，如图 4-82 所示。

step 06 单击【草图】工具栏中的 ◎【圆】按钮，绘制直径为 32 和 24 的圆，如图 4-83 所示。

图 4-81 拉伸草图(1)

图 4-82 选择草绘面

图 4-83 绘制同心圆

step 07 单击【特征】工具栏中的【拉伸凸台/基体】按钮，弹出【凸台-拉伸】属性管理器，设置【深度】为"40mm"，如图 4-84 所示，创建拉伸特征。

step 08 选择【插入】|【特征】|【拔模】菜单命令，弹出【拔模】属性管理器。选择拔模面和中性面，设置【拔模角度】为"3 度"，如图 4-85 所示，创建拔模特征。

图 4-84 拉伸草图(2)

图 4-85 创建拔模

step 09 完成的支座 1 模型如图 4-86 所示。

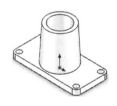

图 4-86 完成的支座 1 模型

拔模特征案例 2——创建支座 2

案例文件：ywj\04\11.prt、12.prt。

视频文件：光盘→视频课堂→第 4 章→4.4.2。

案例操作步骤如下。

step 01 选择【插入】|【特征】|【拔模】菜单命令，弹出【拔模】属性管理器。选择拔模面和中性面，设置【拔模角度】为"3 度"，如图 4-87 所示，创建拔模特征。

step 02 选择【插入】|【特征】|【拔模】菜单命令，弹出【拔模】属性管理器。选择拔模面和中性面，设置【拔模角度】为"10 度"，如图 4-88 所示，创建另一个拔模特征。

图 4-87　创建拔模(1)

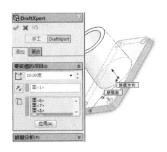

图 4-88　创建拔模(2)

step 03　创建完成的支座 2 模型如图 4-89 所示。

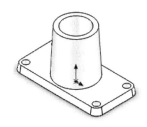

图 4-89　完成的支座 2 模型

拔模特征案例 3——创建支座 3

案例文件：ywj\04\12.prt、13.prt。

视频文件：光盘→视频课堂→第 4 章→4.4.3。

案例操作步骤如下。

step 01　选择【插入】|【特征】|【拔模】菜单命令，弹出【拔模】属性管理器。选择拔模面和中性面，设置【拔模角度】为"10 度"，如图 4-90 所示，创建拔模特征。

step 02　选择【插入】|【特征】|【拔模】菜单命令，弹出【拔模】属性管理器。选择拔模面和中性面，设置【拔模角度】为"10 度"，如图 4-91 所示，创建另一个拔模特征。

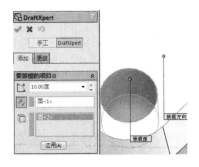

图 4-90　创建拔模(1)

图 4-91　创建拔模(2)

step 03　创建完成的支座 3 模型如图 4-92 所示。

图 4-92　完成的支座 3 模型

4.5　圆 顶 特 征

圆顶特征可以在同一模型上同时生成一个或者多个圆顶。

4.5.1　圆顶特征属性设置

选择【插入】|【特征】|【圆顶】菜单命令，系统弹出【圆顶】属性管理器，如图 4-93 所示。

(1) 📄【到圆顶的面】：选择一个或者多个平面或者非平面。

(2) 【距离】：设置圆顶扩展的距离。

(3) 🔄【反向】：单击该按钮，可以生成凹陷圆顶(默认为凸起)。

(4) 🎯【约束点或草图】：选择一个点或者草图，通过对其形状进行约束以控制圆顶。当使用一个草图为约束时，【距离】数值框不可用。

图 4-93　【圆顶】属性管理器

(5) ✏️【方向】：从图形区域选择方向向量以垂直于面以外的方向拉伸圆顶，可以使用线性边线或者由两个草图点所生成的向量作为方向向量。

4.5.2　圆顶特征创建步骤

选择【插入】|【特征】|【圆顶】菜单命令，系统弹出【圆顶】属性管理器，如图 4-94 所示。在【参数】选项组中，单击📄【到圆顶的面】选择框，在图形区域中选择模型的上表面，设置【距离】为 10mm，单击✔【确定】按钮，生成圆顶特征，如图 4-95 所示。

图 4-94　【圆顶】属性管理器

图 4-95　生成圆顶特征

圆顶特征案例 1——创建插件 1

案例文件：ywj\04\14.prt。

视频文件：光盘→视频课堂→第 4 章→4.5.1。

案例操作步骤如下。

step 01 单击【草图】工具栏中的 ⌐【草图绘制】按钮，选择上视基准面作为草绘平面。单击【草图】工具栏中的 ⊚【圆】按钮，绘制半径为 20 的圆，如图 4-96 所示。

step 02 单击【特征】工具栏中的 ⌐【拉伸凸台/基体】按钮，弹出【凸台-拉伸】属性管理器，设置【深度】为 5mm，如图 4-97 所示，创建拉伸特征。

图 4-96 绘制圆(1)

图 4-97 拉伸草图(1)

step 03 单击【草图】工具栏中的 ⌐【草图绘制】按钮，选择草绘面，如图 4-98 所示。

step 04 单击【草图】工具栏中的 ⊚【圆】按钮，绘制半径为 10 的圆，如图 4-99 所示。

图 4-98 选择草绘面

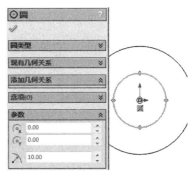

图 4-99 绘制圆(2)

step 05 单击【特征】工具栏中的 ⌐【拉伸凸台/基体】按钮，弹出【凸台-拉伸】属性管理器，设置【深度】为 60mm，如图 4-100 所示，创建拉伸特征。

step 06 选择【插入】|【特征】|【圆顶】菜单命令，弹出【圆顶】属性管理器，设置【距离】为 10mm，如图 4-101 所示，创建圆顶特征。

step 07 完成的插件 1 模型如图 4-102 所示。

图 4-100　拉伸草图(2)

图 4-101　创建圆顶

图 4-102　完成的插件 1 模型

圆顶特征案例 2——创建插件 2

案例文件：ywj\04\14.prt、15.prt。

视频文件：光盘→视频课堂→第 4 章→4.5.2。

案例操作步骤如下。

step 01　单击【草图】工具栏中的 【草图绘制】按钮，选择右视草绘面，如图 4-103 所示。

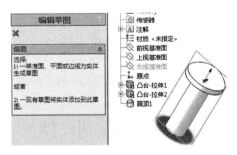

图 4-103　选择草绘面

step 02　单击【草图】工具栏中的 【中心线】按钮，绘制中心线，如图 4-104 所示。

step 03　单击【草图】工具栏中的 【直线】按钮，绘制长度为 50 的直线，如图 4-105 所示。

step 04　单击【草图】工具栏中的 【直线】按钮，绘制直线草图，如图 4-106 所示。

step 05　单击【草图】工具栏中的 【样条曲线】按钮，绘制样条曲线，如图 4-107 所示。

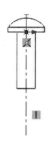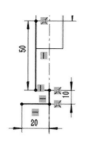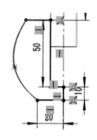

图 4-104　绘制中心线　　图 4-105　绘制直线　　图 4-106　绘制直线草图　　图 4-107　绘制样条曲线

step 06　单击【特征】工具栏中的 【旋转凸台/基体】按钮，弹出【旋转】属性管理器，设置【方向 1 角度】为"360 度"，如图 4-108 所示，创建旋转特征。

step 07　选择【插入】|【特征】|【圆顶】菜单命令，弹出【圆顶】属性管理器，设置【距离】为"20mm"，如图 4-109 所示，创建圆顶特征。

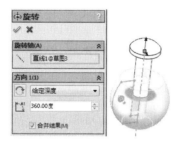

图 4-108　旋转草图

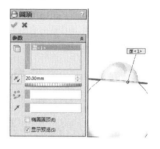

图 4-109　创建圆顶

step 08　完成的插件 2 模型如图 4-110 所示。

图 4-110　完成的插件 2 模型

4.6　本 章 小 结

　　本章主要介绍了属于零件形变特征的各种命令，包括压凹、弯曲、变形、拔模和圆顶这些命令。零件变形特征的各种命令，对于特殊零件或曲面的创建十分有帮助，可以创建普通实体命令无法创建的特征。

第 5 章
特 征 编 辑

组合编辑是将实体组合起来，从而获得新的实体特征。阵列编辑是利用特征设计中的驱动尺寸，将增量进行更改并指定给阵列进行特征复制的过程；源特征可以生成线性阵列、圆周阵列、曲线驱动的阵列、草图驱动的阵列和表格驱动的阵列等。镜像编辑是将所选的草图、特征和零部件对称于所选平面或者面的复制过程。

本章将讲解组合编辑、阵列和各种镜像特征的创建等内容。

5.1 组合编辑

本节将介绍对实体对象进行的组合操作，通过对其进行组合，可以获取一个新的实体。

5.1.1 组合

1. 组合实体的使用和参数设置

单击【特征】工具栏 【组合】按钮，或选择【插入】|【特征】|【组合】菜单命令，弹出【组合1】属性管理器，如图 5-1 所示。其参数设置方法如下。

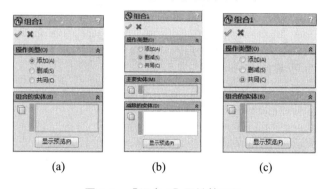

(a)　　　　　　(b)　　　　　　(c)

图 5-1　【组合 1】属性管理器

(1)【添加】：对选择的实体进行组合操作，选中该单选按钮，属性设置如图 5-1(a)所示，单击 【实体】选择框，在绘图区选择要组合的实体。

(2)【删减】：选中【删减】单选按钮，属性设置如图 5-1(b)所示，单击【主要实体】选项组中的 【实体】选择框，在绘图区域选择要保留的实体。单击【减除的实体】选项组中的 【实体】选择框，在绘图区域选择要删除的实体。

(3)【共同】：移除除重叠之外的所有材料。选中【共同】单选按钮，属性设置如图 5-1(c)所示，单击 【实体】选择框，在绘图区选择有重叠部分的实体。

其他属性设置不再赘述。

2. 组合实体的操作步骤

下面将如图 5-2 所示的两个实体进行组合操作。

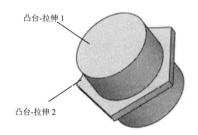

图 5-2　要操作的实体

单击【特征】工具栏【组合】按钮，或选择【插入】|【特征】|【组合】菜单命令，弹出【组合 1】属性管理器。

(1) 【添加】型组合操作。

选中【添加】单选按钮，在绘图区分别选择凸台-拉伸 1 和凸台-拉伸 2，单击【确定】按钮，属性设置及生成的组合实体如图 5-3 所示。

(2) 【删减】型组合操作。

选中【删减】单选按钮，在绘图区选择凸台-拉伸 2 为主要实体，选择凸台-拉伸 1 为减除的实体，单击【确定】按钮，生成的组合实体如图 5-4 所示。

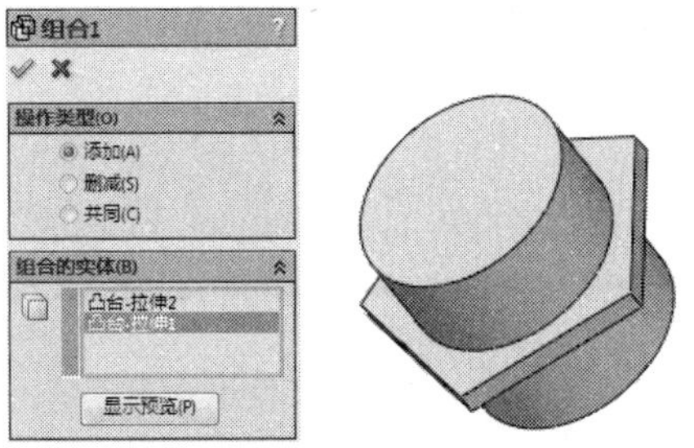

图 5-3 【添加】型组合的属性设置及生成的组合实体

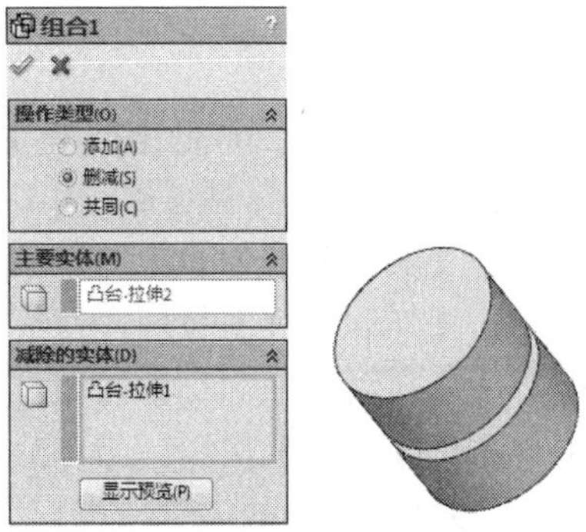

图 5-4 【删减】型组合的属性设置及生成的组合实体

(3) 【共同】型组合操作。

选中【共同】单选按钮，在绘图区选择凸台-拉伸 1 和凸台-拉伸 2，单击【确定】按钮，生成的组合实体如图 5-5 所示。

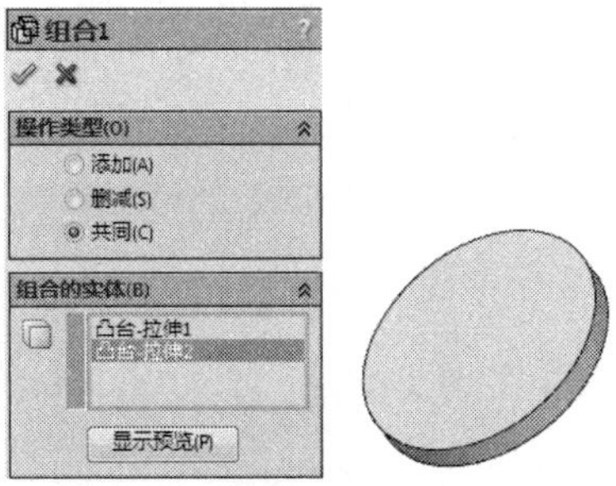

图 5-5 【共同】型组合的属性设置及生成的组合实体

5.1.2 分割

1. 分割实体的使用和参数设置

单击【特征】工具栏中的【分割】按钮，或选择【插入】|【特征】|【分割】菜单命令，弹出【分割】属性管理器，如图 5-6 所示。其参数设置方法如下。

(1) 【剪裁工具】选项组。

　　【剪裁曲面】：在绘图区选择剪裁基准面，曲面或草图。

【切除零件】按钮：单击该按钮后选择要切除的部分。

(2) 【所产生实体】选项组。

【自动指派名称】按钮：自动为分割成的实体命名。

【消耗切除实体】：删除切除的实体。

【将自定义属性复制到新零件】：将属性复制到新的零件文件中。

2. 分割实体的操作步骤

(1) 保存零件。

(2) 单击【特征】工具栏中的 【分割】按钮，或选择【插入】|【特征】|【分割】菜单命令，弹出【分割】属性管理器。

(3) 选择【右视基准面】为剪裁曲面。

(4) 单击【切除零件】按钮，在绘图区选择零件被分割后的两部分实体。

(5) 单击【自动指派名称】按钮，则系统自动为实体命名。

(6) 单击 【确定】按钮，即可分割实体特征。结果如图 5-7 所示。

图 5-6　【分割】属性管理器

图 5-7　分割实体操作

5.1.3　移动/复制实体

1. 移动/复制实体的使用和参数设置

　　单击【特征】工具栏中的 【移动/复制实体】按钮，或选择【插入】|【特征】|【移动/复制】菜单命令，弹出【移动/复制实体】属性管理器，如图 5-8 所示。其参数设置方法如下。

(1) 【要移动/复制的实体和曲面或图形实体】：单击该选择框，在绘图区选择要移动的对象。

(2) 【要配合的实体】：在绘图区选择要配合的实体。

- 约束类型：包括【重合】，【平行】，【垂直】，【相切】，【同心】5 种。
- 配合对齐：包括【同向对齐】和【异向对齐】。

其他选项组不再赘述。

2. 移动/复制实体的操作

移动/复制实体的操作类似于装配体的配合操作，读者可参阅后面的装配体章节。

5.1.4　删除

图 5-8　【移动/复制实体】属性管理器

1. 删除实体的使用和参数设置

单击【特征】工具栏中的【删除实体/曲面】按钮，或选择【插入】|【特征】|【删除实体】菜单命令，弹出【删除实体】属性管理器。如图 5-9 所示。其属性设置不再赘述。

图 5-9　【删除实体】属性管理器

2. 删除实体的操作步骤

(1) 单击【特征】工具栏中的【删除实体/曲面】按钮，或选择【插入】|【特征】|【删除实体】菜单命令，弹出【删除实体】属性管理器。

(2) 单击【要删除的实体/曲面实体】选择框，在绘图区选择要删除的对象。

(3) 单击【确定】按钮，即可删除实体特征。

组合编辑案例 1——支架 1

案例文件：ywj\05\01.prt。

视频文件：光盘→视频课堂→第 5 章→5.1.1。

案例操作步骤如下。

step 01 单击【草图】工具栏中的【草图绘制】按钮，选择前视基准面作为草绘平面。单击【草图】工具栏中的【边角矩形】按钮，绘制 40×20 的矩形，如图 5-10 所示。

step 02 单击【草图】工具栏中的 ◎【三点圆弧】按钮，绘制半径为 10 的圆弧，如图 5-11 所示。

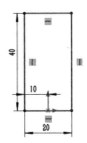

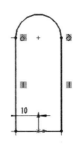

图 5-10　绘制矩形(1)　　　　　　　　图 5-11　绘制圆弧

step 03 单击【特征】工具栏中的 ◎【拉伸凸台/基体】按钮，弹出【凸台-拉伸】属性管理器，设置【深度】为"20mm"，如图 5-12 所示，创建拉伸特征。

step 04 单击【草图】工具栏中的 ◎【草图绘制】按钮，选择草绘面，如图 5-13 所示。

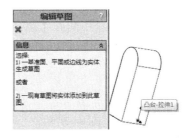

图 5-12　拉伸草图(1)　　　　　　　　图 5-13　选择草绘面

step 05 单击【草图】工具栏中的 □【边角矩形】按钮，绘制矩形，参数如图 5-14 所示。

step 06 单击【特征】工具栏中的 ◎【拉伸凸台/基体】按钮，弹出【凸台-拉伸】属性管理器，设置【深度】为"25mm"，如图 5-15 所示，创建拉伸特征。

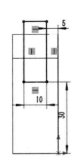

图 5-14　绘制矩形(2)　　　　　　　　图 5-15　拉伸草图(2)

step 07 选择【插入】|【特征】|【组合】菜单命令，弹出【组合 1】属性管理器，选择主要实体和减除的实体，如图 5-16 所示。

step 08 组合完成的支架 1 模型如图 5-17 所示。

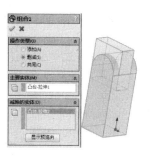

图 5-16 删减组合

图 5-17 完成的支架 1 模型

组合编辑案例 2——支架 2

案例文件：ywj\05\01.prt、02.prt。

视频文件：光盘→视频课堂→第 5 章→5.1.2。

案例操作步骤如下。

step 01 单击【草图】工具栏中的 【草图绘制】按钮，选择草绘面，如图 5-18 所示。

step 02 单击【草图】工具栏中的 【圆】按钮，绘制半径为 6 的圆，如图 5-19 所示。

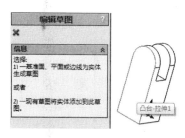

图 5-18 选择草绘面

图 5-19 绘制圆

step 03 单击【特征】工具栏中的 【拉伸凸台/基体】按钮，弹出【凸台-拉伸】属性管理器，设置【深度】为"25"，如图 5-20 所示，创建拉伸特征。

step 04 选择【插入】|【特征】|【组合】菜单命令，弹出【组合 1】属性管理器，选择主要实体和减除的实体，如图 5-21 所示。

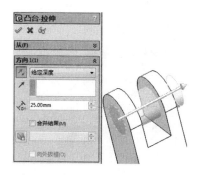

图 5-20 拉伸草图

图 5-21 删减组合

step 05 ▶ 组合完成的支架 2 模型如图 5-22 所示。

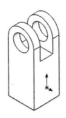

图 5-22　完成的支架 2 模型

组合编辑案例 3——支架 3

📁 案例文件：ywj\05\02.prt、03.prt。

🎬 视频文件：光盘→视频课堂→第 5 章→5.1.3。

案例操作步骤如下。

step 01 ▶ 单击【草图】工具栏中的📝【草图绘制】按钮，选择草绘面，如图 5-23 所示。

step 02 ▶ 单击【草图】工具栏中的⬜【边角矩形】按钮，绘制 30×5 的矩形，如图 5-24 所示。

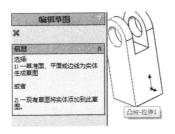

图 5-23　选择草绘面

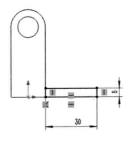

图 5-24　绘制矩形

step 03 ▶ 单击【特征】工具栏中的📷【拉伸凸台/基体】按钮，弹出【凸台-拉伸】属性管理器，设置【深度】为"20"，如图 5-25 所示，创建拉伸特征。

step 04 ▶ 选择【插入】|【特征】|【组合】菜单命令，弹出【组合 3】属性管理器，选中【添加】单选按钮并选择组合实体，如图 5-26 所示。

图 5-25　拉伸草图

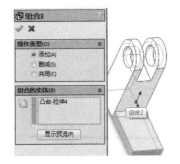

图 5-26　添加组合

step 05 组合完成的支架 3 模型如图 5-27 所示。

图 5-27　完成的支架 3 模型

组合编辑案例 4——接头 1

案例文件：ywj\05\04.prt。

视频文件：光盘→视频课堂→第 5 章→5.1.4。

案例操作步骤如下。

step 01 单击【草图】工具栏中的 ✎【草图绘制】按钮，选择上视基准面作为草绘平面。单击【草图】工具栏中的 ◎【圆】按钮，绘制直径为 50 的圆，如图 5-28 所示。

step 02 单击【特征】工具栏中的 ▣【拉伸凸台/基体】按钮，弹出【凸台-拉伸】属性管理器，设置【深度】为"5mm"，如图 5-29 所示，创建拉伸特征。

step 03 单击【草图】工具栏中的 ✎【草图绘制】按钮，选择草绘面，如图 5-30 所示。

图 5-28　绘制圆(1)

图 5-29　拉伸草图(1)

图 5-30　选择草绘面

step 04 单击【草图】工具栏中的 ◎【圆】按钮，绘制半径为 15 的圆，如图 5-31 所示。

step 05 单击【特征】工具栏中的 ▣【拉伸凸台/基体】按钮，弹出【凸台-拉伸】属性管理器，设置【深度】为"20mm"，如图 5-32 所示，创建拉伸特征。

step 06 单击【特征】工具栏中的 ◎【倒角】按钮，弹出【倒角】属性管理器，选择边线，设置【距离】为"4mm"，【角度】为"45 度"，如图 5-33 所示，创建倒角。

step 07 选择【插入】|【特征】|【组合】菜单命令，弹出【组合 1】属性管理器，选中【添加】单选按钮并选择组合实体，如图 5-34 所示。

图 5-31　绘制圆(2)

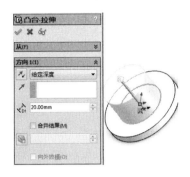

图 5-32　拉伸草图(2)

图 5-33　倒角

图 5-34　添加组合

step 08 组合完成的接头 1 模型如图 5-35 所示。

图 5-35　完成的接头 1 模型

组合编辑案例 5——接头 2

案例文件：ywj\05\04.prt、05.prt。

视频文件：光盘→视频课堂→第 5 章→5.1.5。

案例操作步骤如下。

step 01 单击【草图】工具栏中的 【草图绘制】按钮，选择草绘面，如图 5-36 所示。

step 02 单击【草图】工具栏中的 【圆】按钮，绘制半径为 8 的圆，如图 5-37 所示。

图 5-36　选择草绘面

图 5-37　绘制圆

step 03 单击【特征】工具栏中的 【拉伸凸台/基体】按钮，弹出【凸台-拉伸】属性管理器，设置【深度】为"30mm"，如图 5-38 所示，创建拉伸特征。

step 04 选择【插入】|【特征】|【组合】菜单命令，弹出【组合 2】属性管理器，选中【删减】单选按钮，选择主要实体和减除的实体，如图 5-39 所示。

图 5-38　拉伸草图

图 5-39　删减组合

step 05 选择【插入】|【特征】|【分割】菜单命令，弹出【分割】属性管理器，选择剪裁工具进行零件分割，如图 5-40 所示。

step 06 选择【插入】|【特征】|【移动/复制】菜单命令，弹出【移动/复制实体】属性管理器，选择移动实体和配合面，如图 5-41 所示。

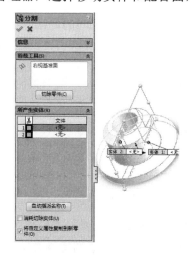

图 5-40　分割模型

图 5-41　移动实体

step 07 创建完成的接头 2 模型如图 5-42 所示。

图 5-42　完成的接头 2 模型

5.2　阵　　列

阵列编辑是利用特征设计中的驱动尺寸，将增量进行更改并指定给阵列进行特征复制的过程。源特征可以生成线性阵列、圆周阵列、曲线驱动的阵列、草图驱动的阵列和表格驱动的阵列等。镜像编辑是将所选的草图、特征和零部件对称于所选平面或者面的复制过程。本章将主要介绍这两种编辑方法。

5.2.1　草图阵列

1. 草图线性阵列的属性设置

对于基准面、零件或者装配体中的草图实体，使用 【线性阵列】命令可以生成草图线性阵列。选择【工具】|【草图工具】|【线性阵列】菜单命令，系统弹出【线性阵列】属性管理器，如图 5-43 所示。

(1)【方向 1】、【方向 2】选项组。

【方向 1】选项组显示了沿 X 轴线性阵列的特征参数；【方向 2】选项组显示了沿 Y 轴线性阵列的特征参数。

- 【反向】按钮：可以改变线性阵列的排列方向。
- 、 【间距】：线性阵列 X、Y 轴相邻两个特征参数之间的距离。【标注 X 间距】：形成线性阵列后，在草图上自动标注特征尺寸(如线性阵列特征之间的距离)。
- 【实例数】：经过线性阵列后草图最后形成的总个数。
- 、 【角度】：线性阵列的方向与 X、Y 轴之间的夹角。

(2)【可跳过的实例】选项组。

【要跳过的单元】：生成线性阵列时跳过在图形区域中选择的阵列实例。

其他属性设置不再赘述。

2. 生成草图线性阵列的操作步骤

(1) 选择要进行线性阵列的草图。

(2) 选择【工具】|【草图工具】|【线性阵列】菜单命令，系统弹出【线性阵列】属性管理器。根据需要设置各选项组参数，单击 【确定】按钮，生成草图线性阵列，如图 5-44 所示。

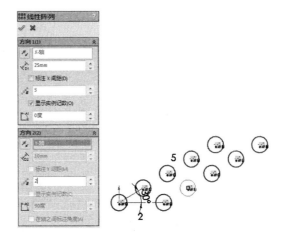

图 5-43 【线性阵列】属性管理器   图 5-44 生成草图线性阵列

5.2.2 草图圆周阵列

1. 草图圆周阵列的属性设置

对于基准面、零件或者装配体上的草图实体，使用 【圆周阵列】菜单命令可以生成草图圆周阵列。选择【工具】|【草图工具】|【圆周阵列】菜单命令，系统弹出【圆周阵列】属性管理器，如图 5-45 所示。

(1)【参数】选项组。

- ⟳【反向】：草图圆周阵列围绕原点旋转的方向。
- ⊙x【中心点 X】：草图圆周阵列旋转中心的横坐标。
- ⊙x【中心点 Y】：草图圆周阵列旋转中心的纵坐标。
- ⌂【圆弧角度】：圆周阵列旋转中心与要阵列的草图重心之间的夹角。
- 【等间距】：圆周阵列中草图之间的夹角是相等的。
- 【标注半径】：形成圆周阵列后，在草图上自动标注出半径尺寸。
- ✳【实例数】：经过圆周阵列后草图最后形成的总个数。
- ↗【半径】：圆周阵列的旋转半径。

(2)【可跳过的实例】选项组。

✳【要跳过的单元】：生成圆周阵列时跳过在图形区域中选择的阵列实例。

其他属性设置不再赘述。

2. 生成草图圆周阵列的操作步骤

(1) 选择要进行圆周阵列的草图。

(2) 选择【工具】|【草图工具】|【圆周阵列】菜单命令，系统弹出【圆周阵列】属性管理器。根据需要设置各选项组参数，单击 ✔【确定】按钮，生成草图圆周阵列，如图 5-46 所示。

图 5-45 【圆周阵列】属性管理器

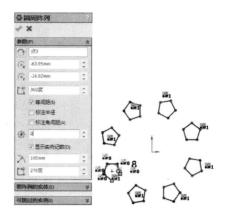

图 5-46 生成草图圆周阵列

5.2.3 特征线性阵列

特征阵列与草图阵列相似，都是复制一系列相同的要素。不同之处在于草图阵列复制的是草图，特征阵列复制的是结构特征；草图阵列得到的是一个草图，而特征阵列得到的是一个复杂的零件。

特征阵列包括线性阵列、圆周阵列、表格驱动的阵列、草图驱动的阵列和曲线驱动的阵列等。选择【插入】|【阵列/镜向】菜单命令，弹出特征阵列的菜单，如图 5-47 所示。

图 5-47 【阵列/镜向】菜单

特征的线性阵列是在 1 个或者几个方向上生成多个指定的源特征。

1. 特征线性阵列的属性设置

单击【特征】工具栏中的 🔡 【线性阵列】按钮，或选择【插入】|【阵列/镜向】|【线性阵列】菜单命令，系统弹出【线性阵列】属性管理器，如图 5-48 所示。

(1) 【方向 1】、【方向 2】选项组。

分别指定两个线性阵列的方向。

- 【阵列方向】：设置阵列方向，可以选择线性边线、直线、轴或者尺寸。
- 🔽 【反向】：改变阵列方向。
- ⬚、⬚ 【间距】：设置阵列实例之间的间距。

- 【实例数】：设置阵列实例之间的数量。

(2) 【要阵列的特征】选项组。

可以使用所选择的特征作为源特征以生成线性阵列。

(3) 【要阵列的面】选项组。

可以使用构成源特征的面生成阵列。在图形区域中选择源特征的所有面，这对于只输入构成特征的面而不是特征本身的模型很有用。当设置【要阵列的面】选项组时，阵列必须保持在同一面或者边界内，不能跨越边界。

(4) 【要阵列的实体】选项组。

可以使用在多实体零件中选择的实体生成线性阵列。

(5) 【可跳过的实例】选项组。

可以在生成线性阵列时跳过在图形区域中选择的阵列实例。

(6) 【特征范围】选项组。

选择特征的选择范围。

(7) 【选项】选项组。

- 【随形变化】：允许重复时更改阵列。
- 【几何体阵列】：只使用特征的几何体(如面、边线等)生成线性阵列，而不阵列和求解特征的每个实例。此复选框可以加速阵列的生成及重建，对于与模型上其他面共用一个面的特征，不能选中该复选框。
- 【延伸视象属性】(此处为与软件界面统一，使用"视象"，下同)：将特征的颜色、纹理和装饰螺纹数据延伸到所有阵列实例。

2. 生成特征线性阵列的操作步骤

(1) 选择要进行阵列的特征。

(2) 单击【特征】工具栏中的 【线性阵列】按钮，或选择【插入】|【阵列/镜向】|【线性阵列】菜单命令，系统弹出【线性阵列】属性管理器。根据需要，设置各选项组参数，单击 【确定】按钮，生成特征线性阵列，如图 5-49 所示。

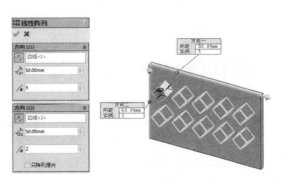

图 5-48 【线性阵列】属性管理器　　图 5-49 生成特征线性阵列

5.2.4　特征圆周阵列

特征的圆周阵列是将源特征围绕指定的轴线复制多个特征。

1. 特征圆周阵列的属性设置

单击【特征】工具栏中的 ❀【圆周阵列】按钮，或选择【插入】|【阵列/镜向】|【圆周阵列】菜单命令，系统弹出【圆周阵列】属性管理器，如图 5-50 所示。

(1)【阵列轴】：在图形区域中选择轴、模型边线或者角度尺寸，作为生成圆周阵列所围绕的轴。

(2) ⟳【反向】：改变圆周阵列的方向。

(3) ⬚【角度】：设置每个实例之间的角度。

(4) ❀【实例数】：设置源特征的实例数。

(5)【等间距】：自动设置总角度为 360°。

其他属性设置不再赘述。

2. 生成特征圆周阵列的操作步骤

(1) 选择要进行阵列的特征。

(2) 单击【特征】工具栏中的 ❀【圆周阵列】按钮，或选择【插入】|【阵列/镜向】|【圆周阵列】菜单命令，弹出【圆周阵列】属性管理器。根据需要，设置各选项组参数，单击 ✅【确定】按钮，生成特征圆周阵列，如图 5-51 所示。

图 5-50　【圆周阵列】属性管理器

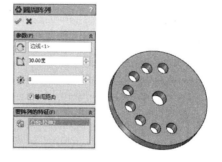

图 5-51　生成特征圆周阵列

5.2.5　表格驱动的阵列

【表格驱动的阵列】命令可以使用 x、y 坐标来对指定的源特征进行阵列。使用 x、y 坐标的孔阵列是【表格驱动的阵列】的常见应用，但也可以由"表格驱动的阵列"使用其他源特征(如凸台等)。

1．表格驱动的阵列的属性设置

选择【插入】|【阵列/镜向】|【表格驱动的阵列】菜单命令，弹出【由表格驱动的阵列】对话框，如图 5-52 所示。

(1)【读取文件】：输入含 x、y 坐标的阵列表或者文字文件。单击【浏览】按钮，选择阵列表(*.SLDPTAB)文件或者文字(*.TXT)文件以输入现有的 x、y 坐标。

(2)【参考点】：指定在放置阵列实例时 x、y 坐标所适用的点，参考点的 x、y 坐标在阵列表中显示为点 O。

- 【所选点】：将参考点设置到所选顶点或者草图点。
- 【重心】：将参考点设置到源特征的重心。

(3)【坐标系】：设置用来生成表格阵列的坐标系，包括原点、从【特征管理器设计树】中选择所生成的坐标系。

- 【要复制的实体】：根据多实体零件生成阵列。
- 【要复制的特征】：根据特征生成阵列，可以选择多个特征。
- 【要复制的面】：根据构成特征的面生成阵列，选择图形区域中的所有面，这对于只输入构成特征的面而不是特征本身的模型很有用。

(4)【几何体阵列】：只使用特征的几何体(如面和边线等)生成阵列。此复选框可以加速阵列的生成及重建，对于具有与零件其他部分合并的特征，不能生成几何体阵列，几何体阵列在选择了【要复制的实体】时不可用。

(5)【延伸视象属性】：将特征的颜色、纹理和装饰螺纹数据延伸到所有阵列实体。

可以使用 x、y 坐标作为阵列实例生成位置点。如果要为表格驱动的阵列的每个实例输入 x、y 坐标，双击数值框输入坐标值即可，如图 5-53 所示。

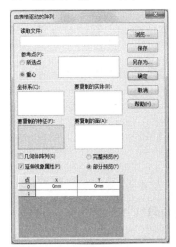

图 5-52　【由表格驱动的阵列】对话框

点	X	Y
0	-22.9mm	19.63mm
1	100mm	-100mm

图 5-53　输入坐标数值

2．生成表格驱动的阵列的操作步骤

(1) 生成坐标系 1。此坐标系的原点作为表格阵列的原点，X 轴和 Y 轴定义阵列发生的基准面，如图 5-54 所示。

(2) 选择要进行阵列的特征。

(3) 选择【插入】|【阵列/镜向】|【表格驱动的阵列】菜单命令，弹出【由表格驱动的阵列】对话框。根据需要进行设置，单击【确定】按钮，生成表格驱动的阵列，如图 5-55 所示。

在生成表格驱动的阵列前，必须要先生成一个坐标系，并且要求要阵列的特征相对于该坐标系有确定的空间位置关系。

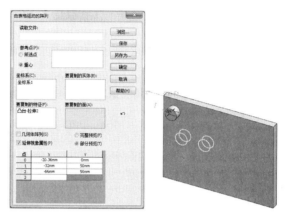

图 5-54 生成坐标系 1   图 5-55 生成表格驱动的阵列

5.2.6 草图驱动的阵列

草图驱动的阵列是通过草图中的特征点复制源特征的一种阵列方式。

1. 草图驱动的阵列的属性设置

选择【插入】|【阵列/镜向】|【草图驱动的阵列】菜单命令，系统弹出【由草图驱动的阵列】属性管理器，如图 5-56 所示。

(1) 👾【参考草图】：在【特征管理器设计树】中选择草图用作阵列。

(2) 【参考点】：

● 【重心】：根据源特征的类型决定重心。

● 【所选点】：在图形区域中选择一个点作为参考点。

其他属性设置不再赘述。

2. 生成草图驱动的阵列的操作步骤

(1) 绘制平面草图，草图中的点将成为源特征复制的目标点。

(2) 选择要进行阵列的特征。

(3) 选择【插入】|【阵列/镜向】|【草图驱动的阵列】菜单命令，系统弹出【由草图驱动的阵列】属性管理器。根据需要，设置各选项组参数，单击✔【确定】按钮，生成草图驱动的阵列，如图 5-57 所示。

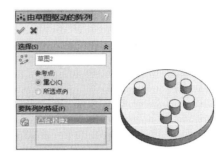

图 5-56 【由草图驱动的阵列】属性管理器　　图 5-57 生成草图驱动的阵列

5.2.7 曲线驱动的阵列

曲线驱动的阵列是通过草图中的平面或者 3D 曲线，复制源特征的一种阵列方式。

1. 曲线驱动的阵列的属性设置

选择【插入】|【阵列/镜向】|【曲线驱动的阵列】菜单命令，系统弹出【曲线驱动的阵列】属性管理器，如图 5-58 所示。

(1) ⬚【反向】：改变阵列的方向。

(2) ⬚【实例数】：为阵列中源特征的实例数设置数值。

(3) 【等间距】：使每个阵列实例之间的距离相等。

(4) ⬚【间距】：沿曲线为阵列实例之间的距离设置数值，曲线与要阵列的特征之间的距离垂直于曲线而测量。

(5) 【曲线方法】：使用所选择的曲线定义阵列的方向。

● 【转换曲线】：为每个实例保留从所选曲线原点到源特征的 Delta X 和 Delta Y 的距离。

● 【等距曲线】：为每个实例保留从所选曲线原点到源特征的垂直距离。

(6) 【对齐方法】。

● 【与曲线相切】：对齐所选择的与曲线相切的每个实例。

● 【对齐到源】：对齐每个实例以与源特征的原有对齐匹配。

(7) 【面法线】：(仅对于 3D 曲线)选择 3D 曲线所处的面以生成曲线驱动的阵列。

其他属性设置不再赘述。

2. 生成曲线驱动的阵列的操作步骤

(1) 绘制曲线草图。

(2) 选择要进行阵列的特征。

163

(3) 选择【插入】|【阵列/镜向】|【曲线驱动的阵列】菜单命令，系统弹出【曲线驱动的阵列】属性管理器，根据需要，设置各选项组参数，单击 ✅【确定】按钮，生成曲线驱动的阵列，如图 5-59 所示。

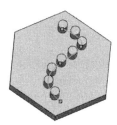

图 5-58　【曲线驱动的阵列】属性管理器　　　　图 5-59　生成曲线驱动的阵列

5.2.8　填充阵列

填充阵列是在限定的实体平面或者草图区域中进行的阵列复制。

1. 填充阵列的属性设置

选择【插入】|【阵列/镜向】|【填充阵列】菜单命令，系统弹出【填充阵列】属性管理器，如图 5-60 所示。

(1)【填充边界】选项组。

🔲【选择面或共平面上的草图、平面曲线】：定义要使用阵列填充的区域。

(2)【阵列布局】选项组。

定义填充边界内实例的布局阵列，可以自定义形状进行阵列或者对特征进行阵列，阵列实例以源特征为中心呈同轴心分布。

- ▦【穿孔】布局：为钣金穿孔式阵列生成网格，其参数如图 5-61 所示。
  - ➢ ⛶【实例间距】：设置实例中心之间的距离。
  - ➢ ⛶【交错断续角度】：设置各实例行之间的交错断续角度，起始点位于阵列方向所使用的向量处。
  - ➢ ⛶【边距】：设置填充边界与最远端实例之间的边距，可以将边距的数值设置为零。
  - ➢ ⛶【阵列方向】：设置方向参考。如果未指定方向参考，系统将使用最合适的参考。

图 5-60 【填充阵列】属性管理器 　　　图 5-61 【穿孔】阵列的参数

- ●　【圆周】布局：生成圆周形阵列，其参数如图 5-62 所示。
  - ➢　【环间距】：设置实例环间的距离。
  - ➢　【目标间距】：设置每个环内实例间距离以填充区域。每个环的实际间距可能有所不同，因此各实例之间会进行均匀调整。
  - ➢　【每环的实例】：使用实例数(每环)填充区域。
  - ➢　【实例间距】(在选中【目标间距】单选按钮时可用)：设置每个环内实例中心间的距离。
  - ➢　【实例数】(在选中【每环的实例】单选按钮时可用)：设置每环的实例数。
  - ➢　【边距】：设置填充边界与最远端实例之间的边距，可以将边距的数值设置为零。
  - ➢　【阵列方向】：设置方向参考。如果未指定方向参考，系统将使用最合适的参考。
- ●　【方形】布局：生成方形阵列，其参数如图 5-63 所示。
  - ➢　【环间距】：设置实例环间的距离。
  - ➢　【目标间距】：设置每个环内实例间距离以填充区域。每个环的实际间距可能有所不同，因此各实例之间会进行均匀调整。
  - ➢　【每边的实例】：使用实例数(每个方形的每边)填充区域。
  - ➢　【实例间距】(在选中【目标间距】单选按钮时可用)：设置每个环内实例中心间的距离。
  - ➢　【实例数】(在选中【每边的实例】单选按钮时可用)：设置每个方形各边的实例数。
  - ➢　【边距】：设置填充边界与最远端实例之间的边距，可以将边距的数值设置为零。
  - ➢　【阵列方向】：设置方向参考。如果未指定方向参考，系统将使用最合适的参考。

图 5-62 【圆周】阵列的参数

图 5-63 【方形】阵列的参数

- ◼ 【多边形】布局：生成多边形阵列，其参数如图 5-64 所示。
  - ➤ 【环间距】：设置实例环间的距离。
  - ➤ 【多边形边】：设置阵列中的边数。
  - ➤ 【目标间距】：设置每个环内实例间距离以填充区域。每个环的实际间距可能有所不同，因此各实例之间会进行均匀调整。
  - ➤ 【每边的实例】：使用实例数(每个多边形的各边)填充区域。
  - ➤ 【实例间距】(在选中【目标间距】单选按钮时可用)：设置每个环内实例中心间的距离。
  - ➤ 【实例数】(在选中【每边的实例】单选按钮时可用)：设置每个多边形每边的实例数。
  - ➤ 【边距】：设置填充边界与最远端实例之间的边距，可以将边距的数值设置为零。
  - ➤ 【阵列方向】：设置方向参考。如果未指定方向参考，系统将使用最合适的参考。

图 5-64 【多边形】阵列的参数

(3) 【要阵列的特征】选项组。
- ● 【所选特征】：选择要阵列的特征。
- ● 【生成源切】：为要阵列的源特征自定义切除形状。
- ● ◎ 【圆】：生成圆形切割作为源特征，其参数如图 5-65 所示。
  - ➤ ⊘ 【直径】：设置直径。
  - ➤ ◎ 【顶点或草图点】：将源特征的中心定位在所选顶点或者草图点处，并生成以该点为起始点的阵列。如果此选择框为空，阵列将位于填充边界面上的中心位置。

- ● 【方形】：生成方形切割作为源特征，其参数如图 5-66 所示。

图 5-65　【圆】切割的参数　　　　图 5-66　【方形】切割的参数

- ➢ 【尺寸】：设置各边的长度。
- ➢ 【顶点或草图点】：将源特征的中心定位在所选顶点或者草图点处，并生成以该点为起始点的阵列。如果此选择框为空，阵列将位于填充边界面上的中心位置。
- ➢ 【旋转】：逆时针旋转每个实例。
- ● 【菱形】：生成菱形切割作为源特征，其参数如图 5-67 所示。
- ➢ 【尺寸】：设置各边的长度。
- ➢ 【对角】：设置对角线的长度。
- ➢ 【顶点或草图点】：将源特征的中心定位在所选顶点或者草图点处，并生成以该点为起始点的阵列。如果此选择框为空，阵列将位于填充边界面上的中心位置。
- ➢ 【旋转】：逆时针旋转每个实例。
- ● 【多边形】：生成多边形切割作为源特征，其参数如图 5-68 所示。

图 5-67　【菱形】切割的参数　　　　图 5-68　【多边形】切割的参数

- ➢ 【多边形边】：设置边数。
- ➢ 【外径】：根据外径设置阵列大小。
- ➢ 【内径】：根据内径设置阵列大小。
- ➢ 【顶点或草图点】：将源特征的中心定位在所选顶点或者草图点处，并生成以该点为起始点的阵列。如果此选择框为空，阵列将位于填充边界面上的中心位置。

> 　□【旋转】：逆时针旋转每个实例。

● 　【反转形状方向】：围绕在填充边界中所选择的面反转源特征的方向。

2. 生成填充阵列的操作步骤

（1）绘制平面草图。

（2）选择【插入】|【阵列/镜向】|【填充阵列】菜单命令，系统弹出【填充阵列】属性管理器，根据需要设置各选项组参数，单击 ✅ 【确定】按钮，生成填充阵列，如图 5-69 所示。

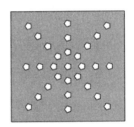

图 5-69　生成填充阵列

阵列案例 1——锯片 1

> 案例文件：ywj\05\06.prt。
>
> 视频文件：光盘→视频课堂→第 5 章→5.2.1。

案例操作步骤如下。

step 01 单击【草图】工具栏中的 ☒【草图绘制】按钮，选择上视基准面作为草绘平面。单击【草图】工具栏中的 ◎【圆】按钮，绘制半径为 100 的圆，如图 5-70 所示。

step 02 单击【特征】工具栏中的 ☒【拉伸凸台/基体】按钮，弹出【凸台-拉伸】属性管理器，设置【深度】为"2mm"，如图 5-71 所示，创建拉伸特征。

step 03 单击【草图】工具栏中的 ☒【草图绘制】按钮，选择草绘面，如图 5-72 所示。

step 04 单击【草图】工具栏中的 ◎【圆】按钮，绘制直径为 20 的圆，如图 5-73 所示。

step 05 单击【草图】工具栏中的 ✿【圆周草图阵列】按钮，创建草图的圆形阵列，设置【实例数】为"4mm"，如图 5-74 所示。

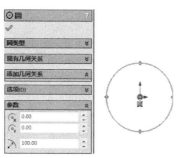

图 5-70　绘制圆(1)

图 5-71　拉伸草图

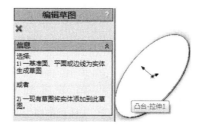

图 5-72　选择草绘面

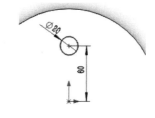

图 5-73　绘制圆(2)

step 06　单击【特征】工具栏中的 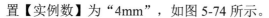【拉伸切除】按钮，弹出【切除-拉伸】属性管理器，设置【深度】为"2mm"，如图 5-75 所示，创建切除拉伸特征。

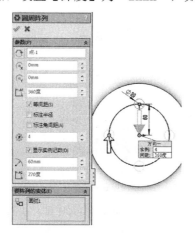

图 5-74　圆周阵列

图 5-75　切除拉伸

step 07　创建完成的锯片 1 模型如图 5-76 所示。

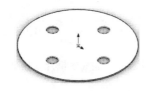

图 5-76　完成的锯片 1 模型

阵列案例 2——锯片 2

案例文件：ywj\05\06.prt、07.prt。

视频文件：光盘→视频课堂→第 5 章→5.2.2。

案例操作步骤如下。

step 01 单击【草图】工具栏中的 ▣【草图绘制】按钮，选择草绘面，如图 5-77 所示。

step 02 单击【草图】工具栏中的 ▣【三点圆弧】按钮，绘制半径为 20 和 30 的圆弧，组成封闭草图，如图 5-78 所示。

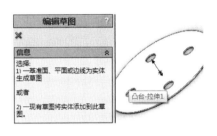

图 5-77　选择草绘面

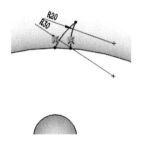

图 5-78　绘制圆弧

step 03 单击【特征】工具栏中的 ▣【拉伸凸台/基体】按钮，弹出【凸台-拉伸】属性管理器，设置【深度】为"2mm"，如图 5-79 所示，创建拉伸特征。

step 04 单击【特征】工具栏中的 ▣【圆周阵列】按钮，创建特征的圆形阵列，设置【实例数】为"44"，如图 5-80 所示。

图 5-79　拉伸草图

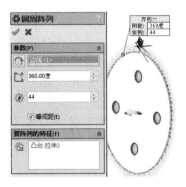

图 5-80　圆周阵列

step 05 创建完成的锯片 2 模型如图 5-81 所示。

图 5-81　完成的锯片 2 模型

阵列案例 3——锯片 3

📁 案例文件：ywj\05\07.prt、08.prt。

🎬 视频文件：光盘→视频课堂→第 5 章→5.2.3。

案例操作步骤如下。

step 01　单击【草图】工具栏中的 🖉【草图绘制】按钮，选择草绘面，如图 5-82 所示。

step 02　单击【草图】工具栏中的 ⊘【圆】按钮，绘制直径为 10 的圆，如图 5-83 所示。

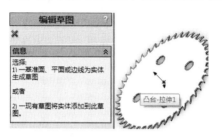

图 5-82　选择草绘面(1)

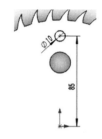

图 5-83　绘制圆

step 03　单击【特征】工具栏中的 🔲【拉伸切除】按钮，弹出【切除-拉伸】属性管理器，设置【深度】为 "2mm"，如图 5-84 所示，创建拉伸切除特征。

step 04　单击【草图】工具栏中的 🖉【草图绘制】按钮，选择草绘面，如图 5-85 所示。

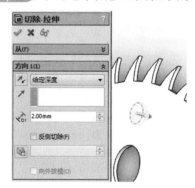

图 5-84　切除拉伸

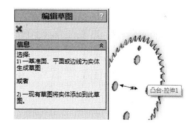

图 5-85　选择草绘面(2)

step 05　单击【草图】工具栏中的 ⌒【三点圆弧】按钮，绘制半径为 80 的圆弧，如图 5-86 所示。

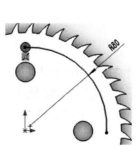

图 5-86　绘制圆弧

step 06 选择【插入】|【阵列/镜向】|【曲线驱动的阵列】菜单命令，弹出【曲线驱动的阵列】属性管理器，设置【实例数】为"6"，【间距】为"25mm"，如图 5-87 所示。

step 07 创建完成的锯片 3 模型如图 5-88 所示。

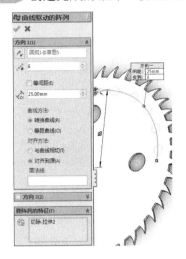

图 5-87 曲线阵列　　　　　　　　图 5-88 完成的锯片 3 模型

阵列案例 4——锯片 4

📁 案例文件：ywj\05\08.prt、09.prt。

💿 视频文件：光盘→视频课堂→第 5 章→5.2.4。

案例操作步骤如下。

step 01 单击【草图】工具栏中的 🖉【草图绘制】按钮，选择草绘面，如图 5-89 所示。

step 02 单击【草图】工具栏中的 ◎【圆】按钮，绘制直径为 6 的圆，如图 5-90 所示。

step 03 单击【草图】工具栏中的 ╲【直线】按钮，绘制直线草图，如图 5-91 所示。

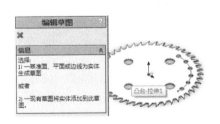
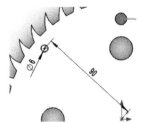
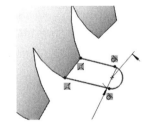

图 5-89 选择草绘面　　　　　图 5-90 绘制圆　　　　　图 5-91 绘制直线草图

step 04 单击【特征】工具栏中的 🔳【拉伸切除】按钮，弹出【切除-拉伸】属性管理器，设置【深度】为"2mm"，如图 5-92 所示，创建拉伸切除特征。

step 05 单击【特征】工具栏中的 ❀【圆周阵列】按钮，创建特征的圆形阵列，设置【实例数】为"6"，如图 5-93 所示。

图 5-92　切除拉伸

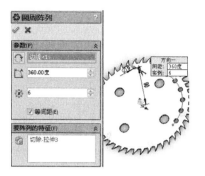

图 5-93　圆周阵列

step 06　创建完成的锯片 4 模型如图 5-94 所示。

图 5-94　完成的锯片 4 模型

阵列案例 5——锯片 5

案例文件：ywj\05\09.prt、10.prt。

视频文件：光盘→视频课堂→第 5 章→5.2.5。

案例操作步骤如下。

step 01　单击【草图】工具栏中的 ⌲【草图绘制】按钮，选择草绘面，如图 5-95 所示。

step 02　单击【草图】工具栏中的 ◎【圆】按钮，绘制直径为 60 的圆，如图 5-96 所示。

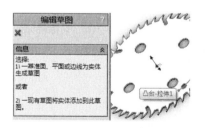

图 5-95　选择草绘面

图 5-96　绘制圆

step 03　单击【草图】工具栏中的 ❑【边角矩形】按钮，绘制 16×6 的矩形，如图 5-97 所示。

step 04　单击【草图】工具栏中的 ❀【圆周草图阵列】按钮，创建草图的圆形阵列，设置【实例数】为"4"，如图 5-98 所示。

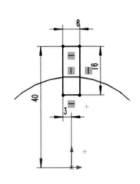

图 5-97　绘制矩形

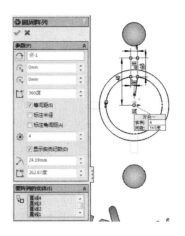

图 5-98　圆周阵列

step 05　单击【草图】工具栏中的 ✕【剪裁实体】按钮，弹出【剪裁】属性管理器，选择【强劲剪裁】按钮，进行草图剪裁，如图 5-99 所示。

step 06　单击【特征】工具栏中的 ▣【拉伸切除】按钮，弹出【切除-拉伸】属性管理器，设置【深度】为"2mm"，如图 5-100 所示，创建拉伸切除特征。

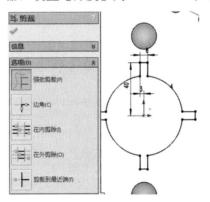

图 5-99　剪裁草图

图 5-100　切除拉伸

step 07　创建完成的锯片 5 模型如图 5-101 所示。

图 5-101　完成的锯片 5 模型

5.3　镜　　像

下面介绍镜像编辑的方法，其主要包括镜像草图、镜像特征和镜像零部件。

5.3.1 镜像草图

镜像草图是以草图实体为目标进行镜像复制的操作。

1. 镜像现有草图实体

(1) 镜像实体的属性设置。

单击【草图】工具栏中的 🔺【镜向实体】按钮，或选择【工具】|【草图工具】|【镜向】菜单命令，系统弹出【镜向】属性管理器，如图 5-102 所示。

- 🔺【要镜向的实体】：选择草图实体。

- 🔺【镜向点】：选择边线或者直线。

(2) 镜像实体的操作步骤：

单击【草图】工具栏中的 🔺【镜向实体】按钮，或选择【工具】|【草图工具】|【镜向】菜单命令，系统弹出【镜向】属性管理器。根据需要设置参数，单击 ✔【确定】按钮，镜像现有草图实体，如图 5-103 所示。

图 5-102　【镜向】属性管理器

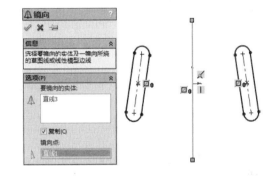

图 5-103　镜像现有草图实体

2. 在绘制时镜像草图实体

(1) 在激活的草图中选择直线或者模型边线。

(2) 选择【工具】|【草图工具】|【动态镜向】菜单命令，此时对称符号出现在直线或者边线的两端，如图 5-104 所示。

(3) 实体在接下来的绘制中被镜像，如图 5-105 所示。

图 5-104　出现对称符号

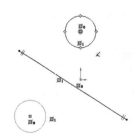

图 5-105　绘制的实体被镜像

(4) 如果要关闭镜像，则再次选择【工具】|【草图工具】|【动态镜向】菜单命令。

3. 镜像草图操作的注意事项

(1) 镜像只包括新的实体或原有及镜像的实体。

(2) 可镜像某些或所有草图实体。

(3) 围绕任何类型直线(不仅仅是构造性直线)镜像。

(4) 可沿零件、装配体或工程图中的边线镜像。

5.3.2 镜像特征

镜像特征是沿面或者基准面镜像以生成一个特征(或者多个特征)的复制操作。

1. 镜像特征的属性设置

单击【特征】工具栏中的 ▧【镜向】按钮，或者选择【插入】|【阵列/镜向】|【镜向】菜单命令，系统弹出【镜向】属性管理器，如图 5-106 所示。

(1) 【镜向面/基准面】选项组：在图形区域中选择一个面或基准面作为镜像面。

(2) 【要镜向的特征】选项组：单击模型中一个或者多个特征，也可以在【特征管理器设计树】中选择要镜像的特征。

(3) 【要镜向的面】选项组：在图形区域中单击构成要镜像的特征的面，此选项组参数对于在输入的过程中仅包括特征的面且不包括特征本身的零件很有用。

2. 生成镜像特征的操作步骤

(1) 选择要进行镜像的特征。

(2) 单击【特征】工具栏中的 ▧【镜向】按钮，或选择【插入】|【阵列/镜向】|【镜向】菜单命令，系统弹出【镜向】属性管理器。根据需要，设置各选项组参数，单击 ✔【确定】按钮，生成镜像特征，如图 5-107 所示。

图 5-106　【镜向】属性管理器

图 5-107　生成镜像特征

3. 镜像特征操作的注意事项

(1) 在单一模型或多实体零件中选择一个实体生成镜像实体。

(2) 通过选择几何体阵列并使用特征范围来选择包括特征的实体，并将特征应用到一个或

多个实体零件中。

5.3.3　镜像零部件

镜像零部件就是选择一个对称基准面及零部件进行镜像操作。

在装配体窗口中，选择【插入】|【镜向零部件】菜单命令，系统弹出【镜向零部件】属性管理器，如图 5-108 所示。

用鼠标右键单击要镜像的零部件的名称，从弹出的快捷菜单中进行选择，如图 5-109所示。

(1)【镜向所有实例】：镜像所选零部件的所有实例。

(2)【复制所有子实例】：复制所选零部件的所有实例。

(3)【镜向所有零部件】：镜像装配体中所有的零部件。

(4)【复制所有零部件】：复制装配体中所有的零部件。

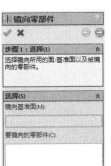

图 5-108　【镜向零部件】属性管理器

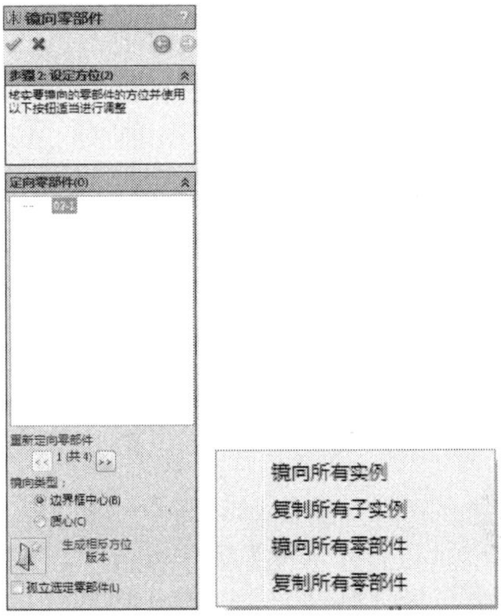

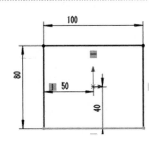

图 5-109　快捷菜单

镜像案例 1——壳体 1

案例文件：ywj\05\11.prt。

视频文件：光盘→视频课堂→第 5 章→5.3.1。

案例操作步骤如下。

step 01 单击【草图】工具栏中的 【草图绘制】按钮，选择上视基准面作为草绘平面。单击【草图】工具栏中的 【边角矩形】按钮，绘制 100×80 的矩形，如图 5-110所示。

step 02 单击【特征】工具栏中的 【拉伸凸台/基体】按钮，弹出【凸台-拉伸】属性管理器，设置【深度】为"60mm"，如图 5-111 所示，创建拉伸特征。

图 5-110　绘制矩形(1)

step 03 单击【草图】工具栏中的 ☑【草图绘制】按钮，选择草绘面，如图 5-112 所示。

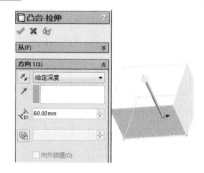

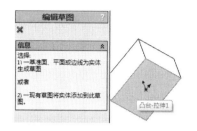

图 5-111　拉伸草图(1)　　　　　　　图 5-112　选择草绘面

step 04 单击【草图】工具栏中的 ☐【边角矩形】按钮，绘制 10×5 的矩形，如图 5-113 所示。

step 05 单击【草图】工具栏中的 ☌【三点圆弧】按钮，绘制圆弧，如图 5-114 所示。

step 06 单击【草图】工具栏中的 ◎【圆】按钮，绘制直径为 4 的圆，如图 5-115 所示。

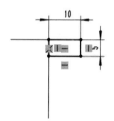
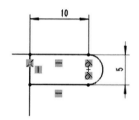
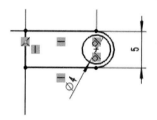

图 5-113　绘制矩形(2)　　　图 5-114　绘制圆弧　　　图 5-115　绘制圆

step 07 单击【特征】工具栏中的 ☒【拉伸凸台/基体】按钮，弹出【凸台-拉伸】属性管理器，设置【深度】为"4mm"，如图 5-116 所示，创建拉伸特征。

step 08 单击【特征】工具栏中的 ☒【镜向】按钮，弹出【镜向】属性管理器，选择镜像面和镜像特征，如图 5-117 所示。

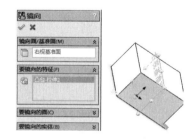

图 5-116　拉伸草图(2)　　　　　　　图 5-117　镜像特征

step 09 镜像完成的壳体 1 模型如图 5-118 所示。

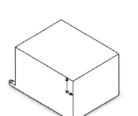

图 5-118　完成的壳体 1 模型

镜像案例 2——壳体 2

案例文件：ywj\05\11.prt、12.prt。

视频文件：光盘→视频课堂→第 5 章→5.3.2。

案例操作步骤如下。

step 01 单击【特征】工具栏中的【镜向】按钮，弹出【镜向】属性管理器，选择镜像面和镜像特征，如图 5-119 所示。

step 02 单击【草图】工具栏中的【草图绘制】按钮，选择草绘面，如图 5-120 所示。

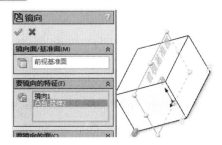

图 5-119　镜像特征

图 5-120　选择草绘面

step 03 单击【草图】工具栏中的【边角矩形】按钮，绘制 80×60 的矩形，如图 5-121 所示。

step 04 单击【草图】工具栏中的【绘制圆角】按钮，绘制矩形的圆角，半径为"10mm"，如图 5-122 所示。

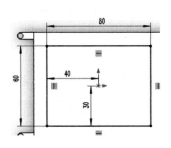

图 5-121　绘制矩形

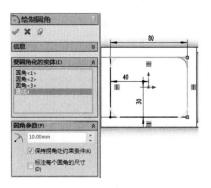

图 5-122　绘制圆角

step 05 单击【特征】工具栏中的 📧【拉伸切除】按钮，弹出【切除-拉伸】属性管理器，设置【深度】为 "50mm"，如图 5-123 所示，创建拉伸切除特征。

step 06 创建完成的壳体 2 模型如图 5-124 所示。

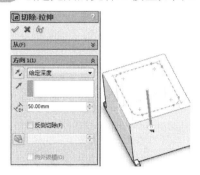

图 5-123　切除拉伸

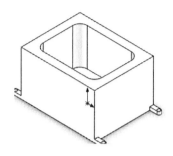

图 5-124　完成的壳体 2 模型

镜像案例 3——壳体 3

案例文件：ywj\05\12.prt、13.prt。

视频文件：光盘→视频课堂→第 5 章→5.3.3。

案例操作步骤如下。

step 01 单击【草图】工具栏中的 ✏【草图绘制】按钮，选择草绘面，如图 5-125 所示。

step 02 单击【草图】工具栏中的 ◎【圆】按钮，绘制直径为 10 的圆，如图 5-126 所示。

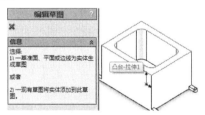

图 5-125　选择草绘面

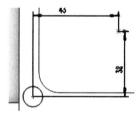

图 5-126　绘制圆

step 03 单击【草图】工具栏中的 ✏【中心线】按钮，绘制中心线，如图 5-127 所示。

step 04 单击【草图】工具栏中的 ▲【镜向实体】按钮，镜像圆，如图 5-128 所示。

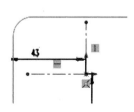

图 5-127　绘制中心线

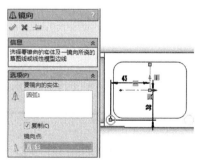

图 5-128　镜像草图(1)

step 05 单击【草图】工具栏中的⚠【镜向实体】按钮，再次镜像圆，如图 5-129 所示。

step 06 单击【特征】工具栏中的▣【拉伸切除】按钮，弹出【切除-拉伸】属性管理器，设置【深度】为"40mm"，如图 5-130 所示，创建拉伸切除特征。

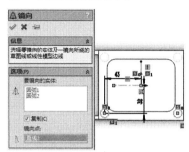

图 5-129　镜像草图(2)

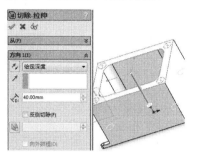

图 5-130　切除拉伸

step 07 创建完成的壳体 3 模型如图 5-131 所示。

图 5-131　完成的壳体 3 模型

5.4　本 章 小 结

本章讲解了对实体进行组合编辑及对相应对象进行阵列/镜像的方法。其中阵列和镜像都是按照一定规则复制源特征的操作。镜像操作是源特征围绕镜像轴或者面进行一对一的复制过程。阵列操作是按照一定规则进行一对多的复制过程。阵列和镜像的操作对象可以是草图、特征和零部件等。

第 6 章
曲线、曲面设计和曲面编辑

　　SolidWorks 提供了曲线和曲面的设计功能。曲线和曲面是复杂和不规则实体模型的主要组成部分，尤其在工业设计中，该组命令的应用更为广泛。曲线和曲面使不规则实体的绘制变得更加灵活、快捷。在 SolidWorks 中，既可以生成曲面，也可以对生成的曲面进行编辑。编辑曲面的命令可以通过菜单命令进行选择，也可以通过工具栏进行调用。

　　本章主要介绍曲线和曲面的各种创建和编辑方法。曲线可用来生成实体模型特征，主要命令有投影曲线、组合曲线、螺旋线/涡状线、分割线、通过参考点的曲线和通过 XYZ 点的曲线等。曲面也是用来生成实体模型的几何体，主要命令有拉伸曲面、旋转曲面、扫描曲面、放样曲面、等距曲面和延展曲面等。曲面编辑的主要命令有：圆角曲面、填充曲面、中面、延伸曲面、剪裁、替换和删除曲面。

6.1 曲 线 设 计

曲线是组成不规则实体模型的最基本要素，SolidWorks 提供了绘制曲线的工具栏和菜单命令。

选择【插入】|【曲线】菜单命令可以选择绘制相应曲线的类型，如图 6-1 所示，或选择【视图】|【工具栏】|【曲线】菜单命令，调出【曲线】工具栏，如图 6-2 所示，在【曲线】工具栏中进行选择。

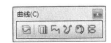

图 6-1 【曲线】菜单命令　　　　　　图 6-2 【曲线】工具栏

6.1.1 投影曲线

投影曲线可以通过将绘制的曲线，投影到模型面上的方式生成一条三维曲线，即"草图到面"的投影类型，也可以使用另一种方式生成投影曲线，即"草图到草图"的投影类型。首先在两个相交的基准面上分别绘制草图，此时系统会将每个草图沿所在平面的垂直方向投影以得到相应的曲面，最后这两个曲面在空间中相交，而生成一条三维曲线。

1. 投影曲线的属性设置

单击【曲线】工具栏中的 【投影曲线】按钮，或选择【插入】|【曲线】|【投影曲线】菜单命令，系统弹出【投影曲线】属性管理器，如图 6-3 所示。在【选择】选项组中，可以选择两种投影类型，即【面上草图】和【草图上草图】。

【草图上草图】投影类型　　【面上草图】投影类型

图 6-3 【投影曲线】属性管理器

(1) 【要投影的一些草图】：在图形区域或者特征管理器设计树中，选择曲线草图。

(2) 【投影面】：在实体模型上选择想要投影草图的面。

(3) 【反转投影】复选框：设置投影曲线的方向。

2. 生成投影类型为【草图上草图】的投影曲线的操作步骤

(1) 单击【标准】工具栏中的【新建】按钮，新建零件文件。

(2) 选择前视基准面为草图绘制平面，然后单击【草图】工具栏中的【样条曲线】按钮，绘制 1 条样条曲线。

(3) 选择上视基准面为草图绘制平面，然后单击【草图】工具栏中的【样条曲线】按钮，再次绘制 1 条样条曲线。

(4) 单击【标准视图】工具栏中的【等轴测】按钮，将视图以等轴测方向显示，如图 6-4 所示。

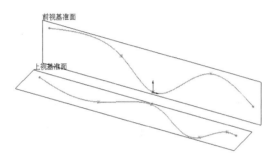

图 6-4 以等轴测方向显示视图

(5) 单击【曲线】工具栏中的【投影曲线】按钮，或选择【插入】|【曲线】|【投影曲线】菜单命令，系统弹出【投影曲线】属性管理器。在【选择】选项组中，选择【草图上草图】投影类型。

(6) 单击【要投影的一些草图】选择框，在图形区域中选择(2)～(3)绘制的草图，如图 6-5 所示，此时在图形区域中可以预览生成的投影曲线，单击【确定】按钮，生成投影曲线，如图 6-6 所示。

图 6-5 【投影曲线】的属性设置

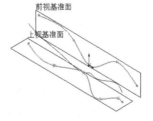

图 6-6 生成投影曲线

3. 生成投影类型为【面上草图】的投影曲线的操作步骤

(1) 单击【标准】工具栏中的【新建】按钮，新建零件文件。

(2) 选择前视基准面为草图绘制平面，绘制一条样条曲线，然后单击【曲面】工具栏中的【拉伸曲面】按钮，拉伸出一个宽为 50mm 的曲面，如图 6-7 所示。

(3) 单击【参考几何体】工具栏中的 ⊠ 【基准面】按钮，系统弹出【基准面】属性管理器。在【第一参考】选项组中，单击 ⬚ 【参考实体】选择框，在【特征管理器设计树】中选择【上视基准面】，设置【偏移距离】为 50mm，如图 6-8 所示，在图形区域中上视基准面的上方 50mm 处生成基准面 1，如图 6-9 所示。

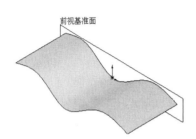

图 6-7　生成拉伸曲面　　　　　　　　　图 6-8　【基准面】的属性设置

(4) 选择基准面 1 为草图绘制平面，单击【草图】工具栏中的 ⌒ 【样条曲线】按钮，绘制一条样条曲线。

(5) 单击【标准视图】工具栏中的 ⬡ 【等轴测】按钮，将视图以等轴测方向显示，如图 6-10 所示。

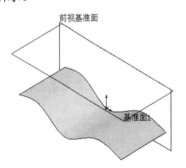

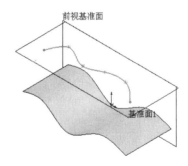

图 6-9　生成基准面 1　　　　　　　　　图 6-10　以等轴测方式显示视图

(6) 单击【曲线】工具栏中的 ▥ 【投影曲线】按钮，或选择【插入】|【曲线】|【投影曲线】菜单命令，系统弹出【投影曲线】属性管理器。在【选择】选项组中，选择【面上草图】投影类型。单击 ⬀ 【要投影的一些草图】选择框，在图形区域中选择第(4)步绘制的草图，单击 ⬚ 【投影面】选择框，在图形区域中选择第(2)步中生成的拉伸曲面，选中【反转投影】复选框，确定曲线的投影方向，如图 6-11 所示，此时在图形区域中可以预览生成的投影曲线，单击 ✔ 【确定】按钮，生成投影曲线，如图 6-12 所示。

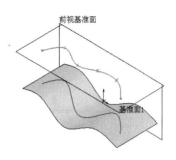

图 6-11 【投影曲线】的属性设置   图 6-12 生成投影曲线

在使用【草图上草图】类型生成投影曲线时，草图所在的两个基准面必须相交，否则不能生成投影曲线。在执行【投影曲线】命令之前，如果事先选择了生成投影曲线的对象，则其属性设置会自动选择合适的投影类型，系统默认的投影类型为【草图上草图】类型。

6.1.2 组合曲线

组合曲线是通过将曲线、草图几何体和模型边线组合为一条单一曲线而生成。组合曲线可以作为生成放样特征或者扫描特征的引导线或者轮廓线。

1. 组合曲线的属性设置

单击【曲线】工具栏中的  【组合曲线】按钮，或选择【插入】|【曲线】|【组合曲线】菜单命令，系统弹出【组合曲线】属性管理器，如图 6-13 所示。

【要连接的草图、边线以及曲线】：在图形区域中选择要组合曲线的项目(如草图、边线或者曲线等)。

2. 生成组合曲线的操作步骤

图 6-13 【组合曲线】属性管理器

(1) 单击【标准】工具栏中的 【新建】按钮，新建零件文件。

(2) 选择前视基准面作为草图绘制平面，绘制如图 6-14 所示的草图并标注尺寸。

(3) 单击【特征】工具栏中的 【拉伸凸台/基体】按钮，系统弹出【凸台-拉伸】属性管理器。在【方向 1】选项组中，设置【深度】为 30mm，将刚绘制的草图拉伸为实体。

(4) 单击【曲线】工具栏中的 【组合曲线】按钮，或选择【插入】|【曲线】|【组合曲线】菜单命令，系统弹出【组合曲线】属性管理器。在【要连接的实体】选项组中，单击 【要连接的草图、边线以及曲线】选择框，在图形区域中依次选择如图 6-15 所示的边线 1～边线 4，如图 6-16 所示，此时在图形区域中可以预览生成的组合曲线，单击 【确定】按钮，生成组合曲线，如图 6-17 所示。

组合曲线是一条连续的曲线，它可以是开环的，也可以是闭环的，因此在选择组合曲线的对象时，它们必须是连续的，中间不能有间隔。

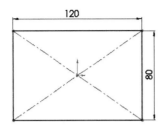

图 6-14　绘制草图并标注尺寸

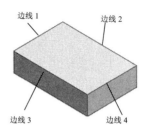

图 6-15　选择边线

图 6-16　【组合曲线】的属性设置

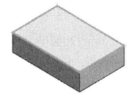

图 6-17　生成组合曲线

6.1.3　螺旋线和涡状线

螺旋线和涡状线可以作为扫描特征的路径或者引导线，也可以作为放样特征的引导线，通常用来生成螺纹、弹簧和发条等零件，也可以在工业设计中作为装饰使用。

1. 螺旋线和涡状线的属性设置

单击【曲线】工具栏中的 🔠【螺旋线/涡状线】按钮，或选择【插入】|【曲线】|【螺旋线/涡状线】菜单命令，系统弹出【螺旋线/涡状线】属性管理器。

(1)【定义方式】选项组。

用来定义生成螺旋线和涡状线的方式，可以根据需要进行选择，如图 6-18 所示。

● 【螺距和圈数】：通过定义螺距和圈数生成螺旋线，其属性设置如图 6-19 所示。

图 6-18　【定义方式】下拉列表　　　图 6-19　选择【螺距和圈数】选项后的属性设置

- 【高度和圈数】：通过定义高度和圈数生成螺旋线，其属性设置如图 6-20 所示。
- 【高度和螺距】：通过定义高度和螺距生成螺旋线，其属性设置如图 6-21 所示。
- 【涡状线】：通过定义螺距和圈数生成涡状线，其属性设置如图 6-22 所示。

图 6-20　选择【高度和圈数】　　图 6-21　选择【高度和螺距】　　图 6-22　选择【涡状线】选项
　　　　　选项后的属性设置　　　　　　　选项后的属性设置　　　　　　　后的属性设置

(2) 【参数】选项组。

- 【恒定螺距】(在选择【螺距和圈数】和【高度和螺距】选项时可用)：以恒定螺距方式生成螺旋线。
- 【可变螺距】(在选择【螺距和圈数】和【高度和螺距】选项时可用)：以可变螺距方式生成螺旋线。
- 【区域参数】(在选中【可变螺距】单选按钮后可用)：通过指定圈数或者高度、直径以及螺距率生成可变螺距螺旋线，如图 6-23 所示。

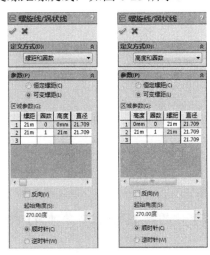

图 6-23　【区域参数】设置

- 【螺距】(在选择【高度和圈数】选项时不可用)：为每个螺距设置半径更改比率。设置的数值必须至少为 0.001，且不大于 200 000。

- 【圈数】(在选择【高度和螺距】选项时不可用)：设置螺旋线及涡状线的旋转数。
- 【高度】(在选择【高度和圈数】和【高度和螺距】时可用)：设置生成螺旋线的高度。
- 【反向】：用来反转螺旋线及涡状线的旋转方向。选中该复选框，则将螺旋线从原点处向后延伸或者生成一条向内旋转的涡状线。
- 【起始角度】：设置在绘制的草图圆上开始初始旋转的位置。
- 【顺时针】：设置生成的螺旋线及涡状线的旋转方向为顺时针。
- 【逆时针】：设置生成的螺旋线及涡状线的旋转方向为逆时针。

(3)【锥形螺纹线】选项组(在【定义方式】选项组中选择【涡状线】选项时不可用)。

- 【锥形角度】：设置生成锥形螺纹线的角度。
- 【锥度外张】：设置生成的螺纹线是否锥度外张。

2. 生成螺旋线的操作步骤

(1) 单击【标准】工具栏中的 【新建】按钮，新建零件文件。

(2) 选择前视基准面为草图绘制平面，绘制一个直径为 50mm 的圆形草图并标注尺寸，如图 6-24 所示。

(3) 单击【曲线】工具栏中的 【螺旋线/涡状线】按钮，或选择【插入】|【曲线】|【螺旋线/涡状线】菜单命令，系统弹出【螺旋线/涡状线】属性管理器。在【定义方式】选项组中，选择【螺距和圈数】选项；在【参数】选项组中，选中【恒定螺距】单选按钮，设置【螺距】为 15mm，【圈数】为 6，如图 6-25 所示，单击 【确定】按钮，生成螺旋线。

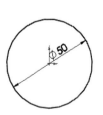

图 6-24 绘制草图

图 6-25 【螺旋线/涡状线】的属性设置

(4) 单击【标准视图】工具栏中的 【上下二等角轴测】按钮，将视图以上下二等角轴测方式显示，如图 6-26 所示。

(5) 用鼠标右键单击特征管理器设计树中的【螺旋线/涡状线 1】图标，从弹出的快捷菜单中选择【编辑特征】命令，如图 6-27 所示，系统弹出【螺旋线/涡状线 1】属性管理器，对生成的螺旋线进行编辑。

图 6-26　生成螺旋线

图 6-27　快捷菜单

(6) 在【锥形螺纹线】选项组中，设置【锥形角度】，如图 6-28 所示。单击 ✅【确定】按钮，生成锥形螺旋线，如图 6-29 所示。

(7) 如果在【锥形螺纹线】选项组中，设置【锥形角度】为 10 度，选中【锥度外张】复选框，如图 6-30 所示，单击 ✅【确定】按钮，生成锥形螺旋线，如图 6-31 所示。

图 6-28　设置【锥形角度】数值

图 6-29　生成锥形螺旋线(1)

图 6-30　选中【锥度外张】复选框

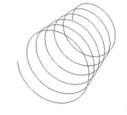

图 6-31　生成锥形螺旋线(2)

3. 生成涡状线的操作步骤

(1) 单击【标准】工具栏中的 🗋【新建】按钮，新建零件文件。

(2) 选择前视基准面为草图绘制平面，绘制一个直径为 50mm 的圆形草图并标注尺寸。

(3) 单击【曲线】工具栏中的 ⑧【螺旋线/涡状线】按钮，或选择【插入】|【曲线】|【螺旋线/涡状线】菜单命令，系统弹出【螺旋线/涡状线】属性管理器。在【定义方式】选项组中，选择【涡状线】选项；在【参数】选项组中，设置【螺距】为 8mm，【圈数】为 6，【起始角度】为 270 度，选中【顺时针】单选按钮，如图 6-32 所示。单击 ✅【确定】按钮，生成涡状线，如图 6-33 所示。

(4) 用鼠标右键单击特征管理器设计树中的【螺旋线/涡状线 1】图标，从弹出的快捷菜单中选择【编辑特征】命令，如图 6-34 所示，系统弹出【螺旋线/涡状线 1】属性管理器，对生成的涡状线进行编辑，选中【逆时针】单选按钮，单击 ✅【确定】按钮，生成涡状线，如图 6-35 所示。

图 6-32　【螺旋线/涡状线】的属性设置

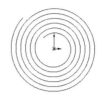

图 6-33　生成涡状线(1)

图 6-34　快捷菜单

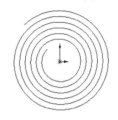

图 6-35　生成涡状线(2)

6.1.4　通过 XYZ 点的曲线

可以通过用户定义的点生成样条曲线，以这种方式生成的曲线被称为通过 XYZ 点的曲线。在 SolidWorks 中，用户既可以自定义样条曲线通过的点，也可以利用点坐标文件生成样条曲线。

1. 通过 XYZ 点的曲线的属性设置

单击【曲线】工具栏中的 【通过 XYZ 点的曲线】按钮，或选择【插入】|【曲线】|【通过 XYZ 点的曲线】菜单命令，弹出【曲线文件】对话框，如图 6-36 所示。

(1)【点】、X、Y、Z：【点】的列坐标定义生成曲线的点的顺序；X、Y、Z 的列坐标对应点的坐标值。双击每个单元格，即可激活该单元格，然后输入数值即可。

(2)【浏览】：单击【浏览】按钮，弹出【打开】对话框，可以输入存在的曲线文件，根据曲线文件，直接生成曲线。

图 6-36　【曲线文件】对话框

(3)【保存】：单击【保存】按钮，弹出【另存为】对话框，选择想要保存的位置，然后在【文件名】文字框中输入文件名称。如果没有指定扩展名，SolidWorks 应用程序会自动添加"*.sldcrv"的扩展名。

(4)【插入】：用于插入新行。如果要在某一行之上插入新行，只要单击该行，然后单击【插入】按钮即可。

在输入存在的曲线文件时，文件不仅可以是"*.sldcrv"格式的文件，也可以是"*.txt"格式的文件。使用 Excel 等应用程序生成坐标文件时，文件中必须只包含坐标数据，而不能是 X、Y、Z 的标号及其他无关数据。

2. 生成通过 XYZ 点的曲线的操作步骤

第一种，输入坐标。

(1) 单击【标准】工具栏中的 【新建】按钮，新建零件文件。

(2) 单击【曲线】工具栏中的 【通过 XYZ 点的曲线】按钮，或选择【插入】|【曲线】|【通过 XYZ 点的曲线】菜单命令，弹出【曲线文件】对话框。

(3) 在 X、Y、Z 的单元格中输入生成曲线的坐标点的数值，如图 6-37 所示，单击【确定】按钮，结果如图 6-38 所示。

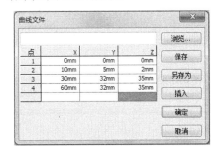

图 6-37　设置【曲线文件】对话框

图 6-38　生成通过 XYZ 点的曲线

第二种，导入坐标点文件。

(1) 单击【标准】工具栏中的 【新建】按钮，新建零件文件。

(2) 单击【曲线】工具栏中的 【通过 XYZ 点的曲线】按钮，或选择【插入】|【曲线】|【通过 XYZ 点的曲线】菜单命令，弹出【曲线文件】对话框。

(3) 单击【浏览】按钮，弹出【打开】对话框，选择需要的曲线文件。

(4) 单击【打开】按钮，此时选择的文件的路径和文件名，出现在【曲线文件】对话框上方的空白框中，如图 6-39 所示。单击【确定】按钮，结果如图 6-40 所示。

通过 XYZ 点的曲线的点的顺序，是按照曲线文件中点的序列进行连接的。

图 6-39　【曲线文件】对话框

图 6-40　生成通过 XYZ 点的曲线

6.1.5　通过参考点的曲线

通过参考点的曲线是通过一个或者多个平面上的点而生成的曲线。

1. 通过参考点的曲线的属性设置

单击【曲线】工具栏中的 【通过参考点的曲线】按钮，或选择【插入】|【曲线】|【通

过参考点的曲线】菜单命令，系统弹出【通过参考点的曲线】属性管理器，如图 6-41 所示。

(1) 【通过参考点的曲线】：选择通过一个或者多个平面上的点。

(2) 【闭环曲线】：定义生成的曲线是否闭合。若选中该复选框，则生成的曲线自动闭合。

2. 生成通过参考点的曲线的操作步骤

(1) 单击【曲线】工具栏中的 🕲【通过参考点的曲线】按钮，或单击【插入】|【曲线】|【通过参考点的曲线】菜单命令，系统弹出【通过参考点的曲线】属性管理器。

(2) 在图形区域中选择如图 6-42 所示的顶点 1～顶点 4，此时在图形区域中可以预览到生成的曲线，单击 ✅【确定】按钮，生成通过参考点的曲线，如图 6-43 所示。

图 6-41　【通过参考点的曲线】属性管理器

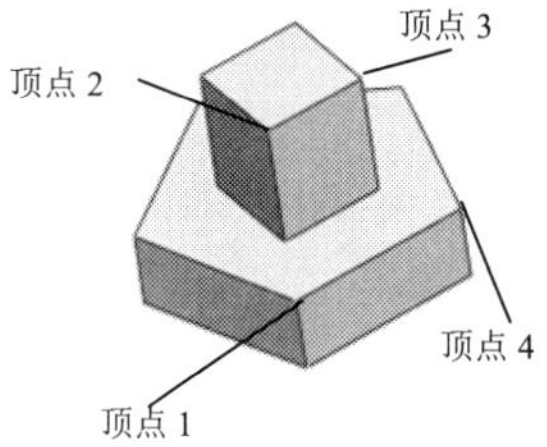

图 6-42　选择顶点

(3) 用鼠标右键单击特征管理器设计树中的【曲线 1】图标(即上一步生成的曲线)，从弹出的快捷菜单中选择【编辑特征】命令，如图 6-44 所示；系统弹出【通过参考点的曲线】属性管理器，选中【闭环曲线】复选框，如图 6-45 所示；单击 ✅【确定】按钮，生成的通过参考点的曲线自动变为闭合曲线，如图 6-46 所示。

图 6-43　生成通过参考点的曲线

图 6-44　快捷菜单

图 6-45　【曲线 1】的属性设置

图 6-46　生成闭合曲线

在生成通过参考点的曲线时，选择的参考点既可以是草图中的点，也可以是模型实体中的点。

6.1.6　分割线

分割线是通过将实体投影到曲面或者平面上而生成的。它将所选的面分割为多个分离的面，从而可以选择其中一个分离面进行操作。分割线也可以通过将草图投影到曲面实体而生成，投影的实体可以是草图、模型实体、曲面、面、基准面或者曲面样条曲线。

1. 分割线的属性设置

单击【曲线】工具栏中的 【分割线】按钮，或选择【插入】|【曲线】|【分割线】菜单命令，系统弹出【分割线】属性管理器。在【分割类型】选项组中，选择生成的分割线的类型，如图 6-47 所示。

- 【轮廓】：在圆柱形零件上生成分割线。
- 【投影】：将草图线投影到表面上生成分割线。
- 【交叉点】：以交叉实体、曲面、面、基准面或者曲面样条曲线分割面。

(1) 选中【轮廓】单选按钮后的属性设置。

单击【曲线】工具栏中的 【分割线】按钮，或选择【插入】|【曲线】|【分割线】菜单命令，系统弹出【分割线】属性管理器。选中【轮廓】单选按钮，其属性设置如图 6-48 所示。

- 【拔模方向】：在图形区域或者【特征管理器设计树】中选择通过模型轮廓投影的基准面。

图 6-47　【分割类型】选项组　　　　图 6-48　选中【轮廓】单选按钮后的属性设置

- 【要分割的面】：选择一个或者多个要分割的面。
- 【反向】：设置拔模方向。选中该复选框，则以反方向拔模。
- 【角度】：设置拔模角度，主要用于制造工艺方面的考虑。

(2) 选中【投影】单选按钮后的属性设置。

单击【曲线】工具栏中的 【分割线】按钮，或选择【插入】|【曲线】|【分割线】菜单命令，系统弹出【分割线】属性管理器。选中【投影】单选按钮，其属性设置如图 6-49 所示。

- 【要投影的草图】：在图形区域或者【特征管理器设计树】中选择草图，作为要投影的草图。
- 【单向】：以单方向进行分割以生成分割线。

(3) 选中【交叉点】单选按钮后的属性设置。

单击【曲线】工具栏中的 【分割线】按钮，或选择【插入】|【曲线】|【分割线】菜单命令，系统弹出【分割线】属性管理器。选中【交叉点】单选按钮，其属性设置如图 6-50 所示。

- 【分割所有】：分割线穿越曲面上所有可能的区域，即分割所有可以分割的曲面。
- 【自然】：按照曲面的形状进行分割。

● 【线性】：按照线性方向进行分割。

图 6-49 选中【投影】单选按钮后的属性设置

图 6-50 选中【交叉点】单选按钮后的属性设置

2. 生成分割线的操作步骤

(1) 生成【轮廓】类型的分割线。

单击【曲线】工具栏中的 【分割线】按钮，或选择【插入】|【曲线】|【分割线】菜单命令，系统弹出【分割线】属性管理器。在【分割类型】选项组中，选中【轮廓】单选按钮；在【选择】选项组中，单击 【拔模方向】选择框，在图形区域中选择如图 6-51 中的面 1，单击 【要分割的面】选择框，在图形区域中选择如图 6-51 所示的面 2，参数设置如图 6-52 所示，单击 【确定】按钮，生成分割线，如图 6-53 所示(图中的曲线为生成的分割线)。

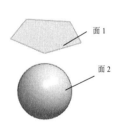

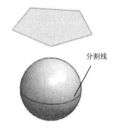

图 6-51 选择面

图 6-52 【分割线】的属性设置

图 6-53 生成分割线

生成【轮廓】类型的分割线时，要分割的面必须是曲面，不能是平面。

(2) 生成【投影】类型的分割线。

单击【曲线】工具栏中的 【分割线】按钮，或选择【插入】|【曲线】|【分割线】菜单命令，系统弹出【分割线】属性管理器。在【分割类型】选项组中，选中【投影】单选按钮；在【选择】选项组中，单击 【要投影的草图】选择框，在图形区域中选择如图 6-54 所示的草图 2，单击 【要分割的面】选择框，在图形区域中选择如图 6-54 所示的面 1，其他设置如图 6-55 所示，单击 【确定】按钮，生成分割线，如图 6-56 所示(图中的曲线 1 为生成的分割线)。

生成【投影】类型的分割线时，要投影的草图在投影面上的投影必须穿过要投影的面，否则系统会提示错误，导致不能生成分割线。

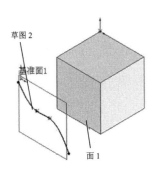

图 6-54　选择草图和面　　　　　　　　　图 6-55　【分割线】的属性设置

(3) 生成【交叉点】类型的分割线。

　　单击【曲线】工具栏中的【分割线】按钮，或选择【插入】|【曲线】|【分割线】菜单命令，系统弹出【分割线】属性管理器。在【分割类型】选项组中，选中【交叉点】单选按钮；在【选择】选项组中，单击【分割实体/面/基准面】选择框，在图形区域中选择如图 6-57 所示的面 1～面 6，单击【要分割的面/实体】选择框，选择图形区域中如图 6-57 所示的面 7，其他设置如图 6-58 所示，单击【确定】按钮，生成分割线，如图 6-59 所示(分割线位于分割面和目标面的交叉处)。

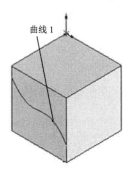

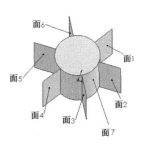

图 6-56　生成分割线(1)　　　　　　　　　图 6-57　选择面

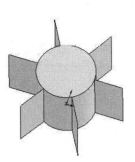

图 6-58　【分割线】的属性设置　　　　　　图 6-59　生成分割线(2)

曲线设计案例 1——圆柱

案例文件：ywj\06\01.prt。

视频文件：光盘→视频课堂→第 6 章→6.1.1。

案例操作步骤如下。

step 01 单击【草图】工具栏中的 【草图绘制】按钮，选择上视基准面作为草绘平面。单击【草图】工具栏中的 【圆】按钮，绘制半径为 50 的圆，如图 6-60 所示。

step 02 单击【特征】工具栏中的 【拉伸凸台/基体】按钮，弹出【凸台-拉伸】属性管理器，设置【深度】为"150mm"，如图 6-61 所示，创建拉伸特征。

step 03 单击【草图】工具栏中的 【基准面】按钮，弹出【基准面】属性管理器，设置【偏移距离】为"100mm"，如图 6-62 所示，创建基准面。

图 6-60　绘制圆

图 6-61　拉伸草图

图 6-62　创建基准面

step 04 单击【草图】工具栏中的 【草图绘制】按钮，选择草绘面，如图 6-63 所示。

step 05 单击【草图】工具栏中的 【样条曲线】按钮，绘制样条曲线，如图 6-64 所示。

step 06 单击【曲线】工具栏中的 【投影曲线】按钮，弹出【投影曲线】属性管理器，选择投影面和要投影的草图，如图 6-65 所示，生成投影曲线。

step 07 创建完成的圆柱模型如图 6-66 所示。

图 6-63　选择草绘面

图 6-64　绘制样条线

图 6-65　投影曲线

图 6-66　完成的圆柱模型

曲线设计案例 2——创建空间曲线

案例文件：ywj\06\01.prt、02.prt。

视频文件：光盘→视频课堂→第 6 章→6.1.2。

案例操作步骤如下。

step 01　单击【曲线】工具栏中的 ⬚【分割线】按钮，弹出【分割线】属性管理器。选中【轮廓】单选按钮，选择拔模方向和要分割的面，如图 6-67 所示，生成分割线。

step 02　单击【曲线】工具栏中的 ⬚【通过参考点的曲线】按钮，弹出【通过参考点的曲线】属性管理器，依次选择通过点，如图 6-68 所示，生成曲线。

图 6-67　创建分割线

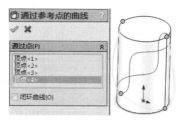

图 6-68　绘制曲线

step 03　创建完成的空间曲线如图 6-69 所示。

图 6-69　完成的空间曲线

曲线设计案例 3——创建弹簧

📁 **案例文件**：ywj\06\03.prt。

🎬 **视频文件**：光盘→视频课堂→第 6 章→6.1.3。

案例操作步骤如下。

step 01 单击【曲线】工具栏中的 📇【螺旋线/涡状线】按钮，弹出【螺旋线/涡状线】属性管理器，选择上视基准面为草绘平面。单击【草图】工具栏中的 ⊙【圆】按钮，绘制半径为 20 的圆，如图 6-70 所示。

step 02 在【螺旋线/涡状线】属性管理器中，设置【螺距】为"20mm"，【圈数】为"5"，如图 6-71 所示，创建螺旋线。

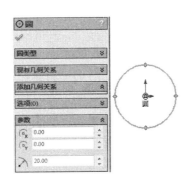

图 6-70 绘制圆

图 6-71 创建螺旋线

step 03 单击【草图】工具栏中的 ✏【草图绘制】按钮，选择右视基准面进行绘制，如图 6-72 所示。

step 04 单击【草图】工具栏中的 ⊙【圆】按钮，绘制半径为 5 的圆，如图 6-73 所示。

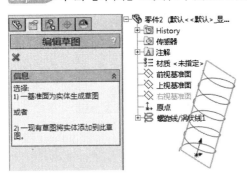

图 6-72 选择草绘面

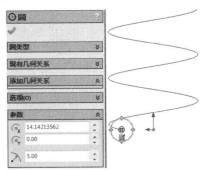

图 6-73 绘制小圆

step 05 单击【特征】工具栏中的 ⑤【扫描】按钮，弹出【扫描】属性管理器，依次选择截面和路径，如图 6-74 所示，创建扫描特征。

step 06 创建完成的弹簧模型如图 6-75 所示。

图 6-74 创建扫描

图 6-75 完成的弹簧模型

曲线设计案例 4——创建面上的曲线 1

案例文件：ywj\06\04.prt。

视频文件：光盘→视频课堂→第 6 章→6.1.4。

案例操作步骤如下。

step 01 单击【草图】工具栏中的 ^L 【草图绘制】按钮，选择前视基准面作为草绘平面。单击【草图】工具栏中的 Ⅰ 【中心线】按钮，绘制中心线，如图 6-76 所示。

step 02 单击【草图】工具栏中的 \ 【直线】按钮，绘制长度为 30 的直线，如图 6-77 所示。

step 03 单击【草图】工具栏中的 ∼ 【样条曲线】按钮，绘制样条曲线，如图 6-78 所示。

图 6-76 绘制中心线

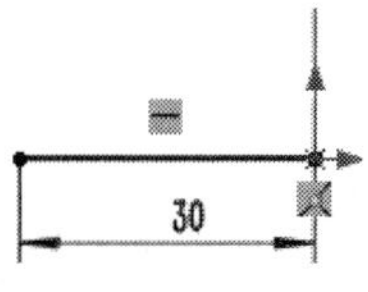

图 6-77 绘制直线

图 6-78 绘制样条曲线(1)

step 04 单击【草图】工具栏中的 ∼ 【样条曲线】按钮，绘制另一样条曲线，如图 6-79 所示。

step 05 单击【特征】工具栏中的 ✦ 【旋转凸台/基体】按钮，弹出【旋转】属性管理器，设置【方向 1 角度】为"180 度"，如图 6-80 所示，创建旋转特征。

step 06 单击【曲线】工具栏中的 ◎ 【分割线】按钮，弹出【分割线】属性管理器。选中【轮廓】单选按钮，选择拔模方向和要分割的面，如图 6-81 所示，生成分割线。

step 07 创建完成的面上的曲线 1 如图 6-82 所示。

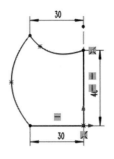

图 6-79　绘制样条曲线(2)

图 6-80　旋转曲面

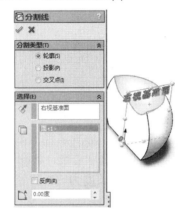

图 6-81　创建分割线

图 6-82　完成的曲线 1

曲线设计案例 5——创建面上的曲线 2

📁 案例文件：ywj\06\04.prt、05.prt。

🎬 视频文件：光盘→视频课堂→第 6 章→6.1.5。

案例操作步骤如下。

step 01　单击【草图】工具栏中的 ▱【草图绘制】按钮，选择草绘面，如图 6-83 所示。

step 02　单击【草图】工具栏中的 ＼【直线】按钮，绘制垂直线，如图 6-84 所示。

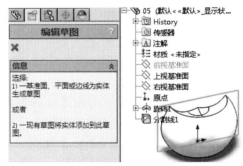

图 6-83　选择草绘面

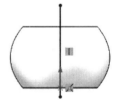

图 6-84　绘制直线

step 03　单击【曲线】工具栏中的 ▦【投影曲线】按钮，弹出【投影曲线】属性管理器，选择投影面和要投影的草图，如图 6-85 所示，生成投影曲线。

step 04 单击【曲线】工具栏中的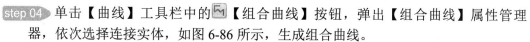【组合曲线】按钮，弹出【组合曲线】属性管理器，依次选择连接实体，如图 6-86 所示，生成组合曲线。

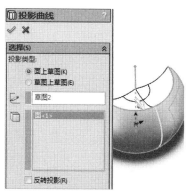

图 6-85 投影曲线　　　　　　　　　　　图 6-86 组合曲线

step 05 创建完成的面上的曲线 2 如图 6-87 所示。

图 6-87 完成的曲线 2

6.2 曲 面 设 计

曲面是一种可以用来生成实体特征的几何体(如圆角曲面等)。一个零件中可以有多个曲面实体。

在 SolidWorks 中，生成曲面的方式如下。

(1) 由草图或者基准面上的一组闭环边线插入平面。

(2) 由草图拉伸、旋转、扫描或者放样生成曲面。

(3) 由现有面或者曲面生成等距曲面。

(4) 从其他程序键输入曲面文件，如 CATIA、ACIS、Creo、Unigraphics、SolidEdge、Autodesk Inverntor 等。

(5) 由多个曲面组合成新的曲面。

在 SolidWorks 中，使用曲面的方式如下。

(1) 选择曲面边线和顶点作为扫描的引导线和路径。

(2) 通过加厚曲面生成实体或者切除特征。

(3) 使用【成形到一面】或者【到离指定面指定的距离】作为终止条件，拉伸实体或者切除实体。

(4) 通过加厚已经缝合成实体的曲面生成实体特征。

(5) 用曲面作为替换面。

　　SolidWorks 提供了生成曲面的工具栏和菜单命令。选择【插入】|【曲面】菜单命令可以选择生成相应曲面的类型，如图 6-88 所示，或者选择【视图】|【工具栏】|【曲面】菜单命令，调出【曲面】工具栏，如图 6-89 所示。

图 6-88　【曲面】菜单命令

图 6-89　【曲面】工具栏

6.2.1　拉伸曲面

　　拉伸曲面是将一条曲线拉伸为曲面。

1. 拉伸曲面的属性设置

　　单击【曲面】工具栏中的 【拉伸曲面】按钮，或选择【插入】|【曲面】|【拉伸曲面】菜单命令，系统弹出【曲面-拉伸】属性管理器，如图 6-90 所示。在【从】选项组中，选择不同的【开始条件】，如图 6-91 所示。

　　(1)【从】选项组。

　　不同的开始条件对应不同的属性设置。

● 　【草图基准面】(见图 6-92)。

● 　【曲面/面/基准面】(见图 6-93)。

　　【选择一曲面/面/基准面】：选择一个面作为拉伸曲面的开始条件。

图 6-90 【曲面-拉伸】属性管理器

图 6-91 【开始条件】下拉列表

图 6-92 设置【开始条件】为【草图基准面】

图 6-93 设置【开始条件】为【曲面/面/基准面】

- 【顶点】(见图 6-94)。

【选择一顶点】：选择一个顶点作为拉伸曲面的开始条件。

- 【等距】(见图 6-95)。

【输入等距值】：从与当前草图基准面等距的基准面上开始拉伸曲面，在数值框中可以输入等距数值。

图 6-94 设置【开始条件】为【顶点】

图 6-95 设置【开始条件】为【等距】

(2) 【方向 1】、【方向 2】选项组。

- 【终止条件】：决定拉伸曲面的方式，如图 6-96 所示。

图 6-96 【终止条件】下拉列表

- ⚡【反向】：可以改变曲面拉伸的方向。
- ↗【拉伸方向】：在图形区域中选择方向向量以垂直于草图轮廓的方向拉伸草图。
- ⟨⟩【深度】：设置曲面拉伸的深度。
- ⬚【拔模开/关】：设置拔模角度，主要用于制造工艺的考虑。
- 【向外拔模】：设置拔模的方向。
- 【封底】：将拉伸曲面底面封闭。

其他属性设置不再赘述。

(3) 【所选轮廓】选项组。

在图形区域中选择草图轮廓和模型边线，使用部分草图生成曲面拉伸特征。

2. 生成【开始条件】为【草图基准面】拉伸曲面的操作步骤

(1) 选择前视基准面作为草图绘制平面，绘制如图 6-97 所示的样条曲线。

(2) 单击【曲面】工具栏中的  【拉伸曲面】按钮，或选择【插入】|【曲面】|【拉伸曲面】菜单命令，系统弹出【曲面-拉伸】属性管理器。在【从】选项组中，设置【开始条件】为【草图基准面】；在【方向 1】选项组中，设置【终止条件】为【给定深度】，设置【深度】为 30mm，其他设置如图 6-98 所示，单击 ✔ 【确定】按钮，生成拉伸曲面，如图 6-99 所示。

图 6-97　绘制样条曲线　　　图 6-98　【曲面-拉伸】的属性设置　　　图 6-99　生成拉伸曲面

3. 生成【开始条件】为【曲面/面/基准面】拉伸曲面的操作步骤

(1) 单击【曲面】工具栏中的 【拉伸曲面】按钮，或选择【插入】|【曲面】|【拉伸曲面】菜单命令，弹出【拉伸】属性设置的信息框，如图 6-100 所示。

(2) 在图形区域中选择如图 6-101 所示的草图 1(即选择一个现有草图)，系统弹出【曲面-拉伸】属性管理器。在【从】选项组中，设置【开始条件】为【曲面/面/基准面】，单击 【选择一曲面/面/基准面】选择框，在图形区域中选择如图 6-101 所示的曲面 2；在【方向 1】选项组中，设置【终止条件】为【给定深度】，设置【深度】为 30mm，其他设置如图 6-102 所示，单击 ✔ 【确定】按钮，生成拉伸曲面，如图 6-103 所示。

从【曲面/面/基准面】生成的拉伸曲面，其拉伸的曲面外形和指定的面的外形相同。

4. 生成【开始条件】为【顶点】拉伸曲面的操作步骤

(1) 单击【曲面】工具栏中的 【拉伸曲面】按钮，或选择【插入】|【曲面】|【拉伸曲面】菜单命令，弹出【拉伸】属性设置的信息框，如图 6-104 所示。

(2) 在图形区域中选择如图 6-105 所示的曲线(即选择一个现有草图)，系统弹出【曲面-拉伸】属性管理器。在【从】选项组中，设置【开始条件】为【顶点】，单击 【选择一顶点】选择框，在图形区域中选择如图 6-105 所示的顶点 1；在【方向 1】选项组中，设置【终止条件】为【成形到一顶点】，单击 【顶点】选择框，在图形区域中选择如图 6-105 所示的顶点 2，其他设置如图 6-106 所示，单击 ✅【确定】按钮，生成拉伸曲面，如图 6-107 所示。

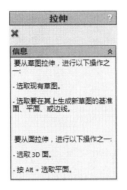

图 6-100 【拉伸】属性设置的信息框

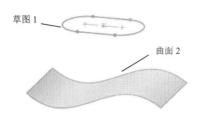

图 6-101 选择草图和曲面

图 6-102 【曲面-拉伸】的属性设置

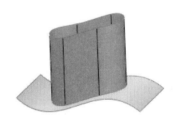

图 6-103 生成拉伸曲面

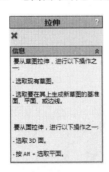

图 6-104 【拉伸】属性设置的信息框

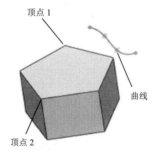

图 6-105 选择曲线和顶点

顶点 1 和顶点 2 的距离决定了拉伸曲面的距离，但拉伸方向并不是从顶点 1 到顶点 2，需要另行设置。

5. 生成【开始条件】为【等距】拉伸曲面的操作步骤

(1) 单击【曲面】工具栏中的 ![icon]【拉伸曲面】按钮，或选择【插入】|【曲面】|【拉伸曲面】菜单命令，弹出【拉伸】属性设置的信息框，如图 6-108 所示。

图 6-106 【曲面-拉伸】的属性设置　　　　图 6-107 生成拉伸曲面

(2) 在图形区域中选择如图 6-109 所示的草图(即选择一个现有草图)，系统弹出【曲面-拉伸】属性管理器。在【从】选项组中，设置【开始条件】为【等距】，输入【等距值】为 20mm；在【方向 1】选项组中，设置【终止条件】为【给定深度】，【深度】为 35mm，其他设置如图 6-110 所示，单击 ✅【确定】按钮，生成拉伸曲面，如图 6-111 所示。

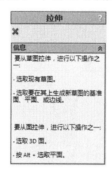

图 6-108 【拉伸】属性设置的信息框　　　　图 6-109 选择草图

图 6-110 【曲面-拉伸】的属性设置　　　　图 6-111 生成拉伸曲面

在这四个拉伸曲面的类型中，均可以设置两个方向的拉伸曲面，并且可以生成拔模类型的曲面。

6.2.2 旋转曲面

从交叉或者非交叉的草图中选择不同的草图，并用所选轮廓生成的旋转的曲面，即为旋转曲面。

1. 旋转曲面的属性设置

单击【曲面】工具栏中的 【旋转曲面】按钮，或选择【插入】|【曲面】|【旋转曲面】菜单命令，系统弹出【曲面-旋转】属性管理器，如图 6-112 所示。

图 6-112　【曲面-旋转】属性管理器

(1) 【旋转轴】：设置曲面旋转所围绕的轴，所选择的轴可以是中心线、直线，也可以是 1 条边线。

(2) 【反向】：改变旋转曲面的方向。

(3) 【旋转类型】：设置生成旋转曲面的类型，如图 6-113 所示。

- 【给定深度】：从草图以单一方向生成旋转。
- 【成形到一顶点】：从草图基准面生成旋转到指定顶点。
- 【成形到一面】：从草图基准面生成旋转到指定曲面。
- 【到离指定面指定的距离】：从草图基准面生成旋转到指定曲面的指定等距。
- 【两侧对称】：从草图基准面以顺时针和逆时针方向生成旋转。如图 6-114 所示，需要注意的是，两个方向的总角度之和不会超过 360 度。

图 6-113　【旋转类型】下拉列表

图 6-114　设置【旋转类型】为【两侧对称】

(4) 【方向 1 角度】：设置旋转曲面的角度。系统默认的角度为 360 度，角度从所选草图基准面以顺时针方向开始。

2. 生成旋转曲面的操作步骤

(1) 单击【曲面】工具栏中的 【旋转曲面】按钮，或选择【插入】|【曲面】|【旋转曲面】菜单命令，系统弹出【曲面-旋转】属性管理器。在【旋转轴】选项组中，单击 【旋转轴】选择框，然后在图形区域中选择如图 6-115 所示的中心线，其他设置如图 6-116 所示，单击 【确定】按钮，生成旋转曲面，如图 6-117 所示。

图 6-115　选择中心线　　　　图 6-116　设置【旋转类型】为【给定深度】　　图 6-117　生成旋转曲面(1)

(2) 改变旋转类型，可以生成不同的旋转曲面。在【方向 1】选项组中，设置【旋转类型】为【两侧对称】，如图 6-118 所示，单击 ✅【确定】按钮，生成旋转曲面，如图 6-119 所示。

图 6-118　设置【旋转类型】为【两侧对称】　　　　图 6-119　生成旋转曲面(2)

(3) 在【方向 2】选项组中，设置的相关参数，如图 6-120 所示，单击 ✅【确定】按钮，生成旋转曲面，如图 6-121 所示。

生成旋转曲面的草图是交叉和非交叉的草图，绘制的样条曲线可以和中心线相交，但是不能穿越。

图 6-120　设置【方向 2】选项组中的相关参数　　　　图 6-121　生成旋转曲面(3)

6.2.3　扫描曲面

利用轮廓和路径生成的曲面被称为扫描曲面。扫描曲面和扫描特征类似，也可以通过引导线生成。

1. 扫描曲面的属性设置

单击【曲面】工具栏中的 【扫描曲面】按钮，或选择【插入】|【曲面】|【扫描曲面】菜单命令，系统弹出【曲面-扫描】属性管理器，如图 6-122 所示。

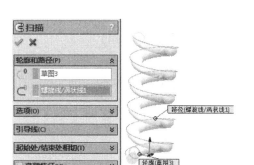

IMG1

(1)【轮廓和路径】选项组。

- 【轮廓】：设置扫描曲面的草图轮廓，在图形窗口或者【特征管理器设计树】中选择草图轮廓，扫描曲面的轮廓可以是开环的，也可以是闭环的。

- 【路径】：设置扫描曲面的路径，在图形窗口或者【特征管理器设计树】中选择路径。

(2)【选项】选项组。

- 【方向/扭转控制】：控制轮廓沿路径扫描的方向，其下拉列表如图 6-123 所示。

  - 【随路径变化】：轮廓相对于路径时刻处于同一角度。

  - 【保持法向不变】：轮廓时刻与开始轮廓平行。

  - 【随路径和第一引导线变化】：中间轮廓的扭转由路径到第一条引导线的向量决定。

图 6-122 【曲面-扫描】属性管理器

  - 【随第一和第二引导线变化】：中间轮廓的扭转由第一条引导线到第二条引导线的向量决定。

  - 【沿路径扭转】：沿路径扭转轮廓。

  - 【以法向不变沿路径扭曲】：通过将轮廓在沿路径扭曲时，保持与开始轮廓平行而沿路径扭转轮廓。

- 【路径对齐类型】：当路径上出现少许波动和不均匀波动、使轮廓不能对齐时，可以将轮廓稳定下来，其下拉列表如图 6-124 所示。

  - 【无】：垂直于轮廓且对齐轮廓，而不进行纠正。

  - 【最小扭转】：阻止轮廓在随路径变化时自我相交(只对于 3D 路径而言)。

  - 【方向向量】：以方向向量所选择的方向对齐轮廓。

  - 【所有面】：当路径包括相邻面时，使扫描轮廓在几何关系可能的情况下与相邻面相切。

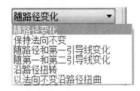

图 6-123 【方向/扭转控制】下拉列表

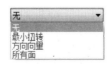

图 6-124 【路径对齐类型】下拉列表

- 【合并切面】：在扫描曲面时，如果扫描轮廓具有相切线段，可以使所产生的扫描中的相应曲面相切。保持相切的面可以是基准面、圆柱面或者锥面。在合并切面时，其他相邻面被合并，轮廓被近似处理，草图圆弧可以被转换为样条曲线。

- 【显示预览】：以上色方式显示扫描结果的预览。如果取消选中的此复选框，则只显示扫描曲面的轮廓和路径。

● 【与结束端面对齐】：将扫描轮廓延续到路径所遇到的最后面。扫描的面被延伸或者缩短以与扫描端点处的面相匹配，而不要求额外几何体(此复选框常用于螺旋线)。

(3) 【引导线】选项组。

● 【引导线】：在轮廓沿路径扫描时加以引导。

● 【上移】：调整引导线的顺序，使指定的引导线上移。

● 【下移】：调整引导线的顺序，使指定的引导线下移。

● 【合并平滑的面】：改进通过引导线扫描的性能，并在引导线或者路径不是曲率连续的所有点处，进行分割扫描。

● 【显示截面】：显示扫描的截面，单击按钮可以进行滚动预览。

(4) 【起始处/结束处相切】选项组。

● 【起始处相切类型】(见图 6-125)。

➢ 【无】：不应用相切。

➢ 【路径相切】：路径垂直于开始点处而生成扫描。

● 【结束处相切类型】(见图 6-126)。

➢ 【无】：不应用相切。

➢ 【路径相切】：路径垂直于结束点处而生成扫描。

图 6-125　【起始处相切类型】下拉列表　　　图 6-126　【结束处相切类型】下拉列表

2. 生成扫描曲面的操作步骤

单击【曲面】工具栏中的【扫描曲面】按钮，或选择【插入】|【曲面】|【扫描曲面】菜单命令，系统弹出【曲面-扫描】属性管理器。在【轮廓和路径】选项组中，单击【轮廓】选择框，在图形区域中选择如图 6-127 所示的草图 1，单击【路径】选择框，在图形区域中选择如图 6-127 所示的草图 4，其他设置如图 6-128 所示，单击【确定】按钮，生成扫描曲面，如图 6-129 所示。

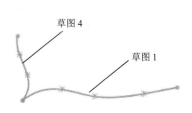

图 6-127　选择草图　　　图 6-128　【曲面-扫描】的属性设置　　　图 6-129　生成扫描曲面

在生成扫描曲面时，如果使用引导线，则引导线与轮廓之间必须建立重合或者穿透的几何关系，否则会提示错误。

6.2.4 放样曲面

通过曲线之间的平滑过渡生成的曲面被称为放样曲面。放样曲面由放样的轮廓曲线组成，也可以根据需要使用引导线。

1. 放样曲面的属性设置

单击【曲面】工具栏中的 【放样曲面】按钮，或选择【插入】|【曲面】|【放样曲面】菜单命令，系统弹出【曲面-放样】属性管理器，如图 6-130 所示。

(1) 【轮廓】选项组。

- 【轮廓】：设置放样曲面的草图轮廓，可以在图形窗口或者【特征管理器设计树】中选择草图轮廓。
- 【上移】：要调整轮廓草图的顺序，可选择轮廓草图，使其上移。
- 【下移】：要调整轮廓草图的顺序，可选择轮廓草图，使其下移。

(2) 【起始/结束约束】选项组。

【开始约束】和【结束约束】有相同的选项，如图 6-131 所示。

- 【无】：不应用相切约束，即曲率为零。
- 【方向向量】：根据方向向量所选实体来应用相切约束。
- 【垂直于轮廓】：应用垂直于开始或者结束轮廓的相切约束。
- 【与面相切】：使相邻面在所选开始或者结束轮廓处相切(仅在附加放样到现有几何体时可用)。
- 【与面的曲率】：在所选开始或者结束轮廓处应用平滑、具有美感的曲率连续放样(仅在附加放样到现有几何体时可用)。

(3) 【引导线】选项组。

- 【引导线】：选择引导线以控制放样曲面。
- 【上移】：要调整引导线的顺序，可选择引导线，使其上移。
- 【下移】：要调整引导线的顺序，可选择引导线，使其下移。
- 【引导线相切类型】：控制放样与引导线相遇处的相切。
- 【无】：不应用相切约束。
  - ➢ 【垂直于轮廓】：垂直于引导线的基准面应用相切约束。
  - ➢ 【方向向量】：为方向向量所选实体应用相切约束。
  - ➢ 【与面相切】：在位于引导线路径上的相邻面之间添加边侧相切，从而在相邻面之间生成更平滑的过渡。

(4) 【中心线参数】选项组。

- 【中心线】：使用中心线引导放样形状，中心线可以和引导线是同一条线。
- 【截面数】：在轮廓之间围绕中心线添加截面，截面数可以通过移动滑杆进行调整。
- 【显示截面】：显示放样截面，单击 按钮可显示截面数。

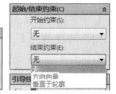

图 6-130　　【曲面-放样】属性管理器　　　　图 6-131　　【开始约束】和【结束约束】选项

(5)【草图工具】选项组。

用于在从同一草图(特别是 3D 草图)中的轮廓中定义放样截面和引导线。

● 【拖动草图】按钮：激活草图拖动模式。

● 【撤销草图拖动】按钮：撤销先前的草图拖动操作并将预览返回到其先前状态。

(6)【选项】选项组。

● 【合并切面】：在生成放样曲面时，如果对应的线段相切，则使在所生成的放样中的曲面保持相切。

● 【闭合放样】：沿放样方向生成闭合实体，选中此复选框，会自动连接最后一个和第一个草图。

● 【显示预览】：显示放样的上色预览；若取消选中的此复选框，则只显示路径和引导线。

2. 生成放样曲面的操作步骤

(1) 选择前视基准面作为草图绘制平面，绘制一条样条曲线，如图 6-132 所示。

(2) 单击【参考几何体】工具栏中的 【基准面】按钮，系统弹出【基准面】属性管理器，根据需要进行设置，如图 6-133 所示，在上视基准面左侧生成基准面 1。

(3) 单击【标准视图】工具栏中的 【等轴测】按钮，将视图以等轴测方式显示，如图 6-134 所示。

(4) 选择基准面 1 为草图绘制平面，绘制一条样条曲线，如图 6-135 所示。

(5) 重复第(2)步的操作，在基准面 1 左侧 50mm 处生成基准面 2，如图 6-136 所示。

(6) 选择基准面 2 为草图绘制平面，绘制一条样条曲线，如图 6-137 所示。

(7) 选择【视图】|【基准面】菜单命令，取消视图中基准面的显示。

图 6-132　绘制草图

图 6-133　【基准面】的属性设置

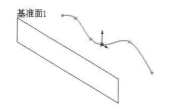

图 6-134　以等轴测方式显示视图

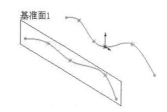

图 6-135　绘制草图

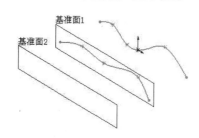

图 6-136　生成基准面 2

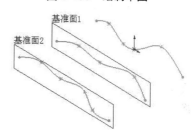

图 6-137　绘制草图

(8) 单击【曲面】工具栏中的 【放样曲面】按钮，或选择【插入】|【曲面】|【放样曲面】菜单命令，系统弹出【曲面-放样】属性管理器。在【轮廓】选项组中，单击 【轮廓】选择框，在图形区域中依次选择如图 6-138 所示的边线和草图，如图 6-139 所示，单击 【确定】按钮，生成放样曲面，如图 6-140 所示。

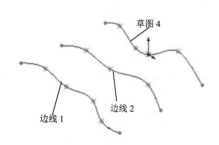

图 6-138　选择草图

图 6-139　【曲面-放样】的属性设置

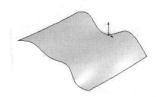

图 6-140　生成放样曲面

在生成放样曲面时，轮廓草图的基准面不一定要平行，可以使用引导线控制放样曲面的形状。

6.2.5 等距曲面

将已经存在的曲面以指定距离，生成的另一个曲面被称为等距曲面。该曲面既可以是模型的轮廓面，也可以是绘制的曲面。

1. 等距曲面的属性设置

单击【曲面】工具栏中的 🖼 【等距曲面】按钮，或选择【插入】|【曲面】|【等距曲面】菜单命令，系统弹出【等距曲面】属性管理器，如图 6-141 所示。

(1) 🐾 【要等距的曲面或面】：在图形区域中选择要等距的曲面或者平面。

(2) 【等距距离】：可以输入等距距离数值。

(3) 🐾 【反转等距方向】按钮：改变等距的方向。

图 6-141 【等距曲面】属性管理器

2. 生成等距曲面的操作步骤

单击【曲面】工具栏中的 🖼 【等距曲面】按钮，或选择【插入】|【曲面】|【等距曲面】菜单命令，系统弹出【等距曲面】属性管理器。在【等距参数】选项组中，单击 🐾 【要等距的曲面或面】选择框，在图形区域中选择如图 6-142 所示的面 1。设置【等距距离】为 30mm，其他设置如图 6-143 所示，单击 ✅ 【确定】按钮，生成等距曲面，如图 6-144 所示。

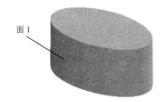

图 6-142 选择面

图 6-143 【等距曲面】的属性设置

图 6-144 生成等距曲面

6.2.6 延展曲面

通过沿所选平面方向延展实体或者曲面的边线而生成的曲面被称为延展曲面。

1. 延展曲面的属性设置

选择【插入】|【曲面】|【延展曲面】菜单命令，系统弹出【延展曲面】属性管理器，如图 6-145 所示。

(1) 【延展方向参考】：在图形区域中选择一个面或者基准面。

(2) 🐾 【反转延展方向】：改变曲面延展的方向。

(3) 🥣 【要延展的边线】：在图形区域中选择一条边线或者一组连续边线。

图 6-145 【延展曲面】属性管理器

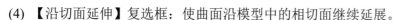

(4) 【沿切面延伸】复选框：使曲面沿模型中的相切面继续延展。

(5) ⟨₀₁⟩【延展距离】：设置延展曲面的宽度。

2. 生成延展曲面的操作步骤

选择【插入】|【曲面】|【延展曲面】菜单命令，系统弹出【延展曲面】属性管理器。在【延展参数】选项组中，单击【延展方向参考】选择框，在图形区域中选择如图 6-146 所示的面 1，单击 ⟨⟩【要延展的边线】选择框，在图形区域中选择如图 6-146 所示的边线 1，设置 ⟨₀₁⟩【延展距离】为 10mm，其他设置如图 6-147 所示，单击 ✔【确定】按钮，生成延展曲面，如图 6-148 所示。

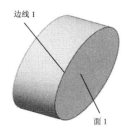

图 6-146　选择面和边线　　　图 6-147　【延展曲面】的属性设置　　　图 6-148　生成延展曲面

曲面设计案例 1——创建板簧

案例文件：ywj\06\06.prt。

视频文件：光盘→视频课堂→第 6 章→6.2.1。

案例操作步骤如下。

step 01 单击【曲线】工具栏中的 ⟨⟩【螺旋线/涡状线】按钮，弹出【螺旋线/涡状线】属性管理器，选择上视基准面作为草绘平面。单击【草图】工具栏中的 ⟨⟩【圆】按钮，绘制半径为 20 的圆，如图 6-149 所示。

step 02 在【螺旋线/涡状线】属性管理器中，设置【螺距】为"20mm"，【圈数】为"3"，如图 6-150 所示，创建螺旋线。

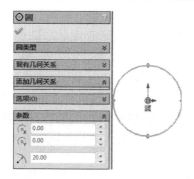

图 6-149　绘制圆　　　　　　　　　　图 6-150　创建螺旋线

step 03 单击【曲面】工具栏中的 ⟨⟩【拉伸曲面】按钮，弹出【曲面-拉伸】属性管理器，设置拉伸【深度】为"50mm"，如图 6-151 所示，创建拉伸曲面。

step 04 选择前视基准面，单击【草图】工具栏中的 ＼【直线】按钮，绘制长度为 20 的直线，如图 6-152 所示。

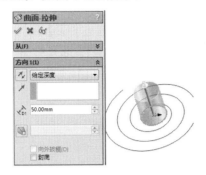

图 6-151　拉伸曲面

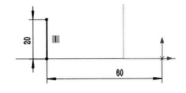

图 6-152　绘制直线

step 05 单击【曲面】工具栏中的 ⑤【扫描曲面】按钮，弹出【曲面-扫描】属性管理器，选择路径和截面，如图 6-153 所示，创建扫描曲面。

step 06 创建完成的板簧模型如图 6-154 所示。

图 6-153　扫描曲面

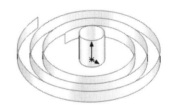

图 6-154　完成的板簧曲面

曲面设计案例 2——创建瓶子

案例文件：ywj\06\07.prt。

视频文件：光盘→视频课堂→第 6 章→6.2.2。

案例操作步骤如下。

step 01 单击【草图】工具栏中的 ⓔ【草图绘制】按钮，选择前视基准面作为草绘平面。单击【草图】工具栏中的 ┊【中心线】按钮，绘制中心线，如图 6-155 所示。

step 02 单击【草图】工具栏中的 ∿【样条曲线】按钮，绘制样条曲线，如图 6-156 所示。

step 03 单击【草图】工具栏中的 ＼【直线】按钮，绘制两条直线，如图 6-157 所示。

step 04 单击【曲面】工具栏中的 ⋒【旋转曲面】按钮，弹出【曲面-旋转】属性管理器，设置【方向 1 角度】为"360 度"，如图 6-158 所示，创建旋转曲面。

step 05 创建完成的瓶子模型如图 6-159 所示。

图 6-155 绘制中心线

图 6-156 绘制样条曲线

图 6-157 绘制直线

图 6-158 旋转曲面

图 6-159 完成的瓶子曲面

曲面设计案例 3——创建杯子 1

案例文件：ywj\06\08.prt。

视频文件：光盘→视频课堂→第 6 章→6.2.3。

案例操作步骤如下。

step 01 单击【草图】工具栏中的 ❖【草图绘制】按钮，选择上视基准面作为草绘平面。单击【草图】工具栏中的 ◎【圆】按钮，绘制半径为 20 的圆，如图 6-160 所示。

step 02 单击【草图】工具栏中的 ❖【基准面】按钮，弹出【基准面】属性管理器，设置【偏移距离】为"30mm"，如图 6-161 所示，创建基准面。

图 6-160 绘制圆(1)

图 6-161 创建基准面

step 03 选择基准面草绘，单击【草图】工具栏中的 ⊘【圆】按钮，绘制直径为 50 的圆，如图 6-162 所示。

step 04 单击【曲面】工具栏中的 ☝【放样曲面】按钮，弹出【曲面-放样】属性管理器，选择两个轮廓，如图 6-163 所示，创建放样曲面。

step 05 创建完成的杯子 1 模型如图 6-164 所示。

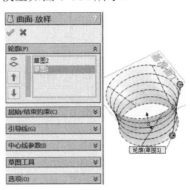

图 6-162　绘制圆(2)　　　　图 6-163　放样曲面　　　　图 6-164　完成的杯子 1 曲面

曲面设计案例 4——创建杯子 2

📷 案例文件：ywj\06\08.prt、09.prt。

🎬 视频文件：光盘→视频课堂→第 6 章→6.2.4。

案例操作步骤如下。

step 01 单击【草图】工具栏中的 ✏【草图绘制】按钮，选择前视基准面作为草绘平面进行绘制，如图 6-165 所示。

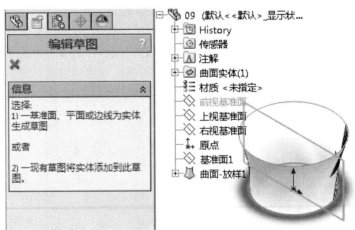

图 6-165　选择草绘面(1)

step 02 单击【草图】工具栏中的 〜【样条曲线】按钮，绘制样条曲线，如图 6-166 所示。

step 03 单击【草图】工具栏中的 ✏【草图绘制】按钮，选择草绘面，如图 6-167 所示。

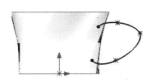

图 6-166　绘制样条曲线

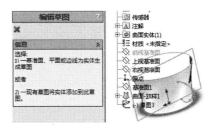

图 6-167　选择草绘面(2)

step 04 单击【草图】工具栏中的 【圆】按钮，绘制半径为 2 的圆，如图 6-168 所示。

图 6-168　绘制圆

step 05 单击【曲面】工具栏中的 ⑤【扫描曲面】按钮，弹出【曲面-扫描】属性管理器，选择路径和截面，如图 6-169 所示，创建扫面曲面。

step 06 创建完成的杯子 2 模型如图 6-170 所示。

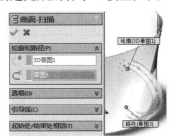

图 6-169　扫描曲面

图 6-170　完成的杯子 2 曲面

曲面设计案例 5——创建杯子 3

🏠 案例文件：ywj\06\09.prt、10.prt。

🌐 视频文件：光盘→视频课堂→第 6 章→6.2.5。

案例操作步骤如下。

step 01 单击【曲面】工具栏中的 ◈【填充曲面】按钮，弹出【填充曲面】属性管理器，选择修补边界，如图 6-171 所示，创建填充曲面。

step 02 单击【曲面】工具栏中的 🗇【等距曲面】按钮，弹出【等距曲面】属性管理器，选择曲面，设置【等距距离】为 "2mm"，如图 6-172 所示，创建等距曲面。

step 03 选择【插入】|【曲面】|【延展曲面】菜单命令，弹出【延展曲面】属性管理器，选择延展曲面和方向边线，设置【延展距离】为 "2mm"，如图 6-173 所示，创建延展曲面。

step 04 创建完成的杯子 3 模型如图 6-174 所示。

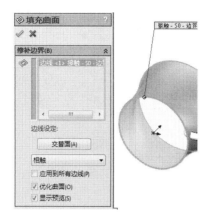

图 6-171　填充曲面

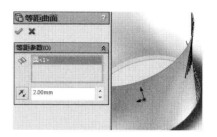

图 6-172　等距曲面

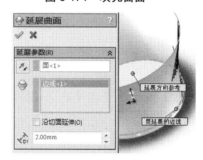

图 6-173　延展曲面

图 6-174　完成的杯子 3 曲面

6.3　曲　面　编　辑

6.3.1　圆角和填充曲面

1. 圆角曲面

使用圆角将曲面实体中，以一定角度相交的两个相邻面之间的边线，进行平滑过渡生成的圆角，被称为圆角曲面。

(1) 圆角曲面的属性设置。

单击【曲面】工具栏中的 【圆角】按钮，或选择【插入】|【曲面】|【圆角】菜单命令，系统弹出【圆角】属性管理器，如图 6-175 所示。

圆角曲面命令与圆角特征命令基本相同，在此不再赘述。

(2) 生成圆角曲面的操作步骤。

单击【曲面】工具栏中的 【圆角】按钮，或选择【插入】|【曲面】|【圆角】菜单命令，系统弹出【圆角】属性管理器。在【圆角类型】选项组中，选中【面圆角】单选按钮；在【圆角项目】选项组中，单击 【面组 1】选择框，在图形区域中选择如图 6-176 所示的面 1，单击 【面组 2】选择框，在图形区域中选择如图 6-176 所示的面 2，其他设置如图 6-177 所示。

图 6-175　【圆角】属性管理器

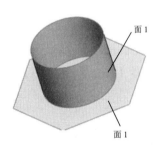

图 6-176　选择曲面

图 6-177　【圆角】的属性设置

此时在图形区域中会显示圆角曲面的预览，注意箭头指示的方向，如果方向不正确，系统会提示错误或者生成不同效果的面圆角，单击 ✔【确定】按钮，生成圆角曲面。如图 6-178 所示为面圆角箭头指示的方向，如图 6-179 所示为其生成面圆角曲面后的图形，如图 6-180 所示为面圆角箭头指示的另一方向，如图 6-181 所示为其生成面圆角曲面后的图形。

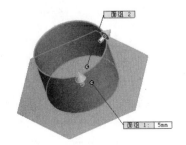

图 6-178　面圆角指示的方向

图 6-179　生成面圆角曲面

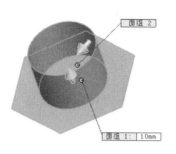

图 6-180　面圆角指示的方向

图 6-181　生成面圆角曲面

在生成圆角曲面时，圆角处理的是曲面实体的边线，可以生成多半径圆角曲面。圆角曲面只能在曲面和曲面之间生成，不能在曲面和实体之间生成。

2. 填充曲面

在现有模型边线、草图或者曲线定义的边界内，生成带任何边数的曲面修补，被称为填充曲面。填充曲面可以用来构造填充模型中缝隙的曲面。

通常在以下几种情况中使用填充曲面。

● 纠正没有正确输入到 SolidWorks 中的零件。
● 填充用于型心和型腔造型的零件中的孔。
● 构建用于工业设计应用的曲面。
● 生成实体模型。
● 用于修补作为独立实体的特征或者合并这些特征。

(1) 填充曲面的属性设置。

单击【曲面】工具栏中的 ◈【填充曲面】按钮，或选择【插入】|【曲面】|【填充】菜单命令，系统弹出【填充曲面】属性管理器，如图 6-182 所示。

● 【修补边界】选项组。

> ◈【修补边界】：定义所应用的修补边线。对于曲面或者实体边线，可以使用 2D 和 3D 草图作为修补的边界；对于所有草图边界，只可以设置【曲率控制】类型为【相触】。

> 【交替面】按钮：只在实体模型上生成修补时使用，用于控制修补曲率的反转边界面。

> 【曲率控制】：在生成的修补上进行控制，并可以在同一修补中应用不同的曲率控制，其下拉列表如图 6-183 所示。

> 【应用到所有边线】：可以将相同的曲率控制应用到所有边线中。

> 【优化曲面】：用于对曲面进行优化，其潜在优势包括加快重建时间以及当与模型中的其他特征一起使用时增强稳定性。

> 【显示预览】：以上色方式显示曲面填充预览。

> 【预览网格】：在修补的曲面上显示网格线以直观地观察曲率的变化。

● 【约束曲线】选项组。

【约束曲线】：在填充曲面时添加斜面控制，主要用于工业设计中，可以使用如草图点或者样条曲线等草图实体生成约束曲线。

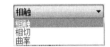

　　图 6-182　【填充曲面】属性管理器　　　　　　图 6-183　【曲率控制】下拉列表

● 【选项】选项组。
　　➢ 【修复边界】：可以自动修复填充曲面的边界。
　　➢ 【合并结果】：如果边界至少有一个边线是开环薄边，那么选中此复选框，则可以用边线所属的曲面进行缝合。
　　➢ 【尝试形成实体】：如果边界实体都是开环边线，可以选中此复选框生成实体。在默认情况下，此复选框以灰色显示。
　　➢ 【反向】：此复选框用于纠正填充曲面时不符合填充需要的方向。

(2) 生成填充曲面的操作步骤。

单击【曲面】工具栏中的 💠 【填充曲面】按钮，或选择【插入】|【曲面】|【填充】菜单命令，系统弹出【填充曲面】属性管理器。在【修补边界】选项组中，单击 💠 【修补边界】选择框，在图形区域中选择如图 6-184 所示的边线 1，其他设置如图 6-185 所示，单击 💠 【确定】按钮，生成填充曲面，如图 6-186 所示。

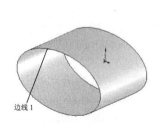

　　图 6-184　选择边线　　　　图 6-185　【填充曲面】的属性设置　　　　图 6-186　生成填充曲面

在填充曲面时，可以选择不同的曲率控制类型，使填充曲面更加平滑。在【修补边界】选项组中，设置【曲率控制】类型为【曲率】，如图 6-187 所示，单击 ✅【确定】按钮，生成填充曲面，如图 6-188 所示。

在【修补边界】选项组中，单击【交替面】按钮，单击 ✅【确定】按钮，生成填充曲面，如图 6-189 所示。

图 6-187　设置【曲率控制】
类型为【曲率】

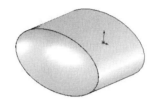

图 6-188　生成填充曲面

图 6-189　生成填充曲面

6.3.2　中面和延伸曲面

1. 中面

在实体上选择合适的双对面，在双对面之间可以生成中面。合适的双对面必须处处等距，且属于同一实体。例如，两个平行的基准面或者两个同心圆柱面即是合适的双对面。中面对在有限元素造型中生成二维元素网格很有帮助。在 SolidWorks 中可以生成以下中面。

- 单个：在图形区域中选择单个等距面生成中面。
- 多个：在图形区域中选择多个等距面生成中面。
- 所有：单击【中面 1】属性设置中的【查找双对面】按钮，系统会自动选择模型上所有合适的等距面以生成所有等距面的中面。

(1) 中面的属性设置。

选择【插入】|【曲面】|【中面】菜单命令，系统弹出【中面 1】属性管理器，如图 6-190 所示。

- 【选择】选项组。
  - ➤ 【面 1】：选择生成中间面的其中一个面。
  - ➤ 【面 2】：选择生成中间面的另一个面。
  - ➤ 【查找双对面】按钮：单击此按钮，系统会自动查找模型中合适的双对面，并自动过滤不合适的双对面。
  - ➤ 【识别阈值】：由【阈值运算符】和【阈值厚度】两部分组成，如图 6-191 所示。【阈值运算符】为数学操作符，【阈值厚度】为壁厚度数值。

> ➢ 【定位】：设置生成中间面的位置。系统默认的位置为从【面 1】开始的 50%
> 位置处。
- ● 【选项】选项组。
  > ➢ 【缝合曲面】：将中间面和临近面缝合；若取消选中该复选框，则保留单个曲面。
(2) 生成中面的操作步骤。

选择【插入】|【曲面】|【中面】菜单命令，系统弹出【中面 1】属性管理器。在【选择】选项组中，单击【面 1】选择框，在图形区域中选择如图 6-192 所示的面 1，单击【面 2】选择框，在图形区域中选择如图 6-192 所示的面 2，设置【定位】为 50%，单击 ✅ 【确定】按钮，生成中面，如图 6-193 所示。

图 6-190　【中间面】的属性设置　　　　　图 6-191　【识别阈值】参数

生成中面的两个面必须位于同一实体中，【定位】从【面 1】开始，位于【面 1】和【面 2】之间，即【定位】数值必须小于 1。

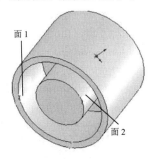

图 6-192　选择面　　　　　　　　　　图 6-193　生成中面

2. 延伸曲面

将现有曲面的边缘沿着切线方向进行延伸，形成的曲面被称为延伸曲面。

(1) 延伸曲面的属性设置。

单击【曲面】工具栏中的 【延伸曲面】按钮，或选择【插入】|【曲面】|【延伸曲面】菜单命令，系统弹出【延伸曲面】属性管理器，如图 6-194 所示。

- 【拉伸的边线/面】选项组。
  - ◇【所选面/边线】：在图形区域中选择延伸的边线或者面。
- 【终止条件】选项组。
  - 【距离】：按照设置的 ◇【距离】数值确定延伸曲面的距离。
  - 【成形到某一面】：在图形区域中选择某一面，将曲面延伸到指定的面。
  - 【成形到某一点】：在图形区域中选择某一顶点，将曲面延伸到指定的点。

图 6-194　【延伸曲面】属性管理器

- 【延伸类型】选项组。
  - 【同一曲面】：以原有曲面的曲率沿曲面的几何体进行延伸。
  - 【线性】：沿指定的边线相切于原有曲面进行延伸。

(2) 生成延伸曲面的操作步骤。

单击【曲面】工具栏中的 ◇【延伸曲面】按钮，或选择【插入】|【曲面】|【延伸曲面】菜单命令，系统弹出【延伸曲面】属性管理器。在【拉伸的边线/面】选项组中，单击 ◇【所选面/边线】选择框，在图形区域中选择如图 6-195 所示的边线 1；在【终止条件】选项组中，选中【距离】单选按钮，设置【延伸距离】为 40mm；在【延伸类型】选项组中，选中【同一曲面】单选按钮，其他设置如图 6-196 所示，单击 ✅【确定】按钮，生成延伸曲面，如图 6-197 所示。

边线 1

图 6-195　选择边线

图 6-196　【延伸曲面】的属性设置

如果在【延伸类型】选项组中，选中【线性】单选按钮，生成延伸曲面，如图 6-198 所示。

图 6-197　生成延伸曲面(1)

图 6-198　生成延伸曲面(2)

6.3.3 剪裁、替换和删除面

1. 剪裁曲面

可以使用曲面、基准面或者草图作为剪裁工具剪裁相交曲面，也可以将曲面和其他曲面配合使用，相互作为剪裁工具。

(1) 剪裁曲面的属性设置。

单击【曲面】工具栏中的 【剪裁曲面】按钮，或单击【插入】|【曲面】|【剪裁曲面】菜单命令，系统弹出【剪裁曲面】属性管理器，如图 6-199 所示。

- 【剪裁类型】选项组。
  - ➢ 【标准】：使用曲面、草图实体、曲线或者基准面等剪裁曲面。
  - ➢ 【相互】：使用曲面本身剪裁多个曲面。
- 【选择】选项组。
  - ➢ 【剪裁工具】：在图形区域中选择曲面、草图实体、曲线或者基准面作为剪裁其他曲面的工具。
  - ➢ 【保留选择】：设置剪裁曲面中选择的部分为要保留的部分。
  - ➢ 【移除选择】：设置剪裁曲面中选择的部分为要移除的部分。
- 【曲面分割选项】选项组。
  - ➢ 【分割所有】：显示曲面中的所有分割。
  - ➢ 【自然】：强迫边界边线随曲面形状变化。
  - ➢ 【线性】：强迫边界边线随剪裁点的线性方向变化。

图 6-199　【剪裁曲面】属性管理器

(2) 生成【标准】类型剪裁曲面的操作步骤。

单击【曲面】工具栏中的 【剪裁曲面】按钮，或选择【插入】|【曲面】|【剪裁曲面】菜单命令，系统弹出【剪裁曲面】属性管理器。

在【剪裁类型】选项组中，选中【标准】单选按钮；在【选择】选项组中，单击 【剪裁工具】选择框，在图形区域中选择如图 6-200 所示的曲面 2(图中显示为曲面-拉伸 2)，选中【保留选择】单选按钮，再单击 【保留的部分】选择框，在图形区域中选择如图 6-200 所示的曲面 1，其他设置如图 6-201 所示，单击 【确定】按钮，生成剪裁曲面，如图 6-202 所示。

(3) 生成【相互】类型的剪裁曲面的操作步骤。

单击【曲面】工具栏中的 【剪裁曲面】按钮，或选择【插入】|【曲面】|【剪裁曲面】菜单命令，系统弹出【剪裁曲面】属性管理器。

在【剪裁类型】选项组中，选中【相互】单选按钮；在【选择】选项组中，单击 【剪裁曲面】选择框，在图形区域中选择如图 6-200 所示的曲面 1 和曲面 2，选中【保留选择】单选按钮，再单击 【保留的部分】选择框，在图形区域中选择保留曲面，如图 6-203 所示，

单击 ✔【确定】按钮，生成剪裁曲面，如图 6-204 所示。

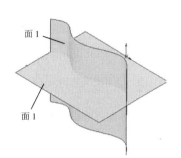

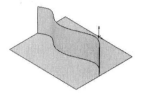

图 6-200　选择曲面　　　图 6-201　【剪裁曲面】的属性设置　　　图 6-202　生成剪裁曲面

图 6-203　【剪裁曲面】的属性设置　　　图 6-204　生成剪裁曲面

2. 替换面

利用新曲面实体替换曲面或者实体中的面，这种方式被称为替换面。替换曲面实体不必与旧的面具有相同的边界。在替换面时，原来实体中的相邻面自动延伸并剪裁到替换曲面实体。

其使用方式如下。

- 以一个曲面实体替换另一个或者一组相连的面；
- 在单一操作中，用一个相同的曲面实体替换一组以上相连的面；
- 在实体或者曲面实体中替换面。

替换曲面实休可以是以下几种类型。

- 任何类型的曲面特征，如拉伸曲面、放样曲面等；
- 缝合曲面实体或者复杂的输入曲面实体；
- 通常情况下，替换曲面实体比要替换的面大。当替换曲面实体比要替换的面小的时候，替换曲面实体会自动延伸以与相邻面相交。

替换曲面实体通常具有以下特点。

● 必须相连；

● 不必相切。

(1) 替换面的属性设置。

单击【曲面】工具栏中的 【替换面】按钮，或选择【插入】|【面】|【替换】菜单命令，系统弹出【替换面 1】属性管理器，如图 6-205 所示。

● ▤【替换的目标面】：在图形区域中选择曲面、草图实体、曲线或者基准面作为要替换的面。

● ▤【替换曲面】：选择替换曲面实体。

(2) 生成替换面的操作步骤。

单击【曲面】工具栏中的 【替换面】按钮，或选择【插入】|【面】|【替换】菜单命令，系统弹出【替换面 1】属性管理器。在【替换参数】选项组中，单击 ▤【替换的目标面】选择框，在图形区域中选择如图 6-206 所示的面 1 和面 2，单击 ▤【替换曲面】选择框，在图形区域中选择如图 6-206 所示的曲面 3，其他设置如图 6-207 所示，单击 ✔【确定】按钮，生成替换面，如图 6-208 所示。

用鼠标右键单击替换面，从弹出的快捷菜单中选择【隐藏】命令，如图 6-209 所示。替换的目标面被隐藏，如图 6-210 所示。

图 6-205　【替换面】属性管理器

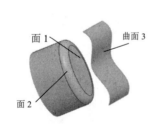

图 6-206　选择面

图 6-207　【替换面】的属性设置

图 6-208　生成替换面

图 6-209　快捷菜单

图 6-210　隐藏面

3. 删除面

删除面是将存在的面删除并进行编辑。

(1) 删除面的属性设置。

单击【曲面】工具栏中的 ⊗【删除面】按钮，或选择【插入】|【面】|【删除】菜单命令，系统弹出【删除面】属性管理器，如图 6-211 所示。

● 【选择】选择组。
  ➢ ▢【要删除的面】：在图形区域中选择要删除的面。
● 【选项】选项组。
  ➢ 【删除】：从曲面实体删除面或者从实体中删除一个或者多个面以生成曲面。
  ➢ 【删除并修补】：从曲面实体或者实体中删除一个面，并自动对实体进行修补和剪裁。
  ➢ 【删除并填补】：删除存在的面并生成单一面，可以填补任何缝隙。

(2) 删除面的操作步骤。

单击【曲面】工具栏中的 ⊗【删除面】按钮，或选择【插入】|【面】|【删除】菜单命令，系统弹出【删除面】属性管理器。在【选择】选项组中，单击 ▢【要删除的面】选择框，在图形区域中选择如图 6-212 所示的面 1；在【选项】选项组中，选中【删除】单选按钮，如图 6-213 所示，单击 ✔【确定】按钮，将选择的面删除，如图 6-214 所示。

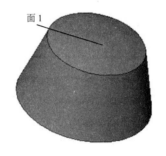

图 6-211 【删除面】属性管理器　　图 6-212 选择面　　图 6-213 【删除面】的属性设置

在【特征管理器设计树】中用鼠标右键单击【删除面 1】图标，从弹出的快捷菜单中选择【编辑特征】命令，如图 6-215 所示。

图 6-214 删除面　　　　　　　　图 6-215 快捷菜单

系统打开【删除面】属性管理器，在【选项】选项组中，选中【删除并修补】单选按钮，其他设置保持不变，如图 6-216 所示，单击 ✔【确定】按钮，删除并修补选择的面，如

图 6-217 所示。

图 6-216 选中【删除并修补】单选按钮

图 6-217 删除并修补面

重复第(2)步的操作，系统弹出【删除面】属性管理器，在【选项】选项组中，选中【删除并填补】单选按钮，其他设置保持不变，如图 6-218 所示，单击 ✅【确定】按钮，删除并填充选择的面，如图 6-219 所示。

图 6-218 选中【删除并填补】单选按钮

图 6-219 删除并填充面

曲面编辑案例 1——创建扇叶 1

案例文件：ywj\06\11.prt。

视频文件：光盘→视频课堂→第 6 章→6.3.1。

案例操作步骤如下。

step 01 单击【草图】工具栏中的 ✏️【草图绘制】按钮，选择上视基准面作为草绘平面。单击【草图】工具栏中的 ⊙【圆】按钮，绘制半径为 50 的圆，如图 6-220 所示。

step 02 单击【曲面】工具栏中的 🗔【拉伸曲面】按钮，弹出【曲面-拉伸】属性管理器，设置拉伸【深度】为 "40mm"，如图 6-221 所示，创建拉伸曲面。

step 03 单击【曲面】工具栏中的 ◈【填充曲面】按钮，弹出【填充曲面】属性管理器，选择修补边界，如图 6-222 所示，创建填充曲面。

step 04 单击【曲面】工具栏中的 🎱【圆角】按钮，弹出【圆角】属性管理器，选择两个圆角曲面，设置【半径】为"4mm"，如图 6-223 所示，创建圆角。

图 6-220　绘制圆

图 6-221　拉伸曲面

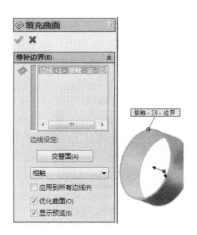

图 6-222　填充曲面

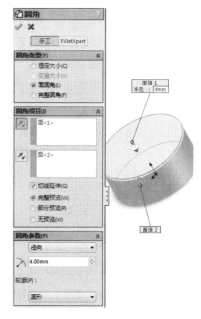

图 6-223　创建圆角

step 05　创建完成的扇叶 1 模型如图 6-224 所示。

图 6-224　完成的扇叶 1 模型

曲面编辑案例 2——创建扇叶 2

📝 案例文件：ywj\06\11.prt、12.prt。

🎥 视频文件：光盘→视频课堂→第 6 章→6.3.2。

案例操作步骤如下。

step 01 单击【曲面】工具栏中的  【等距曲面】按钮，弹出【等距曲面】属性管理器，选择曲面，设置【等距距离】为"20mm"，如图 6-225 所示，创建等距曲面。

step 02 单击【曲面】工具栏中的 【延伸曲面】按钮，弹出【延伸曲面】属性管理器，选择延伸边线，设置【延伸距离】为"50mm"，如图 6-226 所示，创建延伸曲面。

图 6-225　等距曲面

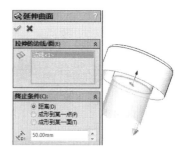

图 6-226　延伸曲面

step 03 单击【草图】工具栏中的 【草图绘制】按钮，选择右视基准面作为草绘平面进行绘制，如图 6-227 所示。

step 04 单击【草图】工具栏中的 【样条曲线】按钮，绘制样条曲线，如图 6-228 所示。

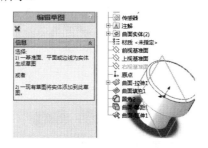

图 6-227　选择草绘面

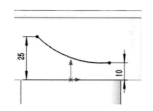

图 6-228　绘制样条曲线

step 05 单击【曲线】工具栏中的 【投影曲线】按钮，弹出【投影曲线】属性管理器，选择投影面和要投影的草图，如图 6-229 所示，创建投影曲线。

step 06 单击【曲面】工具栏中的 【拉伸曲面】按钮，弹出【曲面-拉伸】属性管理器，设置拉伸【深度】为"150mm"，如图 6-230 所示，创建拉伸曲面。

图 6-229　绘制投影曲线

图 6-230　拉伸曲面

step 07 创建完成的扇叶 2 模型如图 6-231 所示。

图 6-231 完成的扇叶 2 模型

曲面编辑案例 3——创建扇叶 3

案例文件：ywj\06\12.prt、13.prt。

视频文件：光盘→视频课堂→第 6 章→6.3.3。

案例操作步骤如下。

step 01 单击【草图】工具栏中的 ✏ 【草图绘制】按钮，选择上视基准面作为草绘平面进行绘制，如图 6-232 所示。

step 02 单击【草图】工具栏中的 ⊙ 【圆】按钮，绘制直径为 280 的圆，如图 6-233 所示。

图 6-232 选择草绘面

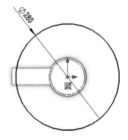

图 6-233 绘制圆

step 03 单击【曲面】工具栏中的 ◈ 【拉伸曲面】按钮，弹出【曲面-拉伸】属性管理器，设置拉伸【深度】为"50mm"，如图 6-234 所示，创建拉伸曲面。

step 04 单击【曲面】工具栏中的 ◈ 【剪裁曲面】按钮，弹出【剪裁曲面】属性管理器，选择剪裁工具和保留部分，如图 6-235 所示，生成剪裁曲面。

图 6-234 拉伸曲面

图 6-235 剪裁曲面

step 05 单击【特征】工具栏中的  【圆周阵列】按钮，创建特征的圆形阵列，设置【实例数】为"3"，如图6-236所示。

step 06 创建完成的扇叶3模型如图6-237所示。

图6-236 圆周阵列

图6-237 完成的扇叶3模型

6.4 本章小结

本章结合实例介绍了生成曲线、曲面和曲面编辑的方法。曲线和曲面是三维曲面造型的基础。曲线的生成结合了二维线条及特征实体。曲面的生成与特征的生成非常类似，但特征模型是具有厚度的几何体，而曲面模型是没有厚度的几何体。曲面编辑的方法包括圆角、填充、中面、延伸、剪裁、替换和删除这些命令，其中中面在实体环境下才能使用。曲面的生成及编辑与特征的生成及编辑比较相似，不同点在于曲面模型是没有厚度的几何体。

第 7 章

装配体设计

装配是 SolidWorks 基本功能之一，装配体文件的首要功能是描述产品零件之间的配合关系，除此之外，装配环境还提供了干涉检查、爆炸视图、轴测剖视图、压缩状态和装配统计等。

本章主要介绍装配体的设计过程和装配体动画的制作。装配体的设计包括干涉检查、爆炸视图、轴测视图、压缩零部件、统计和部件轻化。

7.1   设计装配体的方式

装配体可以生成由许多零部件所组成的复杂装配体，这些零部件可以是零件或者其他装配体，被称为子装配体。对于大多数操作而言，零件和装配体的行为方式是相同的。当在 SolidWorks 中打开装配体时，将查找零部件文件以便在装配体中显示，同时零部件中的更改将自动反映在装配体中。

7.1.1   插入零部件的属性设置

单击【装配体】工具栏中的 ◎【插入零部件】按钮，或选择【插入】|【零部件】|【现有零件/装配体】菜单命令，装配体文件会在【插入零部件】属性管理器中显示出来，如图 7-1 所示。

1.【要插入的零件/装配体】选项组

通过单击【浏览】按钮打开现有的零件文件。

2.【选项】选项组

(1)【生成新装配体时开始命令】：当生成新装配体时，选择以此打开属性设置。

(2)【图形预览】：在图形区域中能看到所选文件的预览。

在图形区域中单击鼠标左键，将零件添加到装配体中，可以固定零部件的位置，这样零部件就不能相对于装配体原点进行移动。默认情况下，装配体中的第一个零部件是固定的，但是可以随时使之浮动。

图 7-1   【插入零部件】属性管理器

至少有一个装配体零部件是固定的，或者与装配体基准面(或者原点)具有配合关系，这样可以为其余的配合提供参考，而且可以防止零部件在添加配合关系时意外地被移动。

其注意事项如下。

- 在【特征管理器设计树】中，一个固定的零部件有一个(固定)符号出现在其名称之前。
- 在【特征管理器设计树】中，一个浮动且欠定义的零部件有一个(-)符号出现在其名称之前。
- 完全定义的零部件则没有任何前缀。不能在零部件阵列中固定或者浮动实例。

7.1.2   设计装配体的两种方式

装配体文件的建立途径如下。

(1) 自下而上设计装配体。

自下而上设计法是比较传统的方法。先设计并造型零件，然后将之插入装配体，接着使用配合来定位零件。若想更改零件，必须单独编辑零件，更改完成后可在装配体中看见。

自下而上设计法对于先前建造完成的零件，或者对于诸如金属器件、皮带轮、马达等之类的标准零部件是优先技术，这些零件不根据设计而更改其形状和大小，除非选择不同的零部件。

(2) 自上而下设计装配体。

在自上而下装配体设计中，零件的一个或多个特征由装配体中的某项定义，如布局草图或另一零件的几何体。设计意图(特征大小、装配体中零部件的放置，与其参数零件的靠近等)来自顶层(装配体)并下移(到零件中)，因此称为"自上而下"。例如，当使用拉伸命令在塑料零件上生成定位销时，可选择成形到面选项并选择线路板的底面(不同零件)。该选择将使定位销长度刚好接触线路板，即使线路板在将来设计更改中移动。这样销钉的长度在装配体中定义，而不被零件中的静态尺寸所定义。

可使用一些或所有自上而下设计法中的某些方法：

- 单个特征可通过参考装配体中的其他零件而自上而下设计，如在上述定位销情形中。在自下而上设计中，零件在单独窗口中建造，此窗口中只可看到零件。然而，SolidWorks 也允许在装配体窗口中操作时编辑零件。这可使所有其他零部件的几何体供参考之用(例如，复制或标注尺寸)。该方法对于大多是静态但具有某些与其他装配体零部件交界之特征的零件较有帮助。

- 完整零件可通过在关联装配体中，以创建新零部件的方法自上而下的建造。用户所建造的零部件实际上是附加(配合)到装配体中的另一现有零部件。用户所建造的零部件的几何体基于现有零部件。该方法对于像托架和器具之类的零件较有用，它们大多或完全依赖其他零件来定义其形状和大小。

- 整个装配体亦可自上而下设计，先通过定义零部件位置、关键尺寸等的布局草图。接着使用以上方法之一建造 3D 零件，这样 3D 零件遵循草图的大小和位置。草图的速度和灵活性可让在建造任何 3D 几何体之前快速尝试数个设计版本。即使在建造3D 几何体后，草图可让用户在一中心位置进行大量更改。

设计装配体案例 1——传动轴

案例文件：ywj\07\01.prt。

视频文件：光盘→视频课堂→第 7 章→7.1.1。

案例操作步骤如下。

step 01 单击【草图】工具栏中的 【草图绘制】按钮，选择上视基准面作为草绘平面。单击【草图】工具栏中的 【圆】按钮，绘制半径为 30 的圆，如图 7-2 所示。

step 02 单击【特征】工具栏中的 【拉伸凸台/基体】按钮，弹出【凸台-拉伸】属性管理器，设置【深度】为 60mm，如图 7-3 所示，创建拉伸特征。

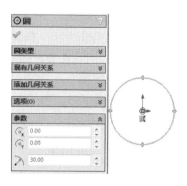

图 7-2　绘制圆(1)

图 7-3　拉伸草图(1)

step 03　单击【草图】工具栏中的 ✏ 【草图绘制】按钮，选择草绘面，如图 7-4 所示。

step 04　单击【草图】工具栏中的 ⊙ 【圆】按钮，绘制直径为 80 的圆，如图 7-5 所示。

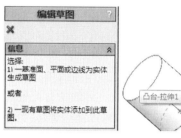

图 7-4　选择草绘面(1)

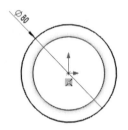

图 7-5　绘制圆(2)

step 05　单击【特征】工具栏中的 🗔 【拉伸凸台/基体】按钮，弹出【凸台-拉伸】属性管理器，设置【深度】为"60mm"，如图 7-6 所示，创建拉伸特征。

step 06　单击【草图】工具栏中的 ✏ 【草图绘制】按钮，选择草绘面，如图 7-7 所示。

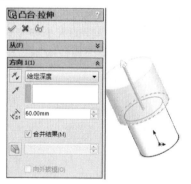

图 7-6　拉伸草图(2)

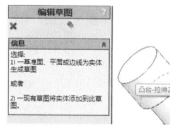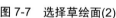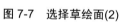

图 7-7　选择草绘面(2)

step 07　单击【草图】工具栏中的 ⊙ 【圆】按钮，绘制直径为 100 的圆，如图 7-8 所示。

step 08　单击【特征】工具栏中的 🗔 【拉伸凸台/基体】按钮，弹出【凸台-拉伸】属性管理器，设置【深度】为"200mm"，如图 7-9 所示，创建拉伸特征。

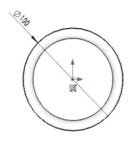

图 7-8　绘制圆形(3)

图 7-9　拉伸草图(3)

step 09　单击【草图】工具栏中的 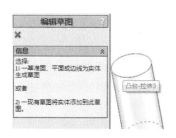【草图绘制】按钮，选择草绘面，如图 7-10 所示。

step 10　单击【草图】工具栏中的【圆】按钮，绘制直径为 80 的圆，如图 7-11 所示。

图 7-10　选择草绘面(3)

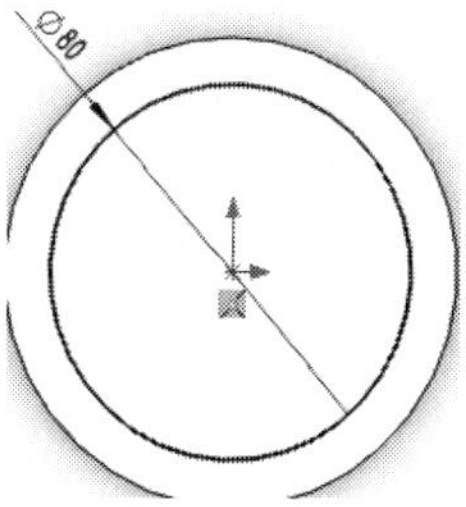

图 7-11　绘制圆(4)

step 11　单击【特征】工具栏中的【拉伸凸台/基体】按钮，弹出【凸台-拉伸】属性管理器，设置【深度】为 "80mm"，如图 7-12 所示，创建拉伸特征。

step 12　单击【草图】工具栏中的【基准面】按钮，弹出【基准面】属性管理器，设置【偏移距离】为 "70mm"，如图 7-13 所示，创建基准面。

图 7-12　拉伸草图(4)

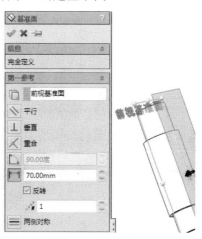

图 7-13　创建基准面

step 13　单击【草图】工具栏中的【草图绘制】按钮，选择基准面 1 为草绘面，如

图 7-14 所示。

step 14 单击【草图】工具栏中的 ▣【直槽口】按钮，绘制 60×20 的槽口，如图 7-15 所示。

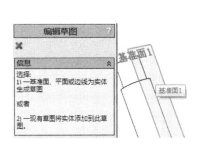

图 7-14 选择草绘面(4)

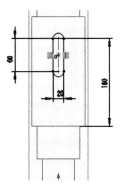

图 7-15 绘制槽口

step 15 单击【特征】工具栏中的 ▣【拉伸切除】按钮，弹出【切除-拉伸】属性管理器，设置【深度】为 "30mm"，如图 7-16 所示，创建拉伸切除特征。

step 16 单击【曲面】工具栏中的 ◎【圆角】按钮，弹出【圆角】属性管理器，选择圆角边线，设置【半径】为 "2mm"，如图 7-17 所示，创建圆角特征。

图 7-16 切除拉伸

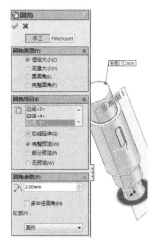

图 7-17 创建圆角

step 17 创建完成的传动轴模型如图 7-18 所示。

图 7-18 完成的传动轴模型

设计装配体案例 2——齿轮

📙 案例文件：ywj\07\02.prt。

🎬 视频文件：光盘→视频课堂→第 7 章→7.1.2。

案例操作步骤如下。

step 01 单击【草图】工具栏中的 ⚡【草图绘制】按钮，选择前视基准面作为草绘平面。单击【草图】工具栏中的 ⋮【中心线】按钮，绘制中心线，如图 7-19 所示。

step 02 单击【草图】工具栏中的 ＼【直线】按钮绘制两条直线，长度分别为 50 和 80，如图 7-20 所示。

step 03 单击【草图】工具栏中的 ＼【直线】按钮，绘制直线封闭草图，如图 7-21 所示。

图 7-19　绘制中心线

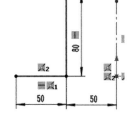

图 7-20　绘制直线(1)

图 7-21　绘制直线草图

step 04 单击【特征】工具栏中的 ⊕【旋转凸台/基体】按钮，弹出【旋转】属性管理器，设置【方向 1 角度】为"360 度"，如图 7-22 所示，创建旋转特征。

step 05 单击【草图】工具栏中的 ⚡【草图绘制】按钮，选择前视基准面作为草绘平面进行绘制，如图 7-23 所示。

图 7-22　旋转草图

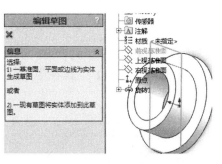

图 7-23　选择草绘面(1)

step 06 单击【草图】工具栏中的 ⊚【直槽口】按钮，绘制 60×20 的槽口，如图 7-24 所示。

step 07 单击【特征】工具栏中的 ▣【拉伸切除】按钮，弹出【切除-拉伸】属性管理器，设置【深度】为"60mm"，如图 7-25 所示，创建拉伸切除特征。

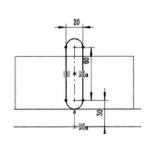

图 7-24　绘制槽口

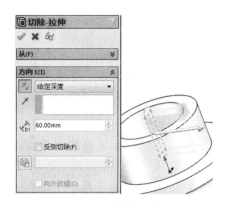

图 7-25　拉伸切除

step 08　单击【草图】工具栏中的 ✎【草图绘制】按钮，选择模型面作为草绘平面进行绘制，如图 7-26 所示。

step 09　单击【草图】工具栏中的 ╲【直线】按钮，绘制长度为 18 的直线，如图 7-27 所示。

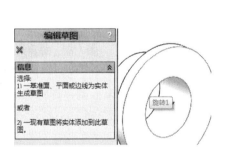

图 7-26　选择草绘面(2)

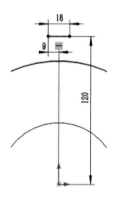

图 7-27　绘制直线(2)

step 10　单击【草图】工具栏中的 ⊙【圆】按钮，绘制直径为 200 的圆，如图 7-28 所示。

step 11　单击【草图】工具栏中的 ⌒【三点圆弧】按钮，绘制半径为 38 的两个圆弧，如图 7-29 所示。

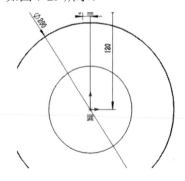

图 7-28　绘制圆

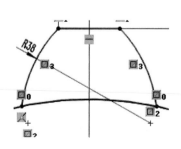

图 7-29　绘制圆弧

step 12 单击【特征】工具栏中的 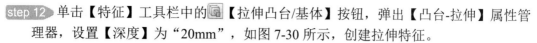【拉伸凸台/基体】按钮，弹出【凸台-拉伸】属性管理器，设置【深度】为"20mm"，如图 7-30 所示，创建拉伸特征。

step 13 单击【特征】工具栏中的 【圆周阵列】按钮，创建特征的圆形阵列，设置【实例数】为"10"，如图 7-31 所示。

图 7-30　拉伸草图

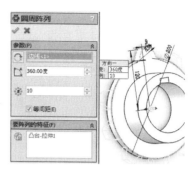

图 7-31　圆周阵列

step 14 创建完成的齿轮模型如图 7-32 所示。

图 7-32　完成的齿轮模型

设计装配体案例 3——轴承

案例文件：ywj\07\03.prt。

视频文件：光盘→视频课堂→第 7 章→7.1.3。

案例操作步骤如下。

step 01 单击【草图】工具栏中的 【草图绘制】按钮，选择上视基准面作为草绘平面。单击【草图】工具栏中的 【圆】按钮，绘制直径为 80 和 92 的同心圆，如图 7-33 所示。

step 02 单击【特征】工具栏中的 【拉伸凸台/基体】按钮，弹出【凸台-拉伸】属性管理器，设置【深度】为"40mm"，如图 7-34 所示，创建拉伸特征。

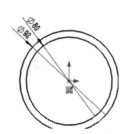

图 7-33　绘制同心圆(1)

图 7-34　拉伸草图(1)

step 03 ▶ 单击【草图】工具栏中的 ☑【草图绘制】按钮，选择上视基准面作为草绘平面进行绘制，如图 7-35 所示。

step 04 ▶ 单击【草图】工具栏中的 ☑【圆】按钮，绘制直径为 120 和 132 的同心圆，如图 7-36 所示。

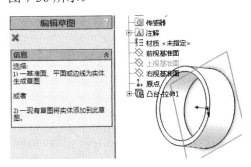

图 7-35 选择草绘面(1)

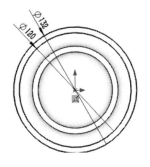

图 7-36 绘制同心圆(2)

step 05 ▶ 单击【特征】工具栏中的 ☑【拉伸凸台/基体】按钮，弹出【凸台-拉伸】属性管理器，设置【深度】为"40mm"，如图 7-37 所示，创建拉伸特征。

step 06 ▶ 单击【草图】工具栏中的 ☑【草图绘制】按钮，选择右视基准面作为草绘平面进行绘制，如图 7-38 所示。

图 7-37 拉伸草图(2)

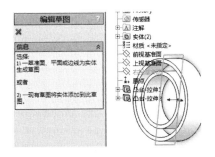

图 7-38 选择草绘面(2)

step 07 ▶ 单击【草图】工具栏中的 ☑【圆】按钮，绘制直径为 18 的圆，如图 7-39 所示。

step 08 ▶ 单击【特征】工具栏中的 ☑【旋转切除】按钮，弹出【切除-旋转】属性管理器，设置【方向1角度】为"360度"，如图 7-40 所示，创建旋转切除特征。

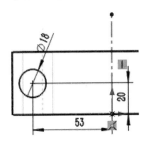

图 7-39 绘制圆

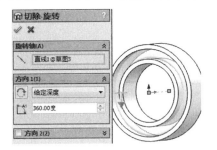

图 7-40 旋转切除

step 09 单击【草图】工具栏中的 ☑【草图绘制】按钮，选择右视基准面作为草绘平面进行绘制，如图 7-41 所示。

step 10 单击【草图】工具栏中的 ⌒【三点圆弧】按钮，绘制直径为 20 的圆弧，如图 7-42 所示。

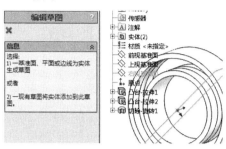

图 7-41 选择草绘面(3)

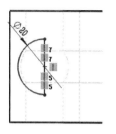

图 7-42 绘制圆弧

step 11 单击【特征】工具栏中的 ⊕【旋转凸台/基体】按钮，弹出【旋转】属性管理器，设置【方向 1 角度】为"360 度"，如图 7-43 所示，创建旋转特征。

step 12 单击【特征】工具栏中的 ⊛【圆周阵列】按钮，创建特征的圆形阵列，设置【实例数】为"12"，如图 7-44 所示。

图 7-43 旋转草图

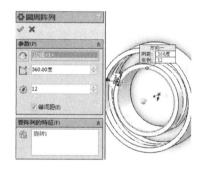

图 7-44 阵列特征

step 13 创建完成的轴承模型如图 7-45 所示。

图 7-45 完成的轴承模型

设计装配体案例 4——方键

案例文件：ywj\07\04.prt。

视频文件：光盘→视频课堂→第 7 章→7.1.4。

案例操作步骤如下。

step 01 单击【草图】工具栏中的 ☒【草图绘制】按钮，选择前视基准面作为草绘平面。单击【草图】工具栏中的 ☒【直槽口】按钮，绘制 60×20 的槽口，如图 7-46 所示。

step 02 单击【特征】工具栏中的 ☒【拉伸凸台/基体】按钮，弹出【凸台-拉伸】属性管理器，设置【深度】为"15mm"，如图 7-47 所示，创建拉伸特征。

图 7-46　绘制槽口　　　　　　　　　　图 7-47　拉伸草图

step 03 单击【曲面】工具栏中的 ☒【圆角】按钮，弹出【圆角】属性管理器，选择圆角边线，设置半径为"2mm"，如图 7-48 所示，创建圆角。

step 04 创建完成的方键模型如图 7-49 所示。

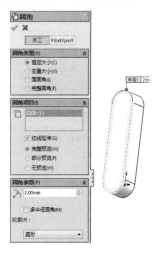

图 7-48　创建圆角　　　　　　　　　　图 7-49　完成的方键模型

设计装配体案例 5——传动轴装配

案例文件：ywj\07\01-04.prt、05.asm。

视频文件：光盘→视频课堂→第 7 章→7.1.5。

案例操作步骤如下。

step 01 新建一个装配体文件，单击【开始装配体】属性管理器中的【浏览】按钮，打开【打开】对话框，选择零件"01"，如图 7-50 所示。

step 02　在绘图区单击放置零件"01"，如图 7-51 所示。

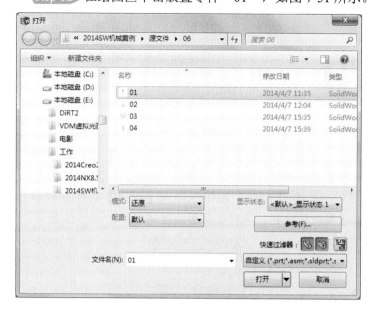

图 7-50　插入零部件"01"

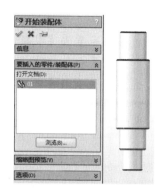

图 7-51　放置零件"01"

step 03　单击【装配体】工具栏中的 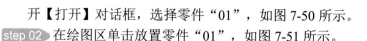 【插入零部件】按钮，弹出【插入零部件】属性管理器，单击其中的【浏览】按钮，打开【打开】对话框，选择零件"04"，如图 7-52 所示。

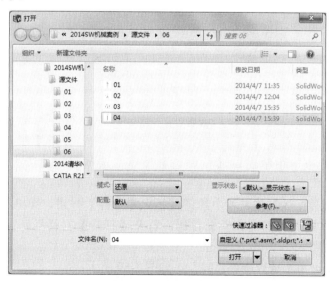

图 7-52　插入零部件"04"

step 04　在绘图区单击放置零件"04"，如图 7-53 所示。

step 05　单击【装配体】工具栏中的 🔧 【旋转零部件】按钮，弹出【旋转零部件】属性管理器，旋转模型零件，如图 7-54 所示。

图 7-53　放置零件"04"

图 7-54　旋转零部件

step 06　单击【装配体】工具栏中的 🖉【配合】按钮，弹出【配合】属性管理器，在【配合】选项卡中单击 ⟨【重合】按钮，选择重合面进行装配，如图 7-55 所示。

step 07　单击【装配体】工具栏中的 🖉【配合】按钮，弹出【配合】属性管理器，在【配合】选项卡中单击 ⟨【重合】按钮，选择重合面进行装配，如图 7-56 所示。

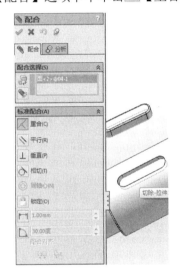

图 7-55　平面重合(1)

图 7-56　平面重合(2)

step 08　单击【装配体】工具栏中的 🖉【配合】按钮，弹出【配合】属性管理器，在【配合】选项卡中单击 ◎【同轴心】按钮，选择同轴边线进行装配，如图 7-57 所示。

step 09　单击【装配体】工具栏中的 🖉【插入零部件】按钮，弹出【插入零部件】属性管理器，单击其中的【浏览】按钮，打开【打开】对话框，选择零件"02"，如图 7-58 所示。

step 10　在绘图区单击放置零件"02"，如图 7-59 所示。

step 11　单击【装配体】工具栏中的 🖉【配合】按钮，弹出【配合】属性管理器，在【配合】选项卡中单击 ◎【同轴心】按钮，选择同轴边线进行装配，如图 7-60 所示。

图 7-57　圆弧同轴心　　　　　　　　　　　图 7-58　插入零部件 "02"

图 7-59　放置零件 "02"　　　　　　　　　　图 7-60　同轴配合(1)

step 12 单击【装配体】工具栏中的【配合】按钮，弹出【配合】属性管理器，在
　　　　　【配合】选项卡中单击【重合】按钮，选择重合面进行装配，如图 7-61 所示。

step 13 单击【装配体】工具栏中的【配合】按钮，弹出【配合】属性管理器，在
　　　　　【配合】选项卡中单击【同轴心】按钮，选择同轴边线进行装配，如图 7-62
　　　　　所示。

step 14 单击【装配体】工具栏中的【插入零部件】按钮，弹出【插入零部件】属性
　　　　　管理器，单击其中的【浏览】按钮，打开【打开】对话框，选择零件 "03"，如
　　　　　图 7-63 所示。

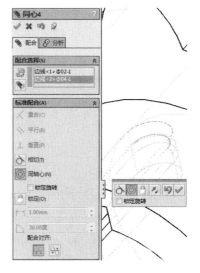

图 7-61　平面重合(3)　　　　　　　图 7-62　同轴配合(2)

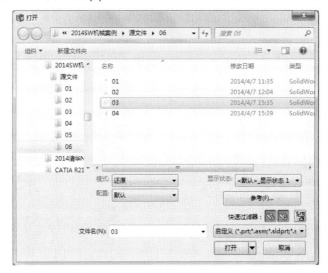

图 7-63　插入零部件"03"

step 15　在绘图区单击放置零件"03"，如图 7-64 所示。

step 16　单击【装配体】工具栏中的 【配合】按钮，弹出【配合】属性管理器，在
【配合】选项卡中单击 【同轴心】按钮，选择同轴边线进行装配，如图 7-65 所示。

step 17　单击【装配体】工具栏中的 【配合】按钮，弹出【配合】属性管理器，在
【配合】选项卡中单击 【重合】按钮，选择重合面进行装配，如图 7-66 所示。

step 18　单击【装配体】工具栏中的 【插入零部件】按钮，弹出【插入零部件】属性
管理器，单击其中的【浏览】按钮，打开【打开】对话框，选择零件"03"，在绘
图区单击放置零件，如图 7-67 所示。

图 7-65 同轴配合(3)

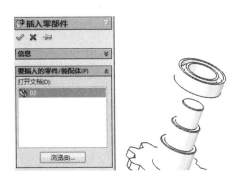

图 7-64 放置零件"03"

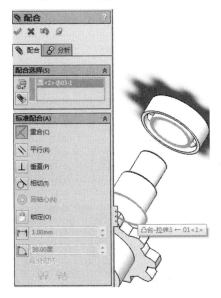

图 7-66 平面重合(4)

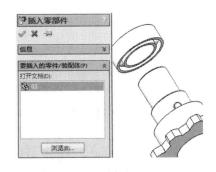

图 7-67 放置零件"03"

step 19 单击【装配体】工具栏中的 【配合】按钮，弹出【配合】属性管理器，在【配合】选项卡中单击 【同轴心】按钮，选择同轴边线进行装配，如图 7-68 所示。

step 20 单击【装配体】工具栏中的 【配合】按钮，弹出【配合】属性管理器，在【配合】选项卡中单击 【重合】按钮，选择重合面进行装配，如图 7-69 所示。

step 21 完成的传动轴装配模型如图 7-70 所示。

图 7-68　同轴配合(4)　　　　　　图 7-69　平面重合(5)

图 7-70　完成的传动轴装配模型

7.2　装配体的干涉检查

在一个复杂装配体中，如果用视觉来检查零部件之间是否存在干涉的情况是件困难的事情，因此要用到干涉检查功能。

7.2.1　干涉检查的功能

在 SolidWorks 中，装配体可以进行干涉检查，其功能如下。
(1) 决定零部件之间的干涉。
(2) 显示干涉的真实体积为上色体积。
(3) 更改干涉和不干涉零部件的显示设置以更好查看干涉。
(4) 选择忽略需要排除的干涉，如紧密配合、螺纹扣件的干涉等。
(5) 选择将实体之间的干涉包括在多实体零件中。
(6) 选择将子装配体看成单一零部件，这样子装配体零部件之间的干涉将不报出。
(7) 将重合干涉和标准干涉区分开。

7.2.2　干涉检查的属性设置

单击【装配体】工具栏中的▓【干涉检查】按钮，或选择【工具】|【干涉检查】菜单命

令，系统弹出【干涉检查】属性管理器，如图 7-71 所示。

1．【所选零部件】选项组

(1)【要检查的零部件】：显示为干涉检查所选择的零部件。根据默认设置，除非预选了其他零部件，顶层装配体将出现在选择框中。当检查一个装配体的干涉情况时，其所有零部件都将被检查。如果选择单一零部件，将只报告出涉及该零部件的干涉。如果选择两个或者多个零部件，则只报告出所选零部件之间的干涉。

(2)【计算】按钮：单击此按钮，检查干涉情况。

检测到的干涉显示在【结果】选项组下的列表框中，干涉的体积数值显示在每个列举项的右侧，如图 7-72 所示。

图 7-71　【干涉检查】属性管理器

图 7-72　被检测到的干涉

2．【结果】选项组

(1)【忽略】、【解除忽略】按钮：为所选的干涉在【忽略】和【解除忽略】模式之间进行转换。如果设置干涉为【忽略】，则会在以后的干涉计算中始终保持在【忽略】模式中。

(2)【零部件视图】：按照零部件名称而非干涉标号显示干涉。

在【结果】选项组中，可以进行如下操作。

(1) 选择某干涉，使其在图形区域中以红色高亮显示。

(2) 展开干涉以显示互相干涉的零部件的名称，如图 7-73 所示。

(3) 用鼠标右键单击某干涉，从弹出的快捷菜单(见图 7-74)中选择【放大所选范围】命令，在图形区域中放大干涉。

(4) 用鼠标右键单击某干涉，从弹出的快捷菜单中选择【忽略】命令。

(5) 用鼠标右键单击某忽略的干涉，从弹出的快捷菜单(见图 7-75)中选择【解除忽略】命令。

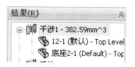

图 7-73　展开干涉　　　　　　图 7-74　快捷菜单　　　　　　图 7-75　快捷菜单

3. 【选项】选项组

(1) 【视重合为干涉】：将重合实体报告为干涉。

(2) 【显示忽略的干涉】：显示在【结果】选项组中被设置为忽略的干涉。取消选中此复选框时，忽略的干涉将不被列举。

(3) 【视子装配体为零部件】：取消选中此复选框时，子装配体被看作单一零部件，子装配体零部件之间的干涉将不被报告。

(4) 【包括多体零件干涉】：报告多实体零件中实体之间的干涉。

(5) 【使干涉零件透明】：以透明模式显示所选干涉的零部件。

(6) 【生成扣件文件夹】：将扣件(如螺母和螺栓等)之间的干涉隔离为在【结果】选项组中的单独文件夹。

(7) 【创建匹配的装饰螺纹线文件夹】：创建装饰性的螺纹线所在的文件夹。

(8) 【忽略隐藏实体/零部件】：不计算隐藏实体的干涉。

4. 【非干涉零部件】选项组

以所选模式显示非干涉的零部件，包括【线架图】、【隐藏】、【透明】、【使用当前项】。

7.2.3　干涉检查的操作步骤

(1) 单击【装配体】工具栏中的 【干涉检查】按钮，或选择【工具】|【干涉检查】菜单命令，系统弹出【干涉检查】属性管理器。装配体的名称自动显示在【所选零部件】选项组中，单击【计算】按钮，【结果】选项组中将显示装配体的干涉体积，如图 7-76 所示。

(2) 单击某干涉，在图形区域中会将干涉区域高亮显示(图中深色区域)，如图 7-77 所示。

图 7-76　【干涉检查】的属性设置

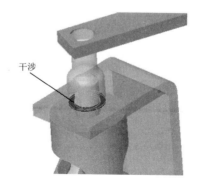

图 7-77　高亮显示干涉体

装配体的干涉检查案例 1——传动轴检查 1

案例文件：ywj\07\05.asm。

视频文件：光盘→视频课堂→第 7 章→7.2.1。

案例操作步骤如下。

step 01 选择【文件】|【打开】菜单命令，打开【打开】对话框，打开零件"05"，如图 7-78 所示。

图 7-78 打开装配零件文件

step 02 单击【装配体】工具栏中的 【干涉检查】按钮，弹出【干涉检查】属性管理器，如图 7-79 所示。

step 03 在打开的【干涉检查】属性管理器中，单击【计算】按钮，进行干涉分析，如图 7-80 所示。

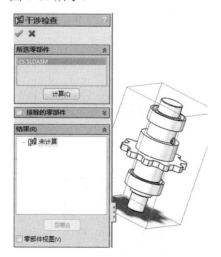

图 7-79 干涉检查

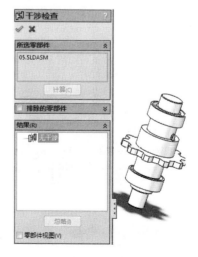

图 7-80 检查结果

计
算
机
辅
助
设
计
案
例
课
堂

装配体的干涉检查案例 2——传动轴检查 2

案例文件：ywj\07\05.asm。

视频文件：光盘→视频课堂→第 7 章→7.2.2。

案例操作步骤如下。

step 01 单击【装配体】工具栏中的 ▨【干涉检查】按钮，弹出【干涉检查】属性管理
器，选中【视重合为干涉】复选框，如图 7-81 所示。

step 02 在打开的【干涉检查】属性管理器中，单击【计算】按钮，进行干涉分析，如
图 7-82 所示。

图 7-81　干涉检查　　　　　　　　　　　　　图 7-82　检查结果

step 03 单击【装配体】工具栏中的 ▨【间隙验证】按钮，弹出【间隙验证】属性管理
器，设置【可接受的最小间隙】为"10mm"，如图 7-83 所示。

step 04 在【间隙验证】属性管理器中，单击【计算】按钮，计算间隙，如图 7-84 所示。

图 7-83　间隙验证　　　　　　　　　　　　　图 7-84　验证结果

7.3 装配体爆炸视图

出于制造的目的，经常需要分离装配体中的零部件以形象地分析它们之间的相互关系。装配体的爆炸视图可分离其中的零部件以便查看该装配体。

一个爆炸视图由一个或者多个爆炸步骤组成，每一个爆炸视图保存在所生成的装配体配置中，而每一个配置都可以有一个爆炸视图。可以通过在图形区域中选择和拖动零部件的方式生成爆炸视图。

在爆炸视图中可以进行如下操作。

(1) 自动均分爆炸成组的零部件(如硬件和螺栓等)。

(2) 附加新的零部件到另一个零部件的现有爆炸步骤中。如果要添加一个零部件到已有爆炸视图的装配体中，这个方法很有用。

(3) 如果子装配体中有爆炸视图，则可以在更高级别的装配体中重新使用此爆炸视图。

在装配体爆炸时，不能为其添加配合。

7.3.1 爆炸视图的属性设置

单击【装配体】工具栏中的 🎲 【爆炸视图】按钮，或选择【插入】|【爆炸视图】菜单命令，系统弹出【爆炸】属性管理器，如图 7-85 所示。

1.【爆炸步骤】选项组

显示现有的爆炸步骤。

【爆炸步骤】：爆炸到单一位置的一个或者多个所选零部件。

图 7-85 【爆炸】属性管理器

2.【设定】选项组

(1) 🎲【爆炸步骤的零部件】：显示当前爆炸步骤所选的零部件。

(2)【爆炸方向】：显示当前爆炸步骤所选的方向。

(3) ⬚【反向】按钮：改变爆炸的方向。

(4) ⬚【爆炸距离】：显示当前爆炸步骤中零部件移动的距离。

(5)【应用】按钮：单击来预览对爆炸步骤所做的更改。

(6)【完成】按钮：单击来完成新的或者已经更改的爆炸步骤。

3.【选项】选项组

(1)【拖动后自动调整零部件间距】：沿轴心自动均匀地分布零部件组的间距。

(2) ⬚【调整零部件链之间的间距】：调整零部件之间的距离。

(3)【选择子装配体的零件】：选中此复选框，可以选择子装配体的单个零件；取消选中此复选框，可以选择整个子装配体。

(4)【重新使用子装配体爆炸】按钮：使用先前在所选子装配体中定义的爆炸步骤。

7.3.2 编辑爆炸视图

1. 生成爆炸视图

(1) 单击【装配体】工具栏中的⬚【爆炸视图】按钮，或选择【插入】|【爆炸视图】菜单命令，系统弹出【爆炸】属性管理器。

(2) 在图形区域或者【特征管理器设计树】中，选择一个或者多个零部件将其包含在第一个爆炸步骤中，一个三重轴出现在图形区域中。零部件名称显示在【设定】选项组的⬚【爆炸步骤的零部件】选择框中。

(3) 将鼠标指针移动到指向零部件爆炸方向的三重轴臂杆上，鼠标指针变为⬚形状。

(4) 拖动三重轴臂杆来爆炸零部件，现有爆炸步骤显示在【爆炸步骤】选项组下的列表框中。

可以拖动三重轴中心的球体，将三重轴移动至其他位置。如果将三重轴放置在边线或者面上，则三重轴的轴会对齐该边线或者面。

(5) 在【设定】选项组中，单击【完成】按钮，⬚【爆炸步骤的零部件】选择框中的选项被清除且为下一爆炸步骤作准备。

(6) 根据需要生成更多爆炸步骤，单击⬚【确定】按钮。

2. 自动调整零部件间距

(1) 选择两个或者更多零部件。

(2) 在【选项】选项组中，选中【拖动后自动调整零部件间距】复选框。

(3) 拖动三重轴臂杆来爆炸零部件。

当放置零部件时，其中一个零部件保持在原位，系统会沿着相同的轴自动调整剩余零部件的间距以使其相等。

可以更改自动调整的间距，在【选项】选项组中，移动⬚【调整零部件链之间的间距】滑块即可。

3. 在装配体中使用子装配体的爆炸视图

(1) 选择先前已经定义爆炸视图的子装配体。

(2) 在【爆炸】属性管理器中，单击【重新使用子装配体爆炸】按钮，子装配体在图形区域中爆炸，且子装配体爆炸视图的步骤显示在【爆炸步骤】选项组下的列表框中。

4. 编辑爆炸步骤

在【爆炸步骤】选项组中，用鼠标右键单击某个爆炸步骤，从弹出的快捷菜单中选择【编辑步骤】命令，根据需要进行以下修改。

(1) 拖动零部件可将它们重新定位。
(2) 选择零部件将其添加到爆炸步骤。
(3) 更改【设定】选项组中的参数。
(4) 更改【选项】选项组中的参数。

单击【应用】按钮来预览更改的效果，然后单击【完成】按钮，完成此操作。

5. 从【爆炸步骤】选项组中删除零部件

在【爆炸步骤】选项组中，展开某个爆炸步骤。用鼠标右键单击零部件，从弹出的快捷菜单中选择【删除】命令。

6. 删除爆炸步骤

在【爆炸步骤】选项组中，用鼠标右键单击某个爆炸步骤，从弹出的快捷菜单中选择【删除】命令。

7.3.3　生成爆炸视图的操作步骤

生成爆炸视图的操作步骤如下：

(1) 打开一个装配体文件，单击【装配体】工具栏中的 ⚙【爆炸视图】按钮，或选择【插入】|【爆炸视图】菜单命令，系统弹出【爆炸】属性管理器。

(2) 在【设定】选项组中，单击图形区域中装配体的一个零部件，则零部件名称显示在 🔷【爆炸步骤的零部件】选择框中，零件上显示出一个三重轴，如图 7-86 所示，单击某一轴，设置 🔷【爆炸距离】为 10mm，如图 7-87 所示。

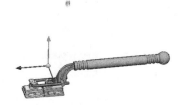

图 7-86　显示三重轴

图 7-87　设置【爆炸距离】的数值

(3) 单击【应用】按钮，在图形区域中显示出爆炸视图的预览，单击【完成】按钮，完成一个爆炸步骤，在【爆炸步骤】选项组中显示【爆炸步骤 1】，在图形区域中显示出爆炸视图的效果，如图 7-88 所示。

(4) 用鼠标右键单击【爆炸步骤 1】，从弹出的快捷菜单中选择【编辑步骤】命令，设置 【爆炸距离】为 200mm，单击 ✔ 【确定】按钮，完成对爆炸视图的修改，如图 7-89 所示。

(5) 单击其他零件，重复第(2)步到第(4)步的操作，生成整个装配体的爆炸视图。

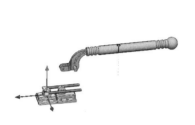

图 7-88　爆炸效果

图 7-89　修改爆炸视图的效果

7.3.4　爆炸与解除爆炸

爆炸视图保存在生成爆炸图的装配体配置中，每一个装配体配置都可以有一个爆炸视图。

1. 爆炸和解除爆炸的动态显示

切换到 [配置管理器] 选项卡。展开【爆炸视图】图标以查看爆炸步骤。

如果需要爆炸，可做如下操作。

(1) 双击【爆炸视图】图标。

(2) 用鼠标右键单击【爆炸视图】图标，从弹出的快捷菜单(见图 7-90)中选择【爆炸】命令。

(3) 用鼠标右键单击【爆炸视图】图标，从弹出的快捷菜单(见图 7-91)中选择【动画爆炸】命令，在装配体爆炸时显示【动画控制器】工具栏。

如果需要解除爆炸，用鼠标右键单击【爆炸视图】图标，从弹出的快捷菜单中选择【解除爆炸】命令。

图 7-90　快捷菜单

图 7-91　快捷菜单

2. 生成爆炸和解除爆炸的操作步骤

(1) 切换到 [配置管理器] 选项卡，在【配置管理器】中弹出装配体的配置管理，如

图 7-92 所示。

(2) 用鼠标右键单击【爆炸视图 1】图标，从弹出的快捷菜单中选择【解除爆炸】命令，效果如图 7-93 所示。

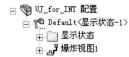

(3) 用鼠标右键单击【爆炸视图 1】图标，从弹出的快捷菜单中选择【爆炸】命令，效果如图 7-94 所示。

图 7-92 装配体的配置管理

图 7-93 解除爆炸   图 7-94 生成爆炸

装配体爆炸视图案例 1——传动轴爆炸图 1

 案例文件：ywj\07\05.asm。

视频文件：光盘→视频课堂→第 7 章→7.3.1。

案例操作步骤如下。

step 01 选择【文件】|【打开】菜单命令，打开【打开】对话框，打开零件"05"，如图 7-95 所示。

图 7-95 打开装配零件文件

step 02 单击【装配体】工具栏中的【爆炸视图】按钮，弹出【爆炸】属性管理器，设置轴承的【爆炸距离】为"300mm"，如图 7-96 所示。

step 03 单击【装配体】工具栏中的【爆炸视图】按钮，弹出【爆炸】属性管理器，设置轴承的【爆炸距离】为"200mm"，如图 7-97 所示，生成爆炸图。

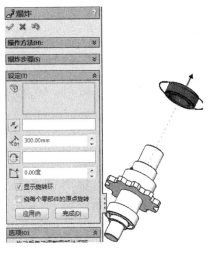

图 7-96　爆炸轴承(1)

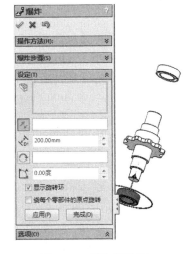

图 7-97　爆炸轴承(2)

装配体爆炸视图案例 2——传动轴爆炸图 2

案例文件：ywj\07\05.asm。

视频文件：光盘→视频课堂→第 7 章→7.3.2。

案例操作步骤如下。

step 01 单击【装配体】工具栏中的 ⚙️【爆炸视图】按钮，弹出【爆炸】属性管理器，设置齿轮的【爆炸距离】为"446.53122031mm"，如图 7-98 所示。

step 02 单击【装配体】工具栏中的 ⚙️【爆炸视图】按钮，弹出【爆炸】属性管理器，设置键的【爆炸距离】为"251.0441414mm"，如图 7-99 所示。

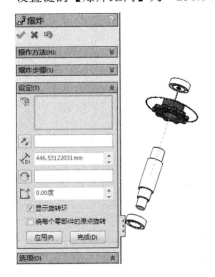

图 7-98　爆炸齿轮

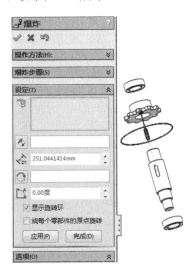

图 7-99　爆炸方键

step 03 生成的传动轴爆炸图如图 7-100 所示。

图 7-100   完成的模型

7.4   装配体轴测剖视图

隐藏零部件、更改零件透明度等是观察装配体模型的常用手段，但在许多产品中零部件之间的空间关系非常复杂，具有多重嵌套关系，需要进行剖切才能便于观察其内部结构，借助 SolidWorks 中的装配体特征可以实现轴测剖视图的功能。

装配体特征是在装配体窗口中生成的特征实体，虽然装配体特征改变了装配体的形态，但并不对零件产生影响。装配体特征主要包括切除和孔，适用于展示装配体的剖视图。

7.4.1   轴测剖视图的属性设置

在装配体窗口中，选择【插入】|【装配体特征】|【切除】|【拉伸】菜单命令，系统弹出【切除-拉伸】属性管理器，如图 7-101 所示。

【特征范围】选项组通过选择特征范围以选择应包含在特征中的实体，从而应用特征到一个或者多个多实体零件中。

在添加这些特征前，必须先生成要添加多实体零件的模型。

(1) 【所有零部件】：每次特征重新生成时，都要应用到所有的实体。如果将被特征所交叉的新实体添加到模型上，则这些新实体也被重新生成来将该特征包括在内。

(2) 【所选零部件】：应用特征到选择的实体。

(3) 【自动选择】：当首先以多实体零件生成模型时，特征将自动处理所有相关的交叉零件。【自动选择】只处理初始清单中的实体，并不会重新生成整个模型。

(4) 【影响到的零部件】(取消选中【自动选择】复选框时可用)：在图形区域中选择受影响的实体，如图 7-102 所示。

图 7-101   【切除-拉伸】属性管理器

图 7-102   【影响到的零部件】参数

7.4.2　生成轴测剖视图的操作步骤

(1) 单击【草图】工具栏中的 ▢【矩形】按钮，在装配体的上表面绘制矩形草图。

(2) 在装配体窗口中，选择【插入】|【装配体特征】|【切除】|【拉伸】菜单命令，系统弹出【切除-拉伸】属性管理器。在【方向 1】选项组中，设置【终止条件】为【完全贯穿】，如图 7-103 所示，单击 ✔【确定】按钮，装配体将生成轴测剖视图，如图 7-104 所示。

图 7-103　【切除-拉伸】的属性设置　　　　图 7-104　生成轴测剖视图

装配体轴测剖视图案例 1——传动轴剖视图 1

案例文件：ywj\07\05.asm、06.asm。

视频文件：光盘→视频课堂→第 7 章→7.4.1。

案例操作步骤如下。

step 01 选择【文件】|【打开】菜单命令，打开【打开】对话框，打开零件"05"，如图 7-105 所示。

图 7-105　打开装配零件文件

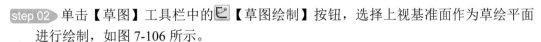

step 02 单击【草图】工具栏中的 🖉【草图绘制】按钮，选择上视基准面作为草绘平面进行绘制，如图 7-106 所示。

step 03 单击【草图】工具栏中的 □【边角矩形】按钮，绘制矩形，如图 7-107 所示。

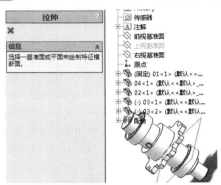

图 7-106 选择草绘面

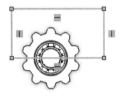

图 7-107 绘制矩形

step 04 单击【特征】工具栏中的 🗐【拉伸切除】按钮，弹出【切除-拉伸】属性管理器，设置【深度】为"200mm"，如图 7-108 所示，创建拉伸切除特征。

step 05 生成的传动轴剖视图 1 如图 7-109 所示。

图 7-108 切除拉伸

图 7-109 完成的模型

装配体轴测剖视图案例 2——传动轴剖视图 2

✏️ 案例文件：ywj\07\05.asm、07.asm。

🎬 视频文件：光盘→视频课堂→第 7 章→7.4.2。

案例操作步骤如下。

step 01 选择【文件】|【打开】菜单命令，打开【打开】对话框，打开零件"05"，如图 7-110 所示。

step 02 单击【草图】工具栏中的 🖉【基准面】按钮，弹出【基准面】属性管理器，设置【偏移距离】为"60mm"，如图 7-111 所示，创建基准面。

step 03 单击【草图】工具栏中的 🖉【草图绘制】按钮，选择基准面草绘，如图 7-112 所示。

图 7-110　打开装配零件文件

图 7-111　创建基准面

图 7-112　选择草绘面

step 04　单击【草图】工具栏中的 ▣【边角矩形】按钮，绘制矩形，如图 7-113 所示。

step 05　单击【特征】工具栏中的 ▣【拉伸切除】按钮，弹出【切除-拉伸】属性管理器，设置【深度】为"200mm"，如图 7-114 所示，创建拉伸切除特征。

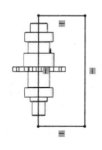

图 7-113　绘制矩形

图 7-114　切除拉伸

step 06 生成的传动轴剖视图 2 如图 7-115 所示。

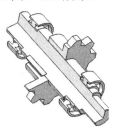

图 7-115　完成的模型

7.5　复杂装配体中零部件的压缩状态

根据某段时间内的工作范围，可以指定合适的零部件压缩状态。这样可以减少工作时装入和计算的数据量。装配体的显示和重建速度会更快，也可以更有效地使用系统资源。

7.5.1　压缩状态的种类

装配体零部件共有 3 种压缩状态。

1. 还原

装配体零部件的正常状态。完全还原的零部件会完全装入内存，可以使用所有功能及模型数据并可以完全访问、选取、参考、编辑、在配合中使用其实体。

2. 压缩

(1) 可以使用压缩状态暂时将零部件从装配体中移除(而不是删除)，零部件不装入内存，也不再是装配体中有功能的部分，用户无法看到压缩的零部件，也无法选择这个零部件的实体。

(2) 压缩的零部件将从内存中移除，所以装入速度、重建模型速度和显示性能均有提高，由于减少了复杂程度，其余的零部件计算速度会更快。

(3) 压缩零部件包含的配合关系也被压缩，因此装配体中零部件的位置可能变为"欠定义"，参考压缩零部件的关联特征也可能受影响，当恢复压缩的零部件为完全还原状态时，可能会产生矛盾，所以在生成模型时必须小心使用压缩状态。

3. 轻化

可以将装配体中激活的零部件完全还原或者轻化时装入装配体，零件和子装配体都可以为轻化。

(1) 当零部件完全还原时，其所有模型数据被装入内存。

(2) 当零部件为轻化时，只有部分模型数据被装入内存，剩余的模型数据根据需要被装入。

通过使用轻化零部件，可以显著提高大型装配体的性能，将轻化的零部件装入装配体比将完全还原的零部件装入同一装配体速度更快，由于计算的数据少，包含轻化零部件的装配体重建速度也更快。

零部件的完整模型数据只有在需要时才被装入，所以轻化零部件的效率很高。只有受当前编辑进程中所作更改影响的零部件才被完全还原，可以对轻化零部件不还原而进行多项装配体操作，包括添加(或者移除)配合、干涉检查、边线(或者面)选择、零部件选择、碰撞检查、装配体特征、注解、测量、尺寸、截面属性、装配体参考几何体、质量属性、剖面视图、爆炸视图、高级零部件选择、物理模拟、高级显示(或者隐藏)零部件等。零部件压缩状态的比较如表 6-1 所示。

表 6-1　压缩状态比较表

	还原	轻化	压缩	隐藏
装入内存	是	部分	否	是
可见	是	是	否	否
在【特征管理器设计树】中可以使用的特征	是	否	否	否
可以添加配合关系的面和边线	是	是	否	否
解出的配合关系	是	是	否	是
解出的关联特征	是	是	否	是
解出的装配体特征	是	是	否	是
在整体操作时考虑	是	是	否	是
可以在关联中编辑	是	是	否	否
装入和重建模型的速度	正常	较快	较快	正常
显示速度	正常	正常	较快	较快

7.5.2　生成压缩状态的操作步骤

(1) 在装配体窗口的【特征管理器设计树】中单击零部件名称或者在绘图窗口中选择零部件。

(2) 用鼠标右键单击【特征管理器设计树】中零件名称，弹出的快捷菜单如图 7-116 所示。

(3) 从弹出的快捷菜单中选择【压缩】命令，选择的零部件被压缩，如图 7-117 所示。

图 7-116　单击【压缩】按钮

图 7-117　压缩零部件

(4) 也可以用鼠标右键在绘图窗口中单击零部件，弹出的快捷菜单如图 7-118 所示。

(5) 选择【压缩】命令,则该零件处于压缩状态,在绘图窗口中该零件被隐藏,如图 7-119 所示。

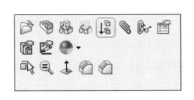

图 7-118 快捷菜单

图 7-119 设置成压缩状态

7.6 装配体的统计

装配体统计可以在装配体中生成零部件和配合报告。

7.6.1 装配体统计的信息

在装配体窗口中,选择【工具】| AssemblyXpert 菜单命令,弹出 AssemblyXpert 对话框,如图 7-120 所示。

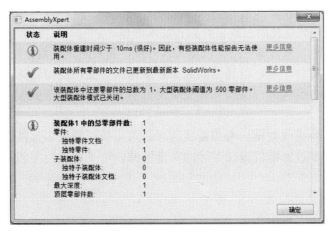

图 7-120 AssemblyXpert 对话框

7.6.2 生成装配体统计

(1) 打开如图 7-121 所示的联轴器装配体。

(2) 在装配体窗口中,选择【工具】| AssemblyXpert 菜单命令,弹出 AssemblyXpert 对话框。

(3) 拖动对话框右侧的光标条,查看万向联轴器中的总零件数,如图 7-121 所示。

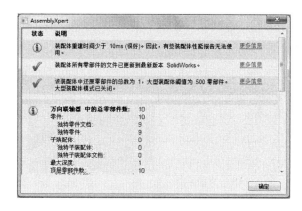

图 7-121　装配体统计

7.7　装配体的轻化

可以将装配体中激活的零部件完全还原或轻化时装入装配体，零件和子装配体都可以轻化。

7.7.1　轻化状态

当零部件完全还原时，其所有模型数据将装入内存。

当零部件为轻化时，只有部分模型数据装入内存，其余的模型数据根据需要装入。

通过使用轻化零部件，可以显著提高大型装配体的性能，使用轻化的零件装入装配体比使用完全还原的零部件装入同一装配体速度更快，由于计算的数据更少，包含轻化零部件的装配体重建速度更快。

因为零部件的完整模型数据只有在需要时才装入，所以轻化零部件的效率很高。只有受当前编辑进程中所作更改影响的零部件才能完全还原，可不对轻化零部件还原而进行以下装配体操作：

添加/移除配合；

干涉检查；

边线/面/零部件选择；

碰撞检查；

装配体特征；

注解；

测量；

尺寸；

截面属性；

装配体参考几何体；

质量属性；

剖面视图；

爆炸视图；

高级零部件选择；

物理模拟；

高级显示/隐藏零部件；

参考轻化零件的还原零件上的关联特征将自动更新。

整体操作包括质量特性、干涉检查、爆炸视图、高级选择和高级显示/隐藏、求解方程式、显示剖面视图以及输出到其他文件格式。

当输出到其他文件格式及当求解涉及轻化零部件的方程式时，软件将提示还原轻化零部件或取消操作。

轻化零件在被选取进行此操作时会自动还原。

7.7.2 轻化零部件的操作方法和步骤

(1) 在装配体窗口的【特征管理器设计树】中单击零部件名称或者在绘图窗口中选择零部件。

(2) 选择【编辑】|【轻化】菜单命令，选择的零部件被轻化。

(3) 用鼠标右键在【特征管理器设计树】中单击零部件名称或者在绘图窗口中单击零部件，从弹出的快捷菜单中选择【设定为轻化】命令，如图 7-122 所示。

图 7-122 快捷菜单

7.8 本 章 小 结

在 SolidWorks 中，可以生成由许多零部件组成的复杂装配体。装配体的零部件可以包括独立的零件和其他子装配体。灵活运用装配体中的干涉检查、爆炸视图、轴测剖视图、压缩状态和装配统计等功能，可以有效地判断零部件在虚拟现实中的装配关系和干涉位置等，为装配体的虚拟设计提供了强大的分析功能。

第 8 章

焊件和钣金设计

在 SolidWorks 中，焊件设计模块可将多种焊接类型的焊缝零件，添加到装配体中，生成的焊缝属于装配体特征，是关联装配体中生成的新装配体零部件，因此，学习它是对装配体设计的一个有效的补充。

本章将具体介绍焊件设计的基本操作方法，其中包括焊件轮廓和结构构件设计、添加焊缝，以及子焊件和工程图的内容，最后介绍焊件的切割清单。

钣金类零件结构简单，应用广泛，多用于各种产品的机壳和支架部分。SolidWorks 软件具有功能强大的钣金建模功能，使用户能方便地建立钣金模型。

本章结合具体案例讲解钣金的功能，首先介绍钣金的基本术语，之后介绍了钣金特征的两类创建方法，钣金的设计包括钣金的零件设计、编辑钣金特征和使用钣金成形工具，使用钣金成形工具需要创建成形的零件。

8.1 焊件设计

8.1.1 焊件轮廓

首先需要生成焊件轮廓，以便在生成焊件结构构件时使用。生成焊件轮廓就是将轮廓创建为库特征零件，再将其保存于一个定义好的位置即可。其具体方法如下：

(1) 打开一个新零件。

(2) 绘制轮廓草图。当用轮廓生成一个焊件结构构件时，草图的原点为默认穿透点(穿透点可以相对于生成结构构件所使用的草图线段，以定义轮廓上的位置)，且可以选择草图中的任何顶点或草图点作为交替穿透点。

(3) 选择所绘制的草图。

(4) 选择【文件】|【另存为】菜单命令，打开【另存为】对话框。

(5) 在【保存在】中选择安装目录：\data\weldment profiles，在【保存类型】中选择"*.sldprt"，输入【文件名】名称，单击【保存】按钮。

8.1.2 结构构件

在零件中生成第一个结构构件时，⚒【焊件】图标将被添加到【特征管理器设计树】中。在【配置管理器】中生成两个默认配置，即一个父配置(默认"按加工")和一个派生配置(默认"按焊接")。

1. 结构构件的属性种类

结构构件包含以下属性。

(1) 结构构件都使用轮廓，例如角铁等。

(2) 轮廓由【标准】、【类型】及【大小】等属性识别。

(3) 结构构件可以包含多个片段，但所有片段只能使用一个轮廓。

(4) 分别具有不同轮廓的多个结构构件可以属于同一个焊接零件。

(5) 在一个结构构件中的任何特定点处，要有两个实体才可以交叉。

(6) 结构构件在【特征管理器设计树】中以【结构构件 1】、【结构构件 2】等名称显示。结构构件生成的实体会出现在 🗇【实体】文件夹下。

(7) 可以生成自己的轮廓，并将其添加到现有焊件轮廓库中。

(8) 焊件轮廓位于安装目录：\data\weldment profiles。

(9) 结构构件允许相对于生成结构构件所使用的草图线段指定轮廓的穿透点。

(10) 可以在【特征管理器设计树】的 🗇【实体】文件夹下选择结构构件，并生成用于工程图中的切割清单。

2. 结构构件的属性设置

单击【焊件】工具栏中的 ◉【结构构件】按钮，或选择【插入】|【焊件】|【结构构件】菜单命令，系统弹出【结构构件】属性管理器，如图 8-1 所示。

如果希望添加多个结构构件，单击【路径线段】选择框，选择路径线条即可。

(1)【选择】选项组。

- 【标准】：选择先前所定义的 iso、ansi inch 或者自定义标准。
- 【Type(类型)】：选择轮廓类型，如图 8-2 所示。

图 8-1　【结构构件】属性管理器

图 8-2　【类型】下拉列表

- 【大小】：选择轮廓大小。
- 【组】：可以在图形区域中选择一组草图实体。

(2)【设定】选项组。

视选择的【类型】，【设定】选项组会有所不同。

- 【路径线段】：选择焊件的路径。
- 【旋转角度】：可以相对于相邻的结构构件按照固定度数进行旋转。
- 【找出轮廓】按钮：更改相邻结构构件之间的穿透点(默认穿透点为草图原点)。

8.1.3　剪裁结构构件

用户可用结构构件和其他实体剪裁结构构件，使其在焊件零件中能正确对接。可利用【剪裁/延伸】命令剪裁或延伸两个在角落处汇合的结构构件、一个或多个相对于另一实体的结构构件等。

剪裁焊件模型中的所有边角，以确定结构构件的长度可以被精确计算。

1. 剪裁/延伸的属性设置

单击【焊件】工具栏中的 【剪裁/延伸】按钮，或选择【插入】|【焊件】|【剪裁/延伸】菜单命令，系统弹出【剪裁/延伸】属性管理器，如图 8-3 所示。

(1)【边角类型】选项组。

可以设置剪裁的边角类型，包括 【终端剪裁】、 【终端斜接】、 【终端对接

1】、▣【终端对接 2】，其效果如图 8-4 所示。

图 8-3　【剪裁/延伸】属性管理器

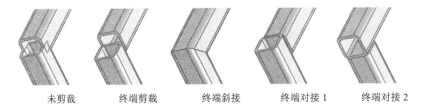

未剪裁　　　　　终端剪裁　　　　　终端斜接　　　　　终端对接 1　　　　终端对接 2

图 8-4　设置不同边角类型的效果

(2)【要剪裁的实体】选项组。

对于▣【终端剪裁】、▣【终端对接 1】、▣【终端对接 2】类型，选择要剪裁的一个实体。

对于▣【终端剪裁】类型，选择要剪裁的一个或者多个实体。

(3)【剪裁边界】选项组。

当单击▣【终端剪裁】按钮时，【剪裁边界】选项组如图 8-5 所示，选择剪裁所相对的一个或者多个相邻面，

● 　【面/平面】：使用平面作为剪裁边界。

● 　【实体】：使用实体作为剪裁边界。

选中【面/平面】单选按钮，选择平面作为剪裁边界，通常更有效且性能更好；只有在相当于如圆形管道或者阶梯式曲面等的非平面实体进行剪裁时，选中【实体】单选按钮，选择实体作为剪裁边界。

当单击▣【终端斜接】、▣【终端对接 1】、▣【终端对接 2】边角类型按钮时，【剪裁边界】选项组如图 8-6 所示，选择剪裁所相对的一个相邻结构构件。

● 　【预览】：在图形区域中预览剪裁。

● 　【允许延伸】：允许结构构件进行延伸或者剪裁；取消选中该复选框，则只可以进行剪裁。

图 8-5　单击【终端剪裁】按钮时的　　　　图 8-6　单击其他边角类型按钮时的
　　　　　【剪裁边界】选项组　　　　　　　　　　　　【剪裁边界】选项组

2. 剪裁/延伸结构构件的操作步骤

(1) 单击【焊件】工具栏中的 【剪裁/延伸】按钮，或选择【插入】|【焊件】|【剪裁/延伸】菜单命令，系统弹出【剪裁/延伸】属性管理器。

(2) 在【边角类型】选项组中，单击 【终端剪裁】按钮；在【要剪裁的实体】选项组中，单击【实体】选择框，在图形区域中选择要剪裁的实体，如图 8-7 所示；在【剪裁边界】选项组中，选中【面/实体】单选按钮，在图形区域中选择作为剪裁边界的实体，如图 8-8 所示。在图形区域中显示出剪裁的预览，如图 8-9 所示，单击 ✅【确定】按钮。

图 8-7　选择要剪裁的实体　　　　图 8-8　选择实体　　　　图 8-9　剪裁预览

8.1.4　添加焊缝

焊缝在模型中显示为图形。焊缝是轻化单元，不会影响性能。下面分别介绍焊缝及圆角焊缝的添加方法。

1. 焊缝

用户可以向焊件零件和装配体以及多实体零件添加简化焊缝。
简化焊缝的优点：

- 与所有类型的几何体兼容，包括带有缝隙的实体。
- 可以轻化显示简化的焊缝。
- 在使用焊接表的工程图中包含焊缝属性。
- 使用智能焊接工具为焊缝路径选择面。
- 焊缝符号与焊缝关联。
- 支持对焊接路径(长度)定义的控标。
- 包含在属性管理器设计树的焊接文件夹中。

此外，用户还可以设置焊接子文件夹的属性，这些属性包括：

- 焊接材料。
- 焊接工艺。

- 单位长度焊接质量。
- 单位质量焊接成本。
- 单位长度焊接时间。
- 焊道数。

1）焊缝的属性设置

进入焊件环境后，单击【焊件】工具栏中的 【焊缝】按钮，或选择【插入】|【焊件】|【圆角焊缝】菜单命令。打开如图 8-10 所示的【焊缝】属性管理器。

图 8-10 【焊缝】属性管理器

(1)【焊接路径】选项组。

- 【选择面】选择框：选择要产生焊缝的面。
- 【智能焊接选择工具】按钮：单击该按钮，光标变为 ，系统会自动根据所绘制的曲线在图形区域确定焊接面，选择焊接路径。
- 【新焊接路径】按钮：单击该按钮，创建一组新的焊接路径。

(2)【设定】选项组。

【焊接选择】：在图形区域选择焊接面。

- 【焊缝大小】：输入焊缝的大小。
- 【切线延伸】：将焊缝延伸到所有与所选面相切的面。
- 【选择】：在所选焊接面之间的焊接线处添加焊缝。
- 【两边】：在所选的焊接面之间的焊接线及其对面边线处添加焊缝。
- 【全周】：在所选的焊接面之间的焊接线。
- 【定义焊接符号】按钮：单击该按钮，弹出如图 8-11 所示的设置焊接符号的对话框。

(3)【从/到长度】选项组：设置焊缝的起点及长度。

- 【起点】：输入数值，确定起点位置，可根据需要单击 【反向】按钮，改变起点位置。
- 【焊接长度】：设置焊缝的长度。

图 8-11　设置焊接符号的对话框

(4)【断续焊接】选项组：创建不连续的焊缝。

- 【焊接长度】、【缝隙】：在选中【缝隙与焊接长度】单选按钮时可用，如图 8-12 所示。
- 【焊接长度】、【螺距】：在选中【节距与焊接长度】单选按钮时可用，如图 8-13 所示。

图 8-12　选中【缝隙与焊接长度】单选按钮　　　图 8-13　选中【节距与焊接长度】单选按钮

2) 生成焊缝的操作步骤

(1) 单击【焊件】工具栏中的 ⬚【焊缝】按钮，或选择【插入】|【焊件】|【焊缝】菜单命令，系统弹出【焊缝】属性管理器，如图 8-14 所示。

(2) 单击【设定】选项组中的【焊接选择】选择框，选择如图 8-15 所示的两个面为焊接面，设置【焊缝大小】为 1mm。

(3) 选中【选择】单选按钮，参数设置如图 8-14 所示，单击【确定】按钮，创建的焊缝如图 8-16 所示。

图 8-14　设置【焊缝】的属性

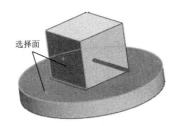

图 8-15　选择焊接面

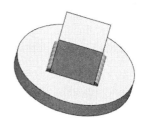

图 8-16　创建的焊缝

2. 圆角焊缝

可在任何交叉的焊件实体(如结构构件、平板焊件或者角撑板等)之间添加全长、间歇或交错的圆角焊缝。

1) 圆角焊缝的属性设置

选择【插入】|【焊件】|【圆角焊缝】菜单命令，系统弹出【圆角焊缝】属性管理器，如图 8-17 所示。

(1) 【箭头边】选项组。

● 　【焊缝类型】：可以选择焊缝类型，如图 8-18 所示。

● 　【焊缝长度】、【节距】：在设置【焊缝类型】为【间歇】或者【交错】时可用，如图 8-19 所示。

尽管面组必须选择平面，圆角焊缝在选中【切线延伸】复选框时，可以为面组选择非平面或者相切轮廓。

图 8-17　【圆角焊缝】属性管理器

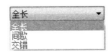

图 8-18　【焊缝类型】下拉列表

图 8-19　选择【交错】选项

(2) 【对边】选项组。

其属性设置和【箭头边】选项组类似，不再赘述。在设置【焊缝类型】为【交错】时，可以将圆角焊缝应用到对边。

2) 生成圆角焊缝的操作步骤

(1) 选择【插入】|【焊件】|【圆角焊缝】菜单命令，系统弹出【圆角焊缝】属性管理器。

(2) 在【箭头边】选项组中，选择【焊缝类型】，设置 【焊缝大小】数值，单击 【选择面组 1】选择框，在图形区域中选择一个面组，如图 8-20 所示；单击 【选择面组 2】选择框，在图形区域中选择一个交叉面组，如图 8-21 所示。

角撑板面

结构构件面

图 8-20　选择【面组 1】(1)

结构构件面

平板焊件面

图 8-21　选择【面组 2】(1)

(3) 在图形区域中沿交叉实体之间的边线显示圆角焊缝的预览。系统会根据选择的 【选择面组 1】和 【选择面组 1】指定虚拟边线。

(4) 在【对边】选项组中，选择【焊缝类型】，设置 【焊缝大小】的数值，单击 【面组 1】选择框，在图形区域中选择一个面组，如图 8-22 所示；单击 【选择面组 1】选择框，在图形区域中选择一个交叉面组(为【箭头边】选项组中 【选择面组 2】所选择的同一个面组)，如图 8-23 所示。

角撑板面

结构构件面

图 8-22　选择【面组 1】(2)

结构构件面   平板焊件面

图 8-23　选择【面组 2】(2)

(5) 在图形区域中，沿交叉实体之间的边线显示圆角焊缝的预览，单击 ✅【确定】按钮，如图 8-24 所示。

结构构件和角撑板之间的圆角焊缝   结构构件和平板焊件之间的圆角焊缝

图 8-24　生成圆角焊缝

8.1.5　子焊件和焊件工程图

1. 子焊件

子焊件将复杂的模型分为更容易管理的实体。子焊件包括列举在【特征管理器设计树】的 🖫【切割清单】中的任何实体，包括结构构件、顶端盖、角撑板、圆角焊缝以及使用【剪裁/延伸】命令所剪裁的结构构件。

(1) 在焊件模型的【特征管理器设计树】中，展开🖫【切割清单】。

(2) 选择要包含在子焊件中的实体，可以按住 Shift 键或者 Ctrl 键进行批量选择，所选实体在图形区域中呈高亮显示。

(3) 用鼠标右键单击选择的实体，从弹出的快捷菜单中选择【生成子焊件】命令，如图 8-25 所示，包含所选实体的📁【子焊件】文件夹出现在🖫【切割清单】中。

(4) 用鼠标右键单击📁【子焊件】文件夹，从弹出的快捷菜单中选择【插入到新零件】命令，如图 8-26 所示。子焊件模型在新的 SolidWorks 窗口中打开，并弹出【另存为】对话框。

(5) 设置【文件名】，单击【保存】按钮，在焊件模型中所做的更改扩展到子焊件模型中。

2. 焊件工程图

焊件工程图属于图纸设计部分，我们将在第 10 章进行详细介绍。它包括整个焊件零件的视图、焊件零件单个实体的视图(即相对视图)、焊件切割清单、零件序号、自动零件序号、剖面视图的备选剖面线等。

图 8-25　快捷菜单

图 8-26　快捷菜单

所有的配置在生成零件序号时均参考同一切割清单。即使零件序号是在另一视图中生成的，也会与切割清单保持关联。附加到整个焊件工程图视图中的实体的零件序号，以及附加到只显示实体的工程图视图中同一实体的零件序号，具有相同的项目号。

如果将自动零件序号插入到焊件的工程图中，而该工程图不包含切割清单，则会提示是否生成切割清单。如果删除切割清单，所有与该切割清单相关的零件序号的项目号都会变为 1。

8.1.6　焊件切割清单

当第一个焊件特征被插入到零件中时，Ⓐ【注解】文件夹会重新命名为🗋【切割清单】以表示要包括在切割清单中的项目。🗋图标表示切割清单需要更新，🗋图标表示切割清单已更新。

切割清单中所有焊件实体的选项在新的焊件零件中默认打开。如果希望关闭，用鼠标右键单击🗋【切割清单】图标，从弹出的快捷菜单中取消选择【自动】命令，如图 8-27 所示。

1. 生成切割清单的操作步骤

(1) 更新切割清单。

在焊件零件的【特征管理器设计树】中，用鼠标右键单击🗋【切割清单】图标，从弹出的快捷菜单中选择【更新】命令，如图 8-28 所示，🗋【切割清单】图标变为🗋。相同项目在🗋【切割清单】项目子文件夹中列组。

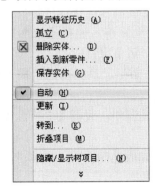

图 8-27　快捷菜单

图 8-28　快捷菜单

(2) 将特征排除在切割清单外。

焊缝不包括在切割清单中，也可以选择其他排除在切割清单外的特征。如果需要将特征排除在切割清单之外，可以用鼠标右键单击特征，从弹出的快捷菜单中选择【制作焊缝】命令，如图 8-29 所示。

(3) 将切割清单插入到工程图中。

在工程图中，单击【表格】工具栏中的 【焊件切割清单】按钮，或选择【插入】|【表格】|【焊件切割清单】菜单命令，系统弹出【焊件切割清单】属性管理器，如图 8-30 所示。

图 8-29　快捷菜单　　　　　图 8-30　【焊件切割清单】属性管理器

选择一个工程视图，设置【焊件切割清单】属性，单击 ✓ 【确定】按钮。如果在属性设置中取消选中的【附加到定位点】复选框，在图形区域中单击鼠标左键可以放置切割清单。

在零件文件中确认剪裁结构构件，这样正确的长度会出现在工程图中的切割清单中。

2. 自定义属性

焊件切割清单包括项目号、数量以及切割清单自定义属性。在焊件零件中，属性包含在使用库特征零件轮廓从结构构件，所生成的切割清单项目中，包括【说明】、【长度】、【角度 1】、【角度 2】等，可以将这些属性添加到切割清单项目中。

(1) 在零件文件中，用鼠标右键单击切割清单项目图标，从弹出的快捷菜单中选择【属性】命令，如图 8-31 所示。

(2) 在如图 8-32 所示的【焊件切割清单】属性管理器中，设置【表格位置】、【配置】和【项目号】。

(3) 根据需要重复前面的步骤，单击【确定】按钮完成操作。

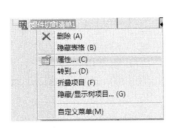

图 8-31　快捷菜单　　　　　　　图 8-32　【焊件切割清单】属性管理器

焊件设计案例 1——焊件草图

案例文件：ywj\08\01.prt。

视频文件：光盘→视频课堂→第 8 章→8.1.1。

案例操作步骤如下。

step 01 单击【草图】工具栏中的 【草图绘制】按钮，选择上视基准面作为草绘平面。单击【草图】工具栏中的 【边角矩形】按钮，绘制 200×120 的矩形，如图 8-33 所示。

step 02 单击【草图】工具栏中的 【3D 草图】按钮，再单击【草图】工具栏中的 【直线】按钮，绘制长度为"200"的空间直线，如图 8-34 所示。

step 03 单击【草图】工具栏中的 【直线】按钮，绘制长度为"200"的其他空间直线，如图 8-35 所示，焊件草图绘制完成。

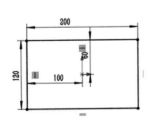

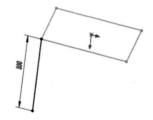

图 8-33　绘制矩形　　　　　　图 8-34　绘制 3D 直线　　　　　图 8-35　绘制其他直线

焊件设计案例 2——焊件构件

案例文件：ywj\08\01.prt、02.prt。

视频文件：光盘→视频课堂→第 8 章→8.1.2。

案例操作步骤如下。

step 01 单击【焊件】工具栏中的 【结构构件】按钮，弹出【结构构件】属性管理器，选择 3D 直线，如图 8-36 所示。

step 02 单击【特征】工具栏中的 🔳【拉伸凸台/基体】按钮，弹出【凸台-拉伸】属性管理器，选择矩形草图，设置【深度】为"4mm"，如图 8-37 所示，创建拉伸特征。

图 8-36　创建结构构件 图 8-37　拉伸凸台

step 03 单击【草图】工具栏中的 🖋【草图绘制】按钮，选择草绘面，如图 8-38 所示。

step 04 单击【草图】工具栏中的 🔲【边角矩形】按钮，绘制 100×60 的矩形，如图 8-39 所示。

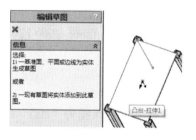

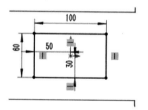

图 8-38　选择草绘面 图 8-39　绘制矩形

step 05 单击【特征】工具栏中的 🔳【拉伸切除】按钮，弹出【切除-拉伸】属性管理器，设置【深度】为"4mm"，如图 8-40 所示，创建拉伸切除特征。

step 06 创建完成的焊件构件模型如图 8-41 所示。

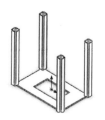

图 8-40　切除拉伸 图 8-41　完成的焊件构件模型

焊件设计案例 3——焊件焊缝

案例文件：ywj\08\02.prt、03.prt。

视频文件：光盘→视频课堂→第 8 章→8.1.3。

案例操作步骤如下。

step 01 单击【草图】工具栏中的 ↙【草图绘制】按钮，选择草绘面，如图 8-42 所示。

step 02 单击【草图】工具栏中的 □【边角矩形】按钮，绘制 140×90 的矩形，如图 8-43 所示。

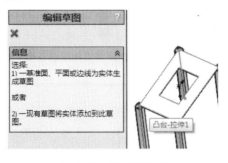

图 8-42 选择草绘面

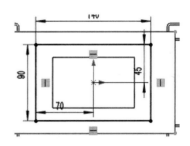

图 8-43 绘制矩形

step 03 单击【草图】工具栏中的 ⅅ【等距实体】按钮，设置【等距距离】为 "4mm"，如图 8-44 所示，创建等距实体。

step 04 单击【特征】工具栏中的 ⅻ【拉伸凸台/基体】按钮，弹出【凸台-拉伸】属性管理器，设置【深度】为 "30mm"，如图 8-45 所示，创建拉伸特征。

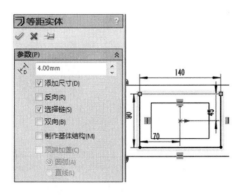

图 8-44 等距实体

图 8-45 拉伸凸台

step 05 单击【焊件】工具栏中的 ↙【焊缝】按钮，弹出【焊缝】属性管理器，选择焊接路径，设置【焊缝大小】为 "1"，如图 8-46 所示，添加焊缝。

step 06 创建完成的焊件焊缝模型如图 8-47 所示。

图 8-46　创建焊缝　　　　图 8-47　完成的焊件焊缝模型

焊件设计案例 4——角撑板

案例文件：ywj\08\03.prt、04.prt。

视频文件：光盘→视频课堂→第 8 章→8.1.4。

案例操作步骤如下。

step 01 单击【焊件】工具栏中的 ◻【角撑板】按钮，弹出【角撑板】属性管理器，选择支撑面，设置【轮廓距离】为"25mm"，如图 8-48 所示，创建角撑板 1。

step 02 单击【焊件】工具栏中的 ◻【角撑板】按钮，弹出【角撑板】属性管理器，选择支撑面，设置【轮廓距离】为"25mm"，如图 8-49 所示，创建角撑板 2。

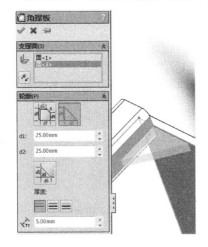

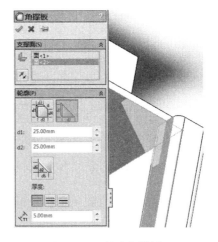

图 8-48　创建角撑板 1　　　　图 8-49　创建角撑板 2

step 03 单击【焊件】工具栏中的 ◻【角撑板】按钮，弹出【角撑板】属性管理器，选择支撑面，设置【轮廓距离】为"25mm"，如图 8-50 所示，创建角撑板 3。

step 04 单击【焊件】工具栏中的 ◻【角撑板】按钮，弹出【角撑板】属性管理器，选择支撑面，设置【轮廓距离】为"25mm"，如图 8-51 所示，创建角撑板 4。

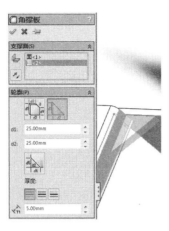

图 8-50 创建角撑板 3

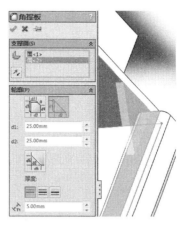

图 8-51 创建角撑板 4

step 05 创建完成的角撑板模型如图 8-52 所示。

图 8-52 完成的角撑板模型

焊件设计案例 5——焊件工程图

案例文件：ywj\08\04.prt、05.drw。

视频文件：光盘→视频课堂→第 8 章→8.1.5。

案例操作步骤如下。

step 01 新建工程图，在【模型视图】属性管理器中单击【浏览】按钮，打开【打开】
对话框，打开零件"04"，如图 8-53 所示。

图 8-53 打开模型

step 02 单击【工程图】工具栏中的 【投影视图】按钮，弹出【投影视图】属性管理器，创建三视图，如图 8-54 所示。

step 03 单击【尺寸/几何关系】工具栏中的 ◆【智能尺寸】按钮，标注俯视图尺寸，如图 8-55 所示。

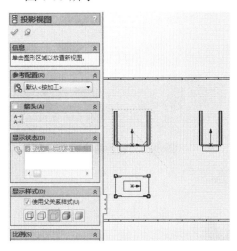

图 8-54　创建三视图

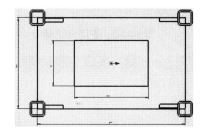

图 8-55　创建俯视图尺寸

step 04 单击【尺寸/几何关系】工具栏中的 ◆【智能尺寸】按钮，标注主视图尺寸，如图 8-56 所示。

step 05 单击【尺寸/几何关系】工具栏中的 ◆【智能尺寸】按钮，标注侧视图尺寸，如图 8-57 所示，焊件工程图创建完成。

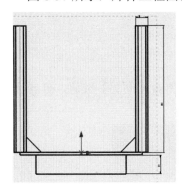

图 8-56　创建主视图尺寸

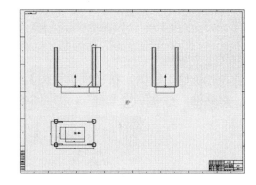

图 8-57　创建侧视图尺寸

8.2　钣　金　设　计

8.2.1　基本术语

在钣金零件设计中经常涉及一些术语，包括折弯系数、折弯系数表、K 因子和折弯扣除等。

1. 折弯系数

折弯系数是沿材料中心轴所测得的圆弧长度。在生成折弯时，可输入数值以指定明确的折弯系数给任何一个钣金折弯。

以下方程式用来决定使用折弯系数数值时的总平展长度。

$$L_t＝A＋B＋BA$$

式中：L_t 表示总平展长度；A 和 B 的含义如图 8-58 所示；BA 表示折弯系数值。

2. 折弯系数表

折弯系数表是指定钣金零件的折弯系数或折弯扣除数值。折弯系数表还包括折弯半径、折弯角度以及零件厚度的数值。有两种折弯系数表可供使用，一是带有"*.BTL"扩展名的文本文件，二是嵌入的 Excel 电子表格。

3. K 因子

K 因子代表中立板相对于钣金零件厚度的位置的比率。带 K 因子的折弯系数使用以下计算公式。

$$BA＝\Pi(R＋KT)A／180$$

式中：BA 表示折弯系数值；R 表示内侧折弯半径；K 表示 K 因子；T 表示材料厚度；A 表示折弯角度(经过折弯材料的角度)。

4. 折弯扣除

折弯扣除，通常是指回退量，也是一个通过简单算法来描述钣金折弯的过程。在生成折弯时，可以通过输入数值来给任何钣金折弯指定一个明确的折弯扣除。

以下方程用来决定使用折弯扣除数值时的总平展长度。

$$L_t＝A＋B－BD$$

式中：L_t 表示总平展长度；A 和 B 的含义如图 8-59 所示；BD 表示折弯扣除值。

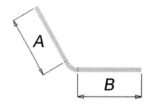

图 8-58 折弯系数中 A 和 B 的含义

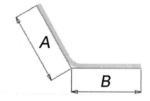

图 8-59 折弯扣除中 A 和 B 的含义

8.2.2 钣金特征设计

生成钣金特征有两种方法，一是利用钣金工具直接生成，二是将零件进行转换。

1. 利用钣金工具

下面的 3 个特征分别代表钣金的 3 个基本操作，这些特征位于钣金的特征管理器设计树中。

(1) 钣金 ▦：包含了钣金零件的定义，此特征保存了整个零件的默认折弯参数信息，如折弯半径、折弯系数、自动切释放槽(预切槽)比例等。

(2) 基体-法兰 ▥：钣金零件的第一个实体特征，包括深度和厚度等信息。

(3) 平板型式 ▨：默认情况下，平板型式特征是被压缩的，因为零件是处于折弯状态下。若想平展零件，用右键单击平板型式，然后选择【解除压缩】命令。当平板型式特征被压缩时，在特征管理器设计树中，新特征均自动插入到平板型式特征上方，当平板型式特征解除压缩后，在特征管理器设计树中，新特征插入到平板型式特征下方，并且不在折叠零件中显示。

2. 将零件转换为钣金特征

首先生成一个零件，然后使用【钣金】工具栏中的▨【插入折弯】按钮生成钣金。在特征管理器设计树中有三个特征，这三个特征分别代表钣金的三个基本操作。

(1) 【钣金】▦包含了钣金零件的定义，此特征保存了整个零件的默认折弯参数信息(厚度、折弯半径、折弯系数、自动切释放槽比例和固定实体等)。

(2) 【展开折弯】▨ 展开-折弯1代表展开的零件，此特征包含将尖角或圆角转换成折弯的有关信息。每个由模型生成的折弯作为单独的特征列出在展开折弯下，由圆角边角、圆柱面和圆锥面形成的折弯作为圆角折弯列出；由尖角边角形成的折弯作为尖角折弯列出。展开折弯中列出的尖角草图，包含由系统生成的所有尖角和圆角折弯的折弯线。

(3) 【加工折弯】▨ 加工-折弯1代表将展开的零件转换成成形零件的过程，由在展开零件中指定的折弯线所生成的折弯列在此特征中。加工折弯下列出的平面草图是这些折弯线的占位符，特征管理器设计树中加工折弯图标后列出的特征，不会在零件展开视图中出现。

8.2.3 钣金零件设计

有两种基本方法可以生成钣金零件，一是利用钣金命令直接生成，二是将设计实体进行转换。

1. 生成钣金零件

首先使用特定的钣金命令生成钣金零件。

1) 基体法兰

基体法兰是钣金零件的第一个特征。当基体法兰被添加到 SolidWorks 零件后，系统会将该零件标记为钣金零件，在适当位置生成折弯，并且在特征管理器设计树中显示特定的钣金特征。

其注意事项如下：

(1) 基体法兰特征是从草图生成的，草图可以是单一开环、单一闭环，也可以是多重封闭轮廓。

(2) 在一个 SolidWorks 零件中，只能有一个基体法兰特征。

(3) 基体法兰特征的厚度和折弯半径将成为其他钣金特征的默认值。

单击【钣金】工具栏中的▥【基体法兰/薄片】按钮，或选择【插入】|【钣金】|【基体法兰】菜单命令，系统弹出【基体法兰】属性管理器，如图 8-60 所示。

图 8-60 【基体法兰】属性管理器

图 8-61 折弯系数列表

(1) 【钣金参数】选项组。

● $\overline{\zeta_{T1}}$【厚度】：设置钣金厚度。

● 【反向】：以相反方向加厚草图。

(2) 【折弯系数】选项组(其列表如图 8-61 所示)。

● 选择【K 因子】选项，其参数如图 8-62 所示。

● 选择【折弯系数】选项，其参数如图 8-63 所示。

图 8-62 选择【K 因子】选项

图 8-63 选择【折弯系数】选项

● 选择【折弯扣除】选项，其参数如图 8-64 所示。

● 选择【折弯系数表】选项，其参数如图 8-65 所示。

图 8-64 选择【折弯扣除】选项

图 8-65 选择【折弯系数表】选项

● 选择【折弯计算】选项，其参数如图 8-66 所示。

(3) 【自动切释放槽】选项组。

在【自动释放槽类型】中可以进行选择类型，下拉列表如图 8-67 所示。

在【自动释放槽类型】中选择【矩形】或者【矩圆形】选项，其参数如图 8-68 所示。取消选中的【使用释放槽比例】复选框，则可以设置 $\overline{w}$【释放槽宽度】和 $\overline{I}^{D}$【释放槽深度】，如图 8-69 所示。

图 8-66　选择【折弯计算】选项　　　　　图 8-67　【自动释放槽类型】下拉列表

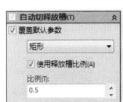

图 8-68　选择【矩形】选项　　　图 8-69　取消选中的【使用释放槽比例】复选框

2）边线法兰

在一条或者多条边线上可以添加边线法兰。单击【钣金】工具栏中的 【边线法兰】按钮，或选择【插入】|【钣金】|【边线法兰】菜单命令，系统弹出【边线-法兰】属性管理器，如图 8-70 所示。

图 8-70　【边线-法兰】属性管理器

(1)【法兰参数】选项组。

● 【边线】：在图形区域中选择边线。

● 【编辑法兰轮廓】按钮：编辑轮廓草图。

● 【使用默认半径】：可以使用系统默认的半径。

● 【折弯半径】：在取消选中【使用默认半径】复选框时可用。

● 【缝隙距离】：设置缝隙数值。

(2)【角度】选项组。

● 【法兰角度】：设置角度数值。

- ● 【选择面】：为法兰角度选择参考面。

(3) 【法兰长度】选项组。

- ● 【长度终止条件】：选择终止条件，其选项如图 8-71 所示。
- ● 【反向】：改变法兰边线的方向。
- ● 【长度】：设置长度数值，然后为测量选择一个原点，包括 【外部虚拟交点】、 【双弯曲】和 【内部虚拟交点】。

(4) 【法兰位置】选项组。

- ● 【法兰位置】：可以单击以下按钮之一，包括 【材料在内】、 【材料在外】、 【折弯在外】、 【虚拟交点的折弯】、 【与折弯相切】。
- ● 【剪裁侧边折弯】：移除邻近折弯的多余部分。
- ● 【等距】：选中该复选框，可以生成等距法兰，其参数如图 8-72 所示。

图 8-71　【长度终止条件】下拉列表　　　图 8-72　选中【等距】复选框

(5) 【自定义折弯系数】选项组。

选择【折弯系数类型】并为折弯系数设置数值，【折弯系数类型】下拉列表如图 8-73 所示。

(6) 【自定义释放槽类型】选项组。

选择【释放槽类型】可添加释放槽切除，【释放槽类型】下拉列表如图 8-74 所示。

图 8-73　【折弯系数类型】下拉列表　　　图 8-74　【释放槽类型】下拉列表

3) 斜接法兰

单击【钣金】工具栏中的 【斜接法兰】按钮，或选择【插入】|【钣金】|【斜接法兰】菜单命令，系统弹出【斜接法兰】属性管理器，如图 8-75 所示。

(1) 【斜接参数】选项组。

【沿边线】选择框：选择要斜接的边线。

其他参数不再赘述。

(2) 【启始/结束处等距】选项组(此处为与软件界面统一，使用"启始"，下同)。

如果需要令斜接法兰跨越模型的整个边线，将 【开始等距距离】和 【结束等距距离】设置为零。

4) 褶边

褶边可以被添加到钣金零件的所选边线上。

其注意事项如下。

(1) 所选边线必须为直线。

(2) 斜接边角被自动添加到交叉褶边上。

(3) 如果选择多个要添加褶边的边线，则这些边线必须在同一面上。

单击【钣金】工具栏中的 🔘【褶边】按钮，或选择【插入】|【钣金】|【褶边】菜单命令，系统弹出【褶边】属性管理器，如图 8-76 所示。

图 8-75　【斜接法兰】属性管理器　　　　图 8-76　【褶边】属性管理器

(1) 【边线】选项组。

🔘【边线】：在图形区域中选择需要添加褶边的边线。

(2) 【类型和大小】选项组。

选择褶边类型，包括 🔘【闭合】、🔘【打开】、🔘【撕裂形】和 🔘【滚轧】，选择不同类型的效果如图 8-77 所示。

闭合　　　　　　打开

滚轧

不同褶边类型的效果

□【打开】类型时可用。

开】类型时可用。

】和【滚轧】类型时可用。

- 【半径】：在选择【撕裂形】和【滚轧】类型时可用。

5）绘制的折弯

绘制的折弯在钣金零件处于折叠状态时，将折弯线添加到零件，使折弯线的尺寸标注到其他折叠的几何体上。

其注意事项如下。

(1) 在草图中只允许使用直线，可以为每个草图添加多条直线。

(2) 折弯线长度不一定与正折弯的面的长度相同。

单击【钣金】工具栏中的 【绘制的折弯】按钮，或选择【插入】|【钣金】|【绘制的折弯】菜单命令，系统弹出【绘制的折弯】属性管理器，如图 8-78 所示。

(1) 【固定面】：在图形区域中选择一个不因为特征而移动的面。

(2) 【折弯位置】：包括 【折弯中心线】、 【材料在内】、 【材料在外】和 【折弯在外】。

6）闭合角

可以在钣金法兰之间添加闭合角。

其功能如下：

(1) 为想闭合的所有边角选择面以同时闭合多个边角。

(2) 封闭非垂直边角。

(3) 将闭合边角应用到带有 90°以外折弯的法兰。

(4) 调整缝隙距离，即由边界角特征所添加的两个材料截面之间的距离。

(5) 调整重叠/欠重叠比率(即重叠的部分与欠重叠的部分之间的比率)，数值 1 表示重叠和欠重叠相等。

(6) 闭合或者打开折弯区域。

单击【钣金】工具栏中的 【闭合角】按钮，或选择【插入】|【钣金】|【闭合角】菜单命令，系统弹出【闭合角】属性管理器，如图 8-79 所示。

(1) 【要延伸的面】：选择一个或者多个平面。

(2) 【边角类型】：可以选择边角类型，包括 【对接】、 【重叠】、 【欠重叠】。

(3) 【缝隙距离】：设置缝隙数值。

(4) 【重叠/欠重叠比率】：设置比率数值。

7）转折

转折是通过从草图线生成两个折弯而将材料添加到钣金零件上。

其注意事项如下：

(1) 草图必须只包含一条直线。

(2) 直线不一定是水平或者垂直直线。

(3) 折弯线长度不一定与正折弯的面的长度相同。

单击【钣金】工具栏中的 【转折】按钮，或选择【插入】|【钣金】|【转折】菜单命令，系统弹出【转折】属性管理器，如图 8-80 所示。

其属性设置不再赘述。

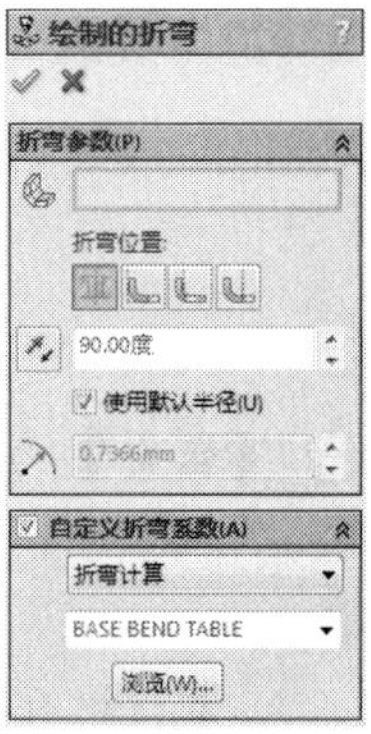

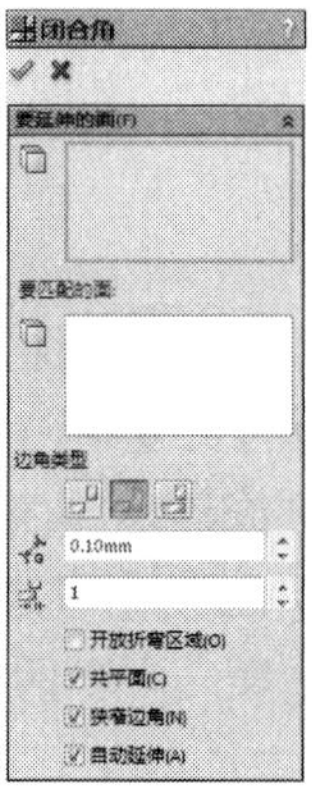

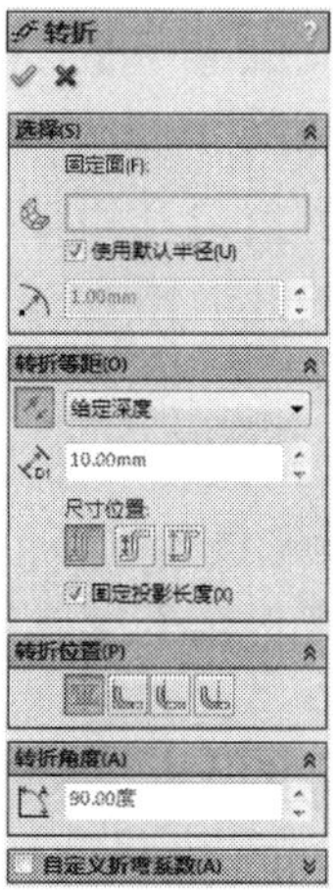

图 8-78　【绘制的折弯】属性管理器　图 8-79　【闭合角】属性管理器　图 8-80　【转折】属性管理器

8) 断开边角

单击【钣金】工具栏中的【断开边角/边角剪裁】按钮，或选择【插入】|【钣金】|【断裂边角】菜单命令，系统弹出【断开边角】属性管理器，如图 8-81 所示。

(1) 【边角边线和/或法兰面】：选择要断开的边角、边线或者法兰面。

(2) 【折断类型】：可以选择折断类型，包括【倒角】、【圆角】，选择不同类型的效果如图 8-82 所示。

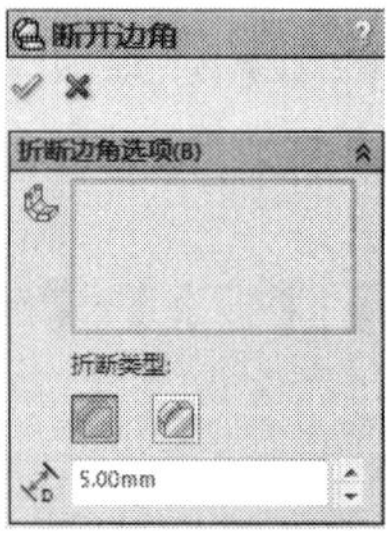

图 8-81　【断开边角】属性管理器　　　　图 8-82　不同折断类型的效果

(3) 【距离】：在单击【倒角】按钮时可用。

(4) 【半径】：在单击【圆角】按钮时可用。

2. 将设计实体转换为钣金零件

1) 使用折弯生成钣金零件

单击【钣金】工具栏中的【插入折弯】按钮，或选择【插入】|【钣金】|【折弯】菜单命令，系统弹出【折弯】属性管理器，如图 8-83 所示。

(1) 【折弯参数】选项组。

【固定的面或边线】：选择模型上的固定面，当零件展开时该固定面的位置保持不变。

(2) 【切口参数】选项组。

【要切口的边线】：选择内部或者外部边线，也可以选择线性草图实体。

2) 添加薄壁特征到钣金零件

(1) 在零件上选择一个草图。

(2) 选择需要添加薄壁特征的平面上的线性边线，并单击【草图】工具栏中的【转换实体引用】按钮。

(3) 移动距折弯最近的顶点至一定距离，留出折弯半径。

(4) 单击【特征】工具栏中的【拉伸凸台/基体】按钮，系统弹出【凸台-拉伸】属性管理器。在【方向 1】选项组中，选择【终止条件】为【给定深度】，设置【深度】数值；在【薄壁特征】选项组中，设置【厚度】数值与基体零件相同，单击 ✔ 【确定】按钮。

3) 生成包含圆锥面的钣金零件

单击【钣金】工具栏中的 【插入折弯】按钮，或选择【插入】|【钣金】|【折弯】菜单命令，系统弹出【折弯】属性管理器。在【折弯参数】选项组中，单击【固定的面或边线】选择框，在图形区域中选择圆锥面一个端面的一条线性边线作为固定边线，设置【折弯半径】；在【折弯系数】选项组中，选择【折弯系数】类型并进行设置。

图 8-83　【折弯】属性管理器

如果要生成一个或者多个包含圆锥面的钣金零件，必须选择 K 因子作为折弯系数类型。所选择的折弯系数类型及为折弯半径、折弯系数和自动切释放槽设置的数值会成为下一个新生成的钣金零件的默认设置。

8.2.4　编辑钣金特征

下面介绍几种编辑钣金特征的方法。

1. 切口

切口特征通常用于生成钣金零件，但可以将切口特征添加到任何零件上。

单击【钣金】工具栏中的【切口】按钮，或选择【插入】|【钣金】|【切口】菜单命令，系统弹出【切口】属性管理器，如图 8-84 所示。

其属性设置不再赘述。

生成切口特征的注意事项如下。

(1) 沿所选内部或者外部模型边线生成切口。

(2) 从线性草图实体上生成切口。

(3) 通过组合模型边线在单一线性草图实体上生成切口。

2. 展开

在钣金零件中，单击【钣金】工具栏中的【展开】按钮，或选择【插入】|【钣金】|【展开】菜单命令，系统弹出【展开】属性管理器，如图 8-85 所示。

(1) 【固定面】：在图形区域中选择一个不因为特征而移动的面。

(2) 【要展开的折弯】：选择一个或者多个折弯。

其他属性设置不再赘述。

3. 折叠

单击【钣金】工具栏中的  【折叠】按钮，或选择【插入】|【钣金】|【折叠】菜单命令，系统弹出【折叠】属性管理器，如图 8-86 所示。

| 图 8-84　【切口】属性管理器 | 图 8-85　【展开】属性管理器 | 图 8-86　【折叠】属性管理器 |

(1) 【固定面】：在图形区域中选择一个不因为特征而移动的面。

(2) 【要折叠的折弯】：选择一个或者多个折弯。

其他属性设置不再赘述。

4. 放样折弯

在钣金零件中，放样折弯使用由放样连接的两个开环轮廓草图，基体法兰特征不与放样折弯特征一起使用。

单击【钣金】工具栏中的 【放样折弯】按钮，或选择【插入】|【钣金】|【放样折弯】菜单命令，系统弹出【放样折弯】属性管理器，如图 8-87 所示。

其注意事项如下：

(1) 使用 K 因子或者折弯系数计算折弯。

(2) 不能被镜像。

图 8-87　【放样折弯】属性管理器

(3) 要求两个草图，包括无尖锐边线的开环轮廓，且轮廓开口同向对齐以使平板型式更为精确。

8.2.5　使用钣金成形工具

成形工具可以用作折弯、伸展或者成形钣金的冲模，生成一些成形特征，例如百叶窗、矛状器具、法兰和筋等。这些工具存储在安装目录：\data\design library\forming tools 中。可以从设计库中插入成形工具，并将其应用到钣金零件。生成成形工具的许多步骤与生成 SolidWorks 零件的步骤相同。

1. 成形工具的属性设置

用户可以创建新的成形工具，并将它们添加到钣金零件中。生成成形工具时，可以添加定位草图以确定成形工具在钣金零件上的位置，并应用颜色以区分停止面和要移除的面。

选择【插入】|【钣金】|【成形工具】菜单命令，系统弹出【成形工具】属性管理器，如图 8-88 所示。

其属性设置不再赘述。

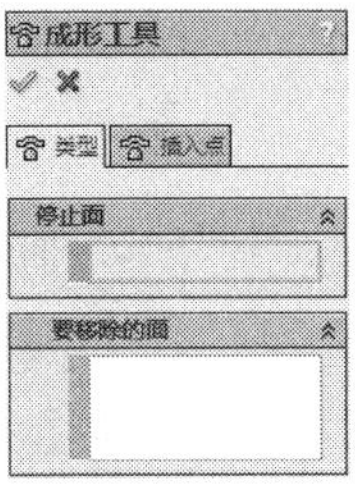

图 8-88 【成形工具】属性管理器

2. 使用成形工具到钣金零件的操作步骤

在 SolidWorks 中，可以使用【设计库】中的成形工具生成钣金零件。

(1) 打开钣金零件，在任务窗口中切换到【设计库】选项卡，选择 forming tools(成形工具)文件夹，如图 8-89 所示。

(2) 选择成形工具，将其从【设计库】任务窗口中拖到需要改变形状的面上。

(3) 按 Tab 键改变其方向到材质的另一侧，如图 8-90 所示。

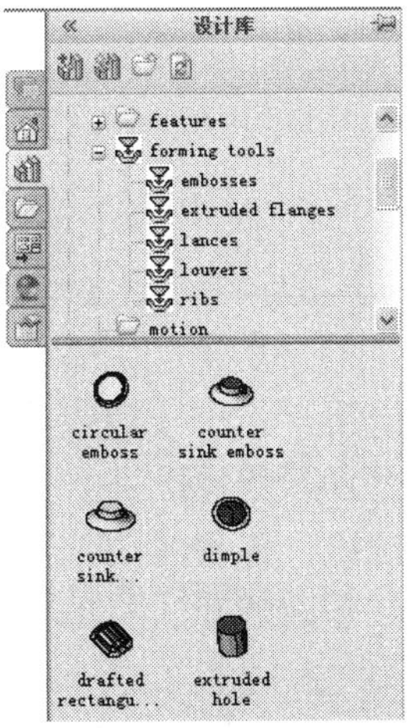

图 8-89 选择 forming tools 文件夹

图 8-90 改变方向

(4) 将特征拖至要应用的位置，设置【放置成形特征】对话框中的参数。

(5) 使用【智能尺寸】等草图命令定义成形工具，最后单击【确定】按钮。

3. 定位成形工具的操作方法

用户可以使用草图工具在钣金零件上定位成形工具。

(1) 在钣金零件的一个面上绘制任何实体(如构造性直线等)，从而使用尺寸和几何关系帮助定位成形工具。

(2) 在【设计库】任务窗口中，选择 forming tools(成形工具)文件夹。

(3) 选择成形工具，将其拖到需要定位的面上释放鼠标，成形工具被放置在该面上，设置【放置成形特征】对话框中的参数。

(4) 使用【智能尺寸】等草图命令定位成形工具，单击【确定】按钮。

钣金设计案例 1——钣金件 1

案例文件： ywj\08\06.prt。

视频文件： 光盘→视频课堂→第 8 章→8.2.1。

案例操作步骤如下。

step 01 单击【草图】工具栏中的 ✏ 【草图绘制】按钮，选择上视基准面作为草绘平面。单击【草图】工具栏中的 ▢ 【边角矩形】按钮，绘制 200×100 的矩形，如图 8-91 所示。

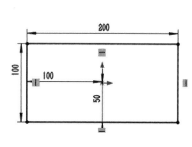

图 8-91　绘制矩形

图 8-92　基体法兰

step 02 单击【钣金】工具栏中的 🦋 【基体法兰/薄片】按钮，弹出【基体法兰】属性管理器，创建基体法兰，如图 8-92 所示。

step 03 单击【钣金】工具栏中的 🦋 【边线法兰】按钮，弹出【边线-法兰】属性管理器，设置【长度】为"80mm"，如图 8-93 所示，创建边线法兰 1。

step 04 单击【钣金】工具栏中的 🦋 【边线法兰】按钮，弹出【边线-法兰】属性管理器，设置【长度】为"80mm"，如图 8-94 所示，创建边线法兰 2。

图 8-93　边线法兰 1

图 8-94　边线法兰 2

step 05 创建完成的钣金件 1 模型如图 8-95 所示。

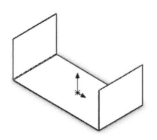

图 8-95　完成的钣金件 1 模型

钣金设计案例 2——钣金件 2

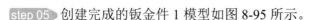

> 案例文件：ywj\08\06.prt、07.prt。
>
> 视频文件：光盘→视频课堂→第 8 章→8.2.2。

案例操作步骤如下。

step 01　单击【钣金】工具栏中的 【褶边】按钮，弹出【褶边】属性管理器，设置
　　　　【长度】为"10mm"，如图 8-96 所示，创建褶边 1。

step 02　单击【钣金】工具栏中的 【褶边】按钮，弹出【褶边】属性管理器，设置
　　　　【长度】为"10mm"，如图 8-97 所示，创建褶边 2。

图 8-96　创建褶边 1

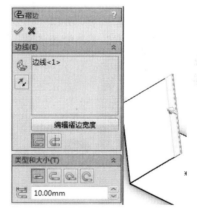

图 8-97　创建褶边 2

step 03　单击【草图】工具栏中的 【草图绘制】按钮，选择草绘面，如图 8-98 所示。

step 04　单击【草图】工具栏中的 【圆】按钮，绘制直径为 40 的圆，如图 8-99 所示。

图 8-98　选择草绘面

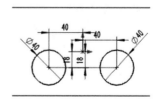

图 8-99　绘制圆

step 05 单击【特征】工具栏中的 【拉伸切除】按钮，弹出【切除-拉伸】属性管理器，设置【深度】为"10mm"，如图 8-100 所示，创建拉伸切除特征。

step 06 创建完成的钣金件 2 模型如图 8-101 所示。

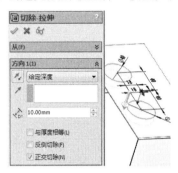

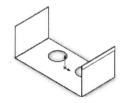

图 8-100　切除拉伸　　　　　　　　图 8-101　完成的钣金件 2 模型

钣金设计案例 3——钣金件 3

案例文件：ywj\08\07.prt、08.prt。

视频文件：光盘→视频课堂→第 8 章→8.2.3。

案例操作步骤如下。

step 01 单击【草图】工具栏中的 【基准面】按钮，弹出【基准面】属性管理器，设置【偏移距离】为"50mm"，如图 8-102 所示，创建基准面。

step 02 单击【草图】工具栏中的 【草图绘制】按钮，选择草绘面，如图 8-103 所示。

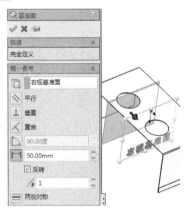

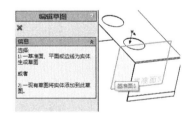

图 8-102　创建基准面　　　　　　　　图 8-103　选择草绘面

step 03 单击【草图】工具栏中的 【边角矩形】按钮，绘制 10×0.74 的矩形，如图 8-104 所示。

step 04 单击【特征】工具栏中的 【拉伸凸台/基体】按钮，弹出【凸台-拉伸】属性管理器，设置【深度】为"100mm"，如图 8-105 所示，创建拉伸特征。

step 05 单击【钣金】工具栏中的 【边线法兰】按钮，弹

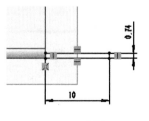

图 8-104　绘制矩形

出【边线-法兰】属性管理器，设置【长度】为"5mm"，如图 8-106 所示，创建边线法兰 1。

图 8-105　拉伸凸台

图 8-106　边线法兰 1

step 06　单击【钣金】工具栏中的【边线法兰】按钮，弹出【边线-法兰】属性管理器，设置【长度】为"100mm"，如图 8-107 所示，创建边线法兰 2。

step 07　创建完成的钣金件 3 模型如图 8-108 所示。

图 8-107　边线法兰 2

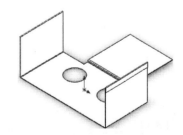

图 8-108　完成的钣金件 3 模型

钣金设计案例 4——钣金件 4

案例文件：ywj\08\08.prt、09.prt。

视频文件：光盘→视频课堂→第 8 章→8.2.4。

案例操作步骤如下。

step 01 单击【钣金】工具栏中的  【边线法兰】按钮，弹出【边线-法兰】属性管理器，设置【长度】为"10mm"，如图 8-109 所示，创建边线法兰 1。

step 02 单击【钣金】工具栏中的 【边线法兰】按钮，弹出【边线-法兰】属性管理器，设置【长度】为"10mm"，如图 8-110 所示，创建边线法兰 2。

图 8-109　边线法兰 1　　　　　　图 8-110　边线法兰 2

step 03 单击【钣金】工具栏中的 【边线法兰】按钮，弹出【边线-法兰】属性管理器，设置【长度】为"20mm"，如图 8-111 所示，创建边线法兰 3。

step 04 单击【草图】工具栏中的 【草图绘制】按钮，选择草绘面，如图 8-112 所示。

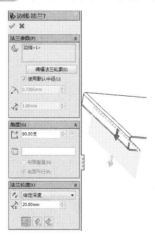

图 8-111　边线法兰 3

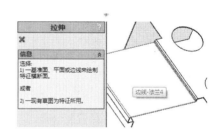

图 8-112　选择草绘面

step 05 单击【草图】工具栏中的 【圆】按钮，绘制直径为 30 的圆，如图 8-113 所示。

step 06 单击【特征】工具栏中的 【拉伸切除】按钮，弹出【切除-拉伸】属性管理器，设置【深度】为"100mm"，如图 8-114 所示，创建拉伸切除特征。

step 07 创建完成的钣金件 4 模型如图 8-115 所示。

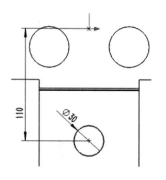

图 8-113　绘制圆

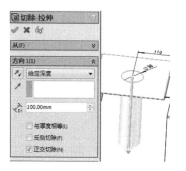

图 8-114　拉伸切除

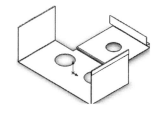

图 8-115　完成的钣金件 4 模型

钣金设计案例 5——钣金件 5

案例文件：ywj\08\09.prt、10.prt。

视频文件：光盘→视频课堂→第 8 章→8.2.5。

案例操作步骤如下。

step 01 单击【草图】工具栏中的 [⬚]【草图绘制】按钮，选择草绘面，如图 8-116 所示。

step 02 单击【草图】工具栏中的 ⊙【圆】按钮，绘制半径为 20 的圆，如图 8-117 所示。

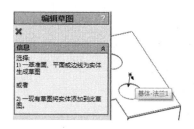

图 8-116　选择草绘面

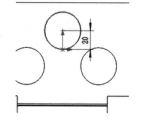

图 8-117　绘制圆

step 03 单击【草图】工具栏中的 ＼【直线】按钮，绘制两条直线，如图 8-118 所示。

step 04 单击【钣金】工具栏中的 ▦【通风口】按钮，弹出【通风口】属性管理器，选择【边界】，设置【输入筋的深度】为"2mm"，如图 8-119 所示，创建通风口。

step 05 创建完成的钣金件 5 模型如图 8-120 所示。

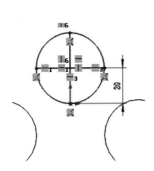

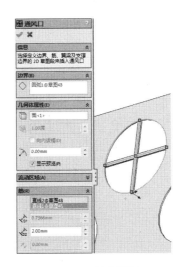

图 8-118　绘制直线　　　　　　　　　图 8-119　创建通风口

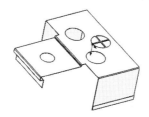

图 8-120　完成的钣金件 5 模型

8.3　本 章 小 结

　　通过本章的讲解，读者可以掌握焊件设计的基本知识，如生成结构构件、剪裁结构构件、生成圆角焊缝、管理切割清单等，添加焊缝方便了以后的加工，请读者认真学习。

　　本章还介绍了有关钣金的基本术语、建立钣金和编辑钣金的方法，以及使用钣金成形工具的方法，最后结合具体实例讲解了建立钣金零件的步骤。熟练使用钣金工具和钣金成形工具可以设计结构复杂的钣金零件，希望读者能够认真学习掌握。

第 9 章
工程图设计

工程图是用来表达三维模型的二维图样，通常包含一组视图、完整的尺寸、技术要求、标题栏等内容。在工程图设计中，可以利用 SolidWorks 设计的实体零件和装配体直接生成所需的视图，也可以基于现有的视图生成新的视图。

工程图是产品设计的重要技术文件，一方面体现了设计成果，另一方面也是指导生产的参考依据。在产品的生产制造过程中，工程图还是设计人员进行交流和提高工作效率的重要工具，是工程界的技术语言。SolidWorks 提供了强大的工程图设计功能，用户可以很方便地借助于零部件或者装配体三维模型生成所需的各个视图，包括剖视图、局部放大视图等。

本章主要介绍工程图的基本设置方法，以及工程视图的创建和尺寸、注释的添加，最后介绍打印工程图的方法。

9.1 工程图基本设置

下面讲解工程图的线型、图层以及图纸格式等的设置方法。

9.1.1 工程图线型设置

对于视图中图线的线色、线粗、线型、颜色显示模式等，可利用【线型】工具栏进行设置。【线型】工具栏如图 9-1 所示。

(1) 🔲 【图层属性】：设置图层属性(如颜色、厚度、样式等)，将实体移动到图层中，然后为新的实体选择图层。

(2) 🔲 【线色】：可对图线颜色进行设置。

(3) 🔲 【线粗】：单击该按钮，会弹出如图 9-2 所示的【线粗】菜单，可对图线粗细进行设置。

(4) 🔲 【线条样式】：单击该按钮，会弹出如图 9-3 所示的【线条样式】菜单，可对图线样式进行设置。

图 9-1　【线型】工具栏　　　图 9-2　【线粗】菜单　　　图 9-3　【线条样式】菜单

(5) 🔲 【颜色显示模式】：单击该按钮，线色会在所设置的颜色中进行切换。

在工程图中如果需要对线型进行设置，一般在绘制草图实体之前，先利用【线型】工具栏中的【线色】、【线粗】和【线条样式】按钮对要绘制的图线设置所需的格式，这样可使被添加到工程图中的草图实体均使用指定的线型格式，直到重新设置另一种格式为止。

如果需要改变直线、边线或草图视图的格式，可先选择需要更改的直线、边线或草图实体，然后利用【线型】工具栏中的相应按钮进行修改，新格式将被应用到所选视图中。

9.1.2 工程图图层设置

在工程图文件中，用户可根据需求建立图层，并为每个图层上生成的新实体指定线条颜色、线条粗细和线条样式。新的实体会自动添加到激活的图层中。图层可以被隐藏或显示。另外，还可将实体从一个图层移动到另一个图层。创建好工程图的图层后，可分别为每个尺寸、注解、表格和视图标号等局部视图选择不同的图层设置。例如，可创建两个图层，将其中一个分配给直径尺寸，另一个分配给表面粗糙度注解。可在文档层设置各个局部视图的图层，无须在工程图中切换图层即可应用自定义图层。

可以将尺寸和注解(包括注释、区域剖面线、块、折断线、局部视图图标、剖面线及表格等)移动到图层上并使用图层指定的颜色。草图实体使用图层的所有属性。

可将零件或装配体工程图中的零部件移动到图层。单击【线型】工具栏中的 【更改图层】按钮，其下拉菜单是用于为零部件选择命名图层的清单，如图 9-4 所示。

如果将*.DXF 或者*.DWG 文件输入到 SolidWorks 工程图中，会自动生成图层。在最初生成*.DXF 或*.DWG 文件的系统中指定的图层信息(如名称、属性和实体位置等)将保留。

如果将带有图层的工程图作为*.DXF 或*.DWG 文件输出，则图层信息包含在文件中。当在目标系统中打开文件时，实体都位于相同图层上，并且具有相同的属性，除非使用映射将实体重新导向新的图层。

图 9-4　【图层】工具栏

1. 建立图层

(1) 在工程图中，单击【线型】工具栏中的 【图层属性】按钮，弹出如图 9-5 所示的【图层】对话框。

图 9-5　【图层】对话框

(2) 单击【新建】按钮，输入新图层的名称。

(3) 更改图层默认图线的颜色、样式和粗细等。

- 【颜色】：单击【颜色】下的颜色框，弹出【颜色】对话框，可选择或设置颜色，如图 9-6 所示。
- 【样式】：单击【样式】下的图线，从弹出的菜单中选择图线样式，如图 9-7 所示。
- 【厚度】：单击【厚度】下的直线，从弹出的菜单中选择图线的粗细，如图 9-8 所示。

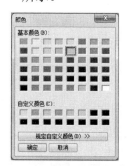

图 9-6　【颜色】对话框

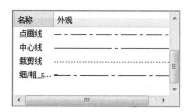

图 9-7　选择样式

图 9-8　选择粗细

(4) 单击【确定】按钮，可为文件建立新的图层。

2. 图层操作

(1) 在【图层】对话框中，⇨ 图标所指示的图层为激活的图层。如果要激活图层，单击图层左侧，则所添加的新实体会出现在激活的图层中。

(2) ♀ 图标表示图层打开或关闭的状态。当灯泡为黄色时，图层可见。单击某一图层的♀ 图标，则可显示或隐藏该图层。

(3) 如果要删除图层，选择图层，然后单击【删除】按钮。

(4) 如果要移动实体到激活的图层，选择工程图中的实体，然后单击【移动】按钮，即可将其移动至激活的图层。

(5) 如果要更改图层名称，则单击图层名称，输入新名称即可。

9.1.3 编辑图纸格式

生成一个工程图文件后，可随时对图纸大小、图纸格式、绘图比例、投影类型等图纸细节进行修改。

在【特征管理器设计树】中，右击🗗图标，或在工程图纸的空白区域单击鼠标右键，从弹出的快捷菜单中选择【属性】命令，如图 9-9 所示，弹出【图纸属性】对话框，如图 9-10 所示。

图 9-9 快捷菜单

图 9-10 【图纸属性】对话框

【图纸属性】对话框中各选项的功能如下。

(1) 【投影类型】：为标准三视图投影选择【第一视角】或【第三视角】(我国采用的是【第一视角】)。

(2) 【下一视图标号】：指定用作下一个剖面视图或局部视图标号的英文字母。

(3) 【下一基准标号】：指定用作下一个基准特征标号的英文字母。

(4) 【使用模型中此处显示的自定义属性值】：如果在图纸上显示了一个以上的模型，且工程图中包含链接到模型自定义属性的注释，则选择希望使用的属性所在的模型视图；如果没有另外指定，则将使用图纸第一个视图中的模型属性。

9.1.4　图纸格式设置

当生成新的工程图时，必须选择图纸格式。图纸格式可采用标准图纸格式，也可自定义和修改图纸格式。通过对图纸格式的设置，有助于生成具有统一格式的工程图。

图纸格式主要用于保存图纸中相对不变的部分，如图框、标题栏和明细栏等。

1. 图纸格式的属性设置

(1) 标准图纸格式。

SolidWorks 提供了各种标准图纸大小的图纸格式。可在【图纸属性】对话框的【标准图纸大小】列表框中进行选择。单击【浏览】按钮，可加载用户自定义的图纸格式。

【显示图纸格式】复选框：显示边框、标题栏等。

(2) 无图纸格式。

选择【自定义图纸大小】选项，可定义无图纸格式，即选择无边框、标题栏的空白图纸。此选项要求指定纸张大小，用户也可定义自己的格式，如图 9-11 所示。

图 9-11　选中【自定义图纸大小】单选按钮

2. 使用图纸格式的操作步骤

(1) 单击【标准】工具栏中的 【新建】按钮，弹出如图 9-12 所示的【新建 SolidWorks 文件】对话框。

(2) 单击【工程图】图标，再单击【确定】按钮，弹出【图纸格式/大小】对话框，根据需要设置参数，单击【确定】按钮。

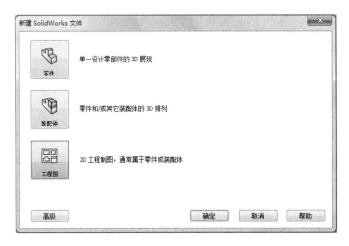

图 9-12　【新建 SolidWorks 文件】对话框

9.2　工程视图设计

工程视图是指在图纸中生成的所有视图。在 SolidWorks 中，用户可以根据需要生成各种零件模型的表达视图，如投影视图、剖面视图、局部放大视图、轴测视图等。

在生成工程视图之前，应首先生成零部件或者装配体的三维模型，然后根据此三维模型考虑和规划视图，如工程图由几个视图组成、是否需要剖视等，最后再生成工程视图。

新建工程图文件，完成图纸格式的设置后，就可以生成工程视图了。选择【插入】|【工程图视图】菜单命令，弹出【工程图视图】菜单，如图 9-13 所示，根据需要，可以选择相应的命令生成工程视图。

图 9-13　【工程图视图】菜单

(1) 【投影视图】：指从主、俯、左三个方向插入视图。

(2) 【辅助视图】：垂直于所选参考边线的视图。

(3) 【剖面视图】：可以用一条剖切线分割父视图。剖面视图可以是直切剖面或者是用阶梯剖切线定义的等距剖面。

(4) 🔲【局部视图】：通常是以放大比例显示一个视图的某个部分，可以是正交视图、空间(等轴测)视图、剖面视图、裁剪视图、爆炸装配体视图或者另一局部视图等。

(5) 🔲【相对于模型】：正交视图，由模型中两个直交面或者基准面及各自的具体方位的规格定义。

(6) 🔲【标准三视图】：前视图为模型视图，其他两个视图为投影视图，使用在图纸属性中所指定的第一视角或者第三视角投影法。

(7) 🔲【断开的剖视图】：是现有工程视图的一部分，而不是单独的视图。可以用闭合的轮廓(通常是样条曲线)定义断开的剖视图。

(8) 🔲【断裂视图】：也称为中断视图。断裂视图可以将工程图视图，以较大比例显示在较小的工程图纸上。与断裂区域相关的参考尺寸和模型尺寸，反映实际的模型数值。

(9) 🔲【剪裁视图】：除了局部视图、已用于生成局部视图的视图或者爆炸视图，用户可以根据需要裁剪任何工程视图。

9.2.1　标准三视图

标准三视图可以生成三个默认的正交视图，其中主视图方向为零件或者装配体的前视，投影类型则按照图纸格式设置的第一视角或者第三视角投影法。

在标准三视图中，主视图、俯视图及左视图有固定的对齐关系。主视图与俯视图按长度方向对齐，主视图与左视图按高度方向对齐，俯视图与左视图按宽度相等。俯视图可以竖直移动，左视图可以水平移动。

下面介绍标准三视图的属性设置方法。

单击【工程图】工具栏中的🔲【标准三视图】按钮，或选择【插入】|【工程图视图】|【标准三视图】菜单命令，系统弹出【标准三视图】属性管理器，如图 9-14 所示，鼠标指针变为 🔲 形状。

图 9-14　【标准三视图】属性管理器

9.2.2　投影视图

投影视图是根据已有视图利用正交投影生成的视图。投影视图的投影方法是根据在【图纸属性】对话框中所设置的第一视角或者第三视角投影类型而确定。

下面来介绍投影视图的属性设置方法。

单击【工程图】工具栏中的🔲【投影视图】按钮，或选择【插入】|【工程图视图】|【投影视图】菜单命令，系统弹出【投影视图】属性管理器，如图 9-15 所示，鼠标指针变为 🔲 形状。

1.【箭头】选项组

【标号】：表示按相应父视图的投影方向得到的投影视图的名称。

图 9-15 【投影视图】属性管理器

2.【显示样式】选项组

【使用父关系样式】：取消选中的该复选框，可以选择与父视图不同的显示样式，显示样式包括 ◻【线架图】、◻【隐藏线可见】、◻【消除隐藏线】、◻【带边线上色】和 ◻【上色】。

3.【比例】选项组

(1)【使用父关系比例】单选按钮：可以应用为父视图所使用的相同比例。

(2)【使用图纸比例】单选按钮：可以应用为工程图图纸所使用的相同比例。

(3)【使用自定义比例】单选按钮：可以根据需要应用自定义的比例。

9.2.3 剪裁视图

生成剪裁视图的操作步骤如下。

(1) 新建工程图文件，生成零部件模型的工程视图。

(2) 单击要生成剪裁视图的工程视图，使用草图绘制工具绘制一条封闭的轮廓，如图 9-16 所示。

(3) 选择封闭的剪裁轮廓，单击【工程图】工具栏中的 ◻【剪裁视图】按钮，或选择【插入】|【工程图视图】|【剪裁视图】菜单命令。此时，剪裁轮廓以外的视图消失，生成剪裁视图，如图 9-17 所示。

图 9-16 绘制剪裁轮廓

图 9-17 生成剪裁视图

9.2.4 局部视图

局部视图是一种派生视图，可以用来显示父视图的某一局部形状，通常采用放大比例显示。局部视图的父视图可以是正交视图、空间(等轴测)视图、剖面视图、裁剪视图、爆炸装配体视图或者另一局部视图，但不能在透视图中生成模型的局部视图。

下面介绍局部视图的属性设置方法。

单击【工程图】工具栏中的 ⓐ【局部视图】按钮，或选择【插入】|【工程图视图】|【局部视图】菜单命令，系统弹出【局部视图】属性管理器，如图 9-18 所示。

1. 【局部视图图标】选项组

(1) ⓐ【样式】：可以选择一种样式，也可以选中【轮廓】(必须在此之前已经绘制好一条封闭的轮廓曲线)或者【圆】单选按钮。【样式】的下拉列表如图 9-19 所示。

(2) ⓐ【标号】：编辑与局部视图相关的字母。

(3) 【字体】按钮：如果要为局部视图标号选择文件字体以外的字体，取消选中的【文件字体】复选框，然后单击【字体】按钮。

图 9-18 【局部视图】属性管理器　　　　图 9-19 【样式】下拉列表

2. 【局部视图】选项组

(1) 【完整外形】：局部视图轮廓外形全部显示。

(2) 【钉住位置】：可以阻止父视图比例更改时局部视图发生移动。

(3) 【缩放剖面线图样比例】：可以根据局部视图的比例缩放剖面线图样比例。

9.2.5　剖面视图

剖面视图是通过一条剖切线切割父视图而生成，属于派生视图，可以显示模型内部的形状和尺寸。剖面视图可以是剖切面或者是用阶梯剖切线定义的等距剖面视图，并可以生成半剖视图。

下面介绍剖面视图的属性设置方法。

单击【草图】工具栏中的 ▯【中心线】按钮，在激活的视图中绘制单一或者相互平行的中心线(也可以单击【草图】工具栏中的 ＼【直线】按钮，在激活的视图中绘制单一或者相互平行的直线段)。选择绘制的中心线(或者直线段)，单击【工程图】工具栏中的 ▣【剖面视图】按钮，或选择【插入】|【工程图视图】|【剖面视图】菜单命令，系统弹出【剖面视图 A-A】(根据生成的剖面视图，字母顺序排序)属性管理器，如图 9-20 所示。

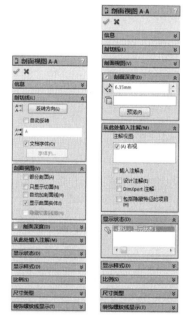

图 9-20　【剖面视图 A-A】属性管理器

1. 【剖切线】选项组

(1) 【反转方向】按钮：反转剖切的方向。

(2) ▧【标号】：编辑与剖切线或者剖面视图相关的字母。

(3) 【字体】按钮：如果剖切线标号选择文件字体以外的字体，取消选中的【文档字体】复选框，然后单击【字体】按钮，可以为剖切线或者剖面视图相关字母选择其他字体。

2. 【剖面视图】选项组

(1) 【部分剖面】：当剖切线没有完全切透视图中模型的边框线时，会弹出剖切线小于视图几何体的提示信息，并询问是否生成局部剖视图。

(2)【只显示切面】：只有被剖切线切除的曲面出现在剖面视图中。

(3)【自动加剖面线】：选中此复选框，系统可以自动添加必要的剖面(切)线。

(4)【显示曲面实体】：显示实体曲面。

9.2.6　旋转剖视图

旋转剖视图可以用来表达具有回转轴的零件模型的内部形状，生成旋转剖视图的剖切线，必须由两条连续的线段构成，并且这两条线段必须具有一定的夹角。

下面介绍旋转剖视图的属性设置方法。

(1) 单击【工程图】工具栏中的 [图标]【剖面视图】按钮，或选择【插入】|【工程图视图】|【剖面视图】菜单命令，系统弹出【剖面视图 A-A】(根据生成的剖面视图，字母顺序排序)属性管理器，选择【半视图】按钮，如图 9-21 所示。

(2) 在图纸区域中拖动鼠标指针，显示视图的预览。单击鼠标左键，将旋转剖视图放置在合适位置，单击 [图标]【确定】按钮，生成旋转剖视图，如图 9-22 所示。

图 9-21　绘制剖面线

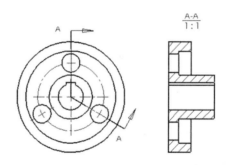

图 9-22　生成旋转剖视图

9.2.7　断裂视图

对于一些较长的零件(如轴、杆、型材等)，如果沿着长度方向的形状统一(或者按一定规律)变化时，可以用折断显示的断裂视图来表达，这样就可以将零件以较大比例显示在较小的工程图纸上。断裂视图可以应用于多个视图，并可根据要求撤销断裂视图。

下面介绍断裂视图的属性设置方法。

单击【工程图】工具栏中的 [图标]【断裂视图】按钮，或选择【插入】|【工程图视图】|【断裂视图】菜单命令，系统弹出【断裂视图】属性管理器，如图 9-23 所示。

(1) [图标]【添加竖直折断线】：生成断裂视图时，将视图沿水平方向断开。

(2) [图标]【添加水平折断线】：生成断裂视图时，将视图沿竖直方向断开。

(3)【缝隙大小】：改变折断线缝隙之间的间距量。

(4)【折断线样式】：定义折断线的类型，如图 9-24 所示，其效果如图 9-25 所示。

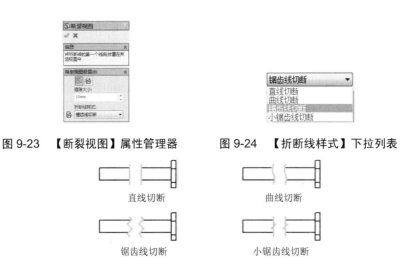

图 9-23　【断裂视图】属性管理器　　　　图 9-24　【折断线样式】下拉列表

直线切断　　　　　　　　　　曲线切断

锯齿线切断　　　　　　　　　小锯齿线切断

图 9-25　不同折断线样式的效果

9.2.8　相对视图

如果需要零件视图正确、清晰地表达零件的形状结构，使用模型视图和投影视图生成的工程视图可能会不符合实际情况。此时可以利用相对视图自行定义主视图，解决零件视图定向与工程视图投影方向的矛盾。

相对视图是一个相对于模型中所选面的正交视图，由模型的两个直交面及各自具体方位规格所定义。通过在模型中依次选择两个正交平面或者基准面并指定所选面的朝向，生成特定方位的工程视图。相对视图可以作为工程视图中的第一个基础正交视图。

下面介绍相对视图的属性设置方法。

选择【插入】|【工程图视图】|【相对于模型】菜单命令，系统弹出【相对视图】属性管理器，如图 9-26 所示，鼠标指针变为 形状。

(1)　【第一方向】：选择方向(见图 9-27)，然后单击【第一方向的面/基准面】选择框，在图形区域中选择一个面或者基准面。

(2)　【第二方向】：选择方向，然后单击【第二方向的面/基准面】选择框，在图形区域中选择一个面或基准面。

图 9-26　【相对视图】属性管理器　　　　图 9-27　【第一方向】下拉列表

工程视图设计案例 1——创建标准视图

 案例文件：ywj\09\01.prt、01.drw。

视频文件：光盘→视频课堂→第 9 章→9.2.1。

案例操作步骤如下。

step 01 选择【文件】|【新建】菜单命令，打开【新建 SolidWorks】对话框，创建工程
图，如图 9-28 所示。

图 9-28 新建工程图

step 02 在打开的【模型视图】属性管理器中，单击【浏览】按钮，打开【打开】对话
框，打开零件"01"，如图 9-29 所示。

图 9-29 打开零件文件

step 03 在打开的【模型视图】属性管理器中选择【方向】，单击放置零件主视图，如
图 9-30 所示。

计
算
机
辅
助
设
计
案
例
课
堂

step 04 单击【工程图】工具栏中的▣【投影视图】按钮，弹出【投影视图】属性管理器，单击放置投影视图，如图 9-31 所示。

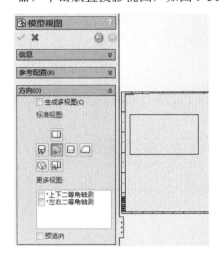

图 9-30 创建主视图　　　　　　　图 9-31 创建投影视图

step 05 完成的标准视图如图 9-32 所示。

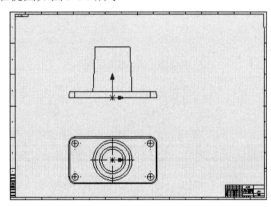

图 9-32 完成的标准视图

工程视图设计案例 2——创建剖面视图

案例文件：ywj\09\01.drw。

视频文件：光盘→视频课堂→第 9 章→9.2.2。

案例操作步骤如下。

step 01 单击【工程图】工具栏中的▣【剖面视图】按钮，弹出【剖面视图辅助】属性管理器，放置切割线，如图 9-33 所示。

step 02 在图纸中单击放置零件剖视图，如图 9-34 所示。

step 03 完成的剖面视图如图 9-35 所示。

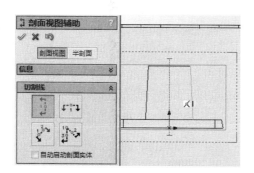

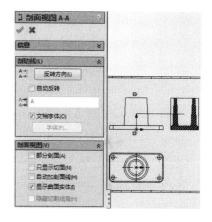

图 9-33　放置切割线　　　　　　　　　　　图 9-34　放置剖面视图

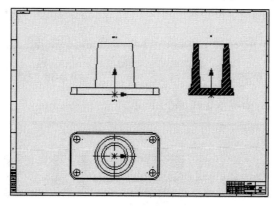

图 9-35　完成的剖面视图

工程视图设计案例 3——创建局部视图

案例文件：ywj\09\01.drw。

视频文件：光盘→视频课堂→第 9 章→9.2.3。

案例操作步骤如下。

step 01 单击【工程图】工具栏中的 【局部视图】按钮，弹出【局部视图】属性管理器，选择中心点，如图 9-36 所示。

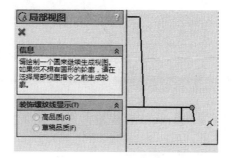

图 9-36　创建局部视图

step 02 在绘图区绘制圆，如图 9-37 所示。

step 03 在图纸中单击放置零件局部剖视图，如图 9-38 所示。

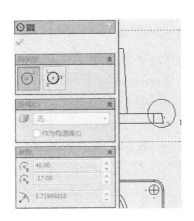

图 9-37 绘制圆　　　　　　　　　　图 9-38 放置局部视图

step 04 完成的零件局部视图如图 9-39 所示。

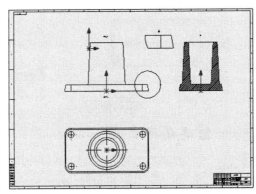

图 9-39 完成的零件局部视图

工程视图设计案例 4——创建断开剖视图

案例文件：ywj\09\01.drw。

视频文件：光盘→视频课堂→第 9 章→9.2.4。

案例操作步骤如下。

step 01 单击【工程图】工具栏中的 ▣【断开的剖视图】按钮，绘制封闭草图，如图 9-40 所示。

step 02 弹出【断开的剖视图】属性管理器，设置【深度】为"5mm"，如图 9-41 所示。

step 03 完成的断开剖视图如图 9-42 所示。

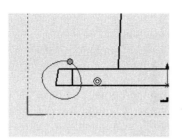

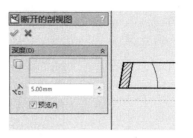

图 9-40　绘制封闭草图　　　　　　　　　　图 9-41　创建断开剖视图

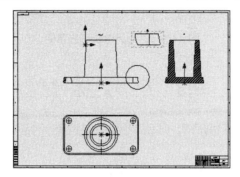

图 9-42　完成的断开剖视图

工程视图设计案例 5——创建半剖视图

案例文件：ywj\09\01.drw。

视频文件：光盘→视频课堂→第 9 章→9.2.5。

案例操作步骤如下。

step 01　单击【工程图】工具栏中的 ⬚ 【剖面视图】按钮，弹出【剖面视图辅助】属性
管理器，单击【半剖面】按钮，如图 9-43 所示。

step 02　在图纸中单击放置零件半剖视图，如图 9-44 所示。

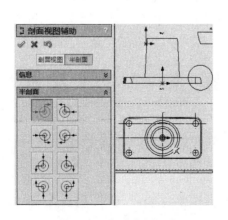

图 9-43　创建半剖视图　　　　　　　　　　图 9-44　放置半剖视图

step 03 ▶ 完成的零件半剖视图如图 9-45 所示。

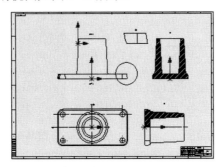

图 9-45 完成的零件半剖视图

9.3 尺 寸 标 注

下面对尺寸标注进行简要的介绍，并讲解添加尺寸标注的操作步骤。

9.3.1 尺寸标注概述

工程图中的尺寸标注是与模型相关联的，而且模型中的变更会反映到工程图中。

(1) 模型尺寸。通常在生成每个零件特征时即生成尺寸，然后将这些尺寸插入各个工程视图中。在模型中改变尺寸会更新工程图，在工程图中改变插入的尺寸也会改变模型。

(2) 为工程图标注。当生成尺寸时，可指定在插入模型尺寸到工程图中时，是否应包括尺寸在内。右击尺寸并选择为工程图标注。也可指定为工程图所标注的尺寸自动插入到新的工程视图中。

(3) 参考尺寸。也可以在工程图文档中添加尺寸，但这些尺寸是参考尺寸，并且是从动尺寸；不能通过编辑参考尺寸的数值来更改模型。然而，当模型的标注尺寸改变时，参考尺寸值也会改变。

(4) 颜色。在默认情况下，模型尺寸为黑色。还包括零件或装配体文件中以蓝色显示的尺寸(例如拉伸深度)。参考尺寸以灰色显示，并默认带有括号。可在工具、选项、系统选项、颜色中为各种类型尺寸指定颜色，并在工具、选项、文件属性、尺寸标注中指定添加默认的括号。

(5) 箭头。尺寸被选中时尺寸箭头上出现圆形控标。当单击箭头控标时(如果尺寸有两个控标，可以单击任一个控标)，箭头向外或向内反转。右击控标时，箭头样式清单出现。可以使用此方法单独更改任何尺寸箭头的样式。

(6) 选择。可通过单击尺寸的任何地方，包括尺寸和延伸线和箭头来选择尺寸。

(7) 隐藏和显示尺寸。可使用【视图】菜单来隐藏和显示尺寸。也可以右击尺寸，然后选择隐藏来隐藏尺寸。还可在注解视图中隐藏和显示尺寸。

(8) 隐藏和显示直线。若要隐藏一尺寸线或延伸线，右击直线，然后选择隐藏尺寸线或隐藏延伸线。若想显示隐藏线，右击尺寸或一可见直线，然后选择显示尺寸线或显示延伸线。

9.3.2　尺寸标注操作步骤

(1) 单击【尺寸/几何关系】工具栏中的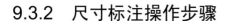【智能尺寸】按钮，或选择【工具】|【标注尺寸】|【智能尺寸】菜单命令。

(2) 单击要标注尺寸的几何体，如表 9-1 所示。

(3) 单击以放置尺寸。

表 9-1　标注尺寸

标注项目	单　击
直线或边线的长度	直线
两直线之间的角度	两条直线或一直线和模型上的一边线
两直线之间的距离	两条平行直线，或一条直线与一条平行的模型边线
点到直线的垂直距离	点以及直线或模型边线
两点之间的距离	两个点
圆弧半径	圆弧
圆弧真实长度	圆弧及两个端点
圆的直径	圆周
一个或两个实体为圆弧或圆时的距离	圆心或圆弧/圆的圆周，及其他实体(直线，边线，点等)
线性边线的中点	右击要标注中点尺寸的边线，然后单击中点。接着选择第二个要标注尺寸的实体

尺寸标注案例 1——标注主视图

> 案例文件：ywj\09\02.drw。
>
> 视频文件：光盘→视频课堂→第 9 章→9.3.1。

案例操作步骤如下。

step 01　单击【尺寸/几何关系】工具栏中的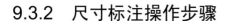【智能尺寸】按钮，标注高度尺寸，如图 9-46 所示。

step 02　单击【尺寸/几何关系】工具栏中的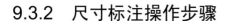【智能尺寸】按钮，标注宽度尺寸，如图 9-47 所示。

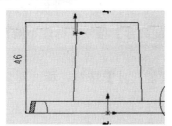

图 9-46　标注高度(1)

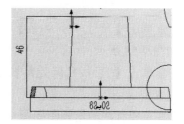

图 9-47　标注宽度

step 03 单击【尺寸/几何关系】工具栏中的 ◎【智能尺寸】按钮，标注高度尺寸，如图 9-48 所示。

step 04 完成标注的主视图如图 9-49 所示。

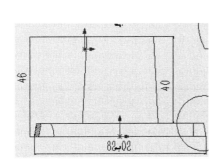

图 9-48　标注高度(2)

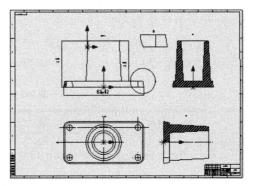

图 9-49　完成标注的主视图

尺寸标注案例 2——标注俯视图

案例文件：ywj\09\02.drw。

视频文件：光盘→视频课堂→第 9 章→9.3.2。

案例操作步骤如下。

step 01 单击【尺寸/几何关系】工具栏中的 ◎【智能尺寸】按钮，标注直径尺寸 1，如图 9-50 所示。

step 02 单击【尺寸/几何关系】工具栏中的 ◎【智能尺寸】按钮，标注直径尺寸 2，如图 9-51 所示。

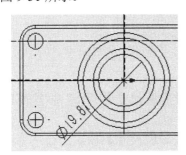

图 9-50　标注直径 1

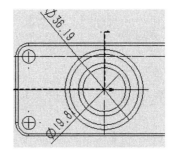

图 9-51　标注直径 2

step 03 单击【尺寸/几何关系】工具栏中的 ◎【智能尺寸】按钮，标注小圆直径尺寸，如图 9-52 所示。

step 04 单击【尺寸/几何关系】工具栏中的 ◎【智能尺寸】按钮，标注圆弧尺寸，如图 9-53 所示。

step 05 完成标注的俯视图如图 9-54 所示。

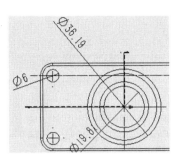

图 9-52　标注小圆直径

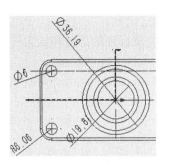

图 9-53　标注圆弧

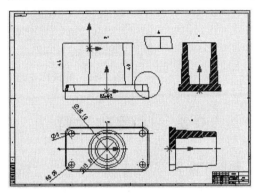

图 9-54　完成标注的俯视图

尺寸标注案例 3——标注剖视和放大图

案例文件：ywj\09\02.drw。

视频文件：光盘→视频课堂→第 9 章→9.3.3。

案例操作步骤如下。

step 01　单击【尺寸/几何关系】工具栏中的 ◢【智能尺寸】按钮，标注宽度尺寸，如图 9-55 所示。

step 02　单击【尺寸/几何关系】工具栏中的 ◢【智能尺寸】按钮，标注高度尺寸，如图 9-56 所示。

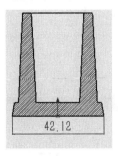

图 9-55　标注宽度

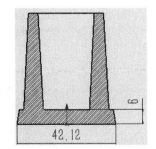

图 9-56　标注高度

step 03　单击【尺寸/几何关系】工具栏中的 ◢【智能尺寸】按钮，标注角度尺寸，如

图 9-57 所示。

step 04 完成标注的剖视和放大图如图 9-58 所示。

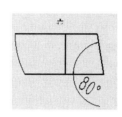

图 9-57　标注角度

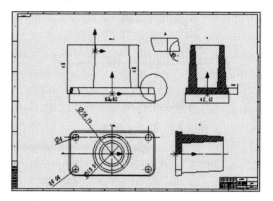

图 9-58　完成标注的剖视图和放大图

9.4　注解和注释

利用注释工具可以在工程图中添加文字信息和实现一些特殊要求的标注形式。注释文字可独立浮动，也可以指向某个对象(如面、边线或者顶点等)。注释中可以包含文字、符号、参数文字或者超文本链接。如果注释中包含引线，则引线可以是直线、折弯线或者多转折引线。

9.4.1　注释的属性设置

单击【注解】工具栏中的 Ⓐ【注释】按钮，或选择【插入】|【注解】|【注释】菜单命令，系统弹出【注释】属性管理器，如图 9-59 所示。

图 9-59　【注释】属性管理器

1.【样式】选项组

(1) 【将默认属性应用到所选注释】：将默认类型应用到所选注释中。

(2) 【添加或更新样式】：单击该按钮，在弹出的对话框中输入新名称，然后单击【确定】按钮，即可将样式添加到文件中，如图 9-60 所示。

图 9-60　【添加或更新样式】对话框

(3) 【删除样式】：从【设定当前样式】中选择一种样式，单击该按钮，即可将常用类型删除。

(4) 【保存样式】：在【设定当前样式】中显示一种常用类型，单击该按钮，从弹出的【另存为】对话框中，选择保存该文件的文件夹，编辑文件名，最后单击【保存】按钮。

(5) 【装入样式】：单击该按钮，从弹出的【打开】对话框中选择合适的文件夹，然后选择一个或者多个文件，单击【打开】按钮，装入的常用尺寸出现在【设定当前样式】列表中。

注释有两种类型。如果在【注释】中输入文本并将其另存为常用注释，则该文本会随注释属性保存。当生成新注释时，选择该常用注释并将注释放置在图形区域中，注释便会与该文本一起出现。如果选择文件中的文本，然后选择一种常用类型，则会应用该常用类型的属性，而不更改所选文本；如果生成不含文本的注释并将其另存为常用注释，则只保存注释属性。

2.【文字格式】选项组

(1) 文字对齐方式：包括【左对齐】、【居中】、【右对齐】和【套合文字】。

(2) 【角度】：设置注释文字的旋转角度(正角度值表示逆时针方向旋转)。

(3) 【插入超文本链接】：单击该按钮，可以在注释中包含超文本链接。

(4) 【链接到属性】：单击该按钮，可以将注释链接到文件属性。

(5) 【添加符号】：将鼠标指针放置在需要显示符号的【注释】文本框中，单击【添加符号】按钮，弹出【符号】对话框，选择一种符号，单击【确定】按钮，符号显示在注释中，如图 9-61 所示。

图 9-61　选择符号

(6) ▨【锁定/解除锁定注释】：将注释固定到位。当编辑注释时，可以调整其边界框，但不能移动注释本身(只可用于工程图)。

(7) ▦【插入形位公差】：可以在注释中插入形位公差符号。

(8) ▽【插入表面粗糙度符号】：可以在注释中插入表面粗糙度符号。

(9) ▨【插入基准特征】：可以在注释中插入基准特征符号。

(10) 【使用文档字体】：选中该复选框，使用文件设置的字体；取消选中该复选框，【字体】按钮处于可选择状态。单击【字体】按钮，弹出【选择字体】对话框，可以选择字体样式、大小及效果。

3. 【引线】选项组

(1) 单击▨【引线】、▨【多转折引线】、▨【无引线】或者▨【自动引线】按钮确定是否选择引线。

(2) 单击▨【引线靠左】、▨【引线向右】、▨【引线最近】按钮，确定引线的位置。

(3) 单击▨【直引线】、▨【折弯引线】、▨【下划线引线】按钮，确定引线样式。

(4) 从【箭头样式】中选择一种箭头样式，如图 9-62 所示。如果选择—▶☆【智能箭头】样式，则应用适当的箭头(如根据出详图标准，将———●应用到面上、—▶应用到边线上等)到注释中。

(5)【应用到所有】：将更改应用到所选注释的所有箭头。如果所选注释有多条引线，而自动引线没有被选择，则可以为每个单独引线使用不同的箭头样式。

4. 【边界】选项组

(1) 【样式】：指定边界(包含文字的几何形状)的形状或者无，如图 9-63 所示。

(2) 【大小】：指定文字是否为【紧密配合】或者固定的字符数，如图 9-64 所示。

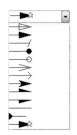

图 9-62　【箭头样式】下拉列表　　图 9-63　【样式】下拉列表　　图 9-64　【大小】下拉列表

5. 【图层】选项组

用来指定注释所在的图层。

9.4.2　注释操作步骤

添加注释的操作步骤如下：

(1) 单击【注解】工具栏中的 Ⓐ【注释】按钮，或选择【插入】|【注解】|【注释】菜单命令，鼠标指针变为 ▨ 形状，系统弹出【注释】属性管理器。

(2) 在图纸区域中拖动鼠标指针定义文字框，在文字框中输入相应的注释文字。

(3) 如果有多处需要注释文字，只需在相应位置单击，如图 9-65 所示，即可添加新注释，单击 ✅【确定】按钮，注释添加完成。

添加注释还可以在工程图图纸区域中单击鼠标右键，从弹出的快捷菜单中选择【注解】|【注释】命令。注释的每个实例均可以修改文字、属性和格式等。

如果需要在注释中添加多条引线，在拖曳注释并放置之前，按住 Ctrl 键，注释停止移动，第二条引线即会出现，单击鼠标左键放置引线。

如果需要更改项目符号或者编号的列表缩进，在处于编辑状态时右击注释，从弹出的快捷菜单中选择【项目符号与编号】命令，如图 9-66 所示。

图 9-65　添加注释

图 9-66　快捷菜单

注解和注释案例 1——标注注解 1

案例文件：ywj\09\03.drw。

视频文件：光盘→视频课堂→第 9 章→9.4.1。

案例操作步骤如下。

step 01 单击【注解】工具栏中的 【基准特征】按钮，弹出【基准特征】属性管理器，单击放置添加基准，如图 9-67 所示。

step 02 单击【注解】工具栏中的 ✔【表面粗糙度符合】按钮，弹出【表面粗糙度】属性管理器，单击放置添加表面粗糙度符号，如图 9-68 所示。

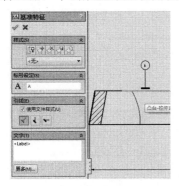

图 9-67　添加基准

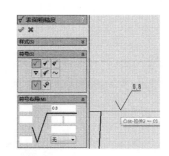

图 9-68　添加粗糙度

step 03 单击【注解】工具栏中的 🔟【形位公差】按钮，弹出【属性】对话框，设置同心符号和公差"0.1"，如图 9-69 所示。

图 9-69 设置形位公差

step 04 单击放置形位公差符号，如图 9-70 所示。

step 05 完成标注注解的图纸如图 9-71 所示。

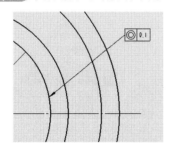

图 9-70 创建形位公差

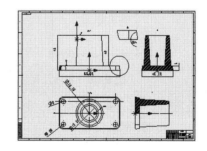

图 9-71 完成的注解图纸

注解和注释案例 2——标注注释 2

📖 案例文件：ywj\09\03.drw。

🎬 视频文件：光盘→视频课堂→第 9 章→9.4.2。

案例操作步骤如下。

step 01 单击【注解】工具栏中的 🄰【注释】按钮，弹出【注释】属性管理器，在绘图区输入文字，如图 9-72 所示。

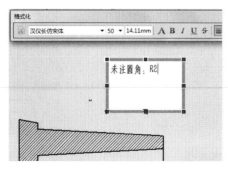

图 9-72 创建文字

step 02 继续添加文字，如图 9-73 所示。

step 03 完成文字注释的图纸如图 9-74 所示。

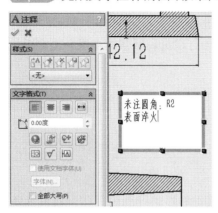

图 9-73　编辑文字

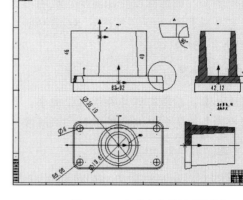

图 9-74　完成文字的注释图纸

9.5　打印工程图

在 SolidWorks 中，可以打印整个工程图纸，也可以只打印图纸中所选的区域。如果使用彩色打印机，可以打印彩色的工程图(默认设置为使用黑白打印)，也可以为单独的工程图纸指定不同的设置。

在打印图纸时，要求用户正确安装并设置打印机、页面和线粗等。

9.5.1　页面设置

打印工程图前，需要对当前文件进行页面设置。

打开需要打印的工程图文件。选择【文件】|【页面设置】菜单命令，弹出【页面设置】对话框，如图 9-75 所示。

图 9-75　【页面设置】对话框

1．【分辨率和比例】选项组

(1) 【调整比例以套合】(仅对于工程图)：按照使用的纸张大小自动调整工程图的尺寸。

(2) 【比例】：设置图纸打印比例，按照该比例缩放值(即百分比)打印文件。

(3) 【高品质】(仅对于工程图)：SolidWorks 软件为打印机和纸张大小组合决定了最优的分辨率，输出并进行打印。

2．【纸张】选项组

(1) 【大小】：设置打印文件的纸张大小。

(2) 【来源】：设置纸张所处的打印机纸匣。

3．【工程图颜色】选项组

(1) 【自动】：如果打印机或者绘图机驱动程序报告能够进行彩色打印，就发送彩色数据，否则发送黑白数据。

(2) 【颜色/灰度级】：忽略打印机或者绘图机驱动程序的报告结果，发送彩色数据到打印机或者绘图机。黑白打印机通常以灰度级打印彩色实体。当彩色打印机或者绘图机使用自动设置进行黑白打印时，选中此单选按钮。

(3) 【黑白】：不论打印机或者绘图机的报告结果如何，发送黑白数据到打印机或者绘图机。

9.5.2　线粗设置

选择【文件】|【打印】菜单命令，弹出【打印】对话框，如图 9-76 所示。

图 9-76　【打印】对话框

在【打印】对话框中，单击【线粗】按钮，在弹出的【线粗】对话框中设置打印时的线粗，如图 9-77 所示。

图 9-77 【线粗】对话框

9.5.3 打印出图

完成页面设置和线粗设置后，就可以进行打印出图的操作了。

1. 整个工程图图纸

选择【文件】|【打印】菜单命令，弹出【打印】对话框。在对话框中的【打印范围】选项组中，选中相应的单选按钮并输入想要打印的页数，单击【确定】按钮打印文件。

2. 打印工程图所选区域

(1) 选择【文件】|【打印】菜单命令，弹出【打印】对话框。在对话框中的【打印范围】选项组中，选中【当前荧屏图像】单选按钮，选中其后的【选择】复选框，弹出【打印所选区域】对话框，如图 9-78 所示。

- 【模型比例(1：1)】：默认情况下，选中该复选框，表示所选的区域按照实际尺寸打印，即 mm(毫米)的模型尺寸按照 mm(毫米)打印。因此，对使用不同于默认图纸比例的视图，需要使用自定义比例以获得需要的结果。
- 【图纸比例(1：1)】：所选区域按照其在整张图纸中的显示比例进行打印。如果工程图大小和纸张大小相同，将打印整张图纸。
- 【自定义比例】：所选区域按照定义的比例因子打印，如图 9-79 所示，输入比例因子数值，单击【确定】按钮。改变比例因子时，在图纸区域中选择框将发生变化。

图 9-78 【打印所选区域】对话框

图 9-79 选中【自定义比例】单选按钮

341

(2) 拖动选择框到需要打印的区域。可以移动、缩放视图，或者在选择框显示时更换图纸。此外，选择框只能整框拖动，不能拖动单独的边来控制所选区域，如图 9-80 所示。单击【确定】按钮，完成所选区域的打印。

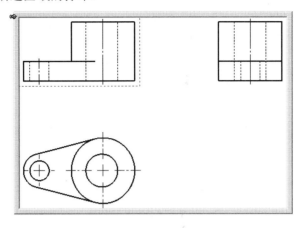

图 9-80 拖动选择框

9.6 本 章 小 结

生成工程图是 SolidWorks 一项非常实用的功能，掌握好生成工程视图和工程图文件的基本操作，可以快速、正确地为零件的加工等工程活动提供合格的工程图样。需要注意的是，用户在使用 SolidWorks 软件时，一定要注意与我国技术制图国家标准的联系和区别，以便正确使用软件提供的各项功能。

第 10 章
SolidWorks 2014 综合案例

　　本章将通过电池槽模型的综合案例，对前面讲解的内容进行巩固，从而增强读者的实际应用能力。模型创建的时候灵活使用拉伸凸台、旋转、扫描、镜像等命令，是对软件综合运用的很好练习。

　　综合运用本书所介绍的知识创建零件模型，并进行渲染和创建图纸。

10.1 综合案例 1——创建轮毂

📖 **案例文件：** ywj\10\01.prt。

🎬 **视频文件：** 光盘→视频课堂→第 10 章→10.1。

案例操作步骤如下。

step 01 单击【草图】工具栏中的 🖉【草图绘制】按钮，选择前视基准面作为草绘平面。单击【草图】工具栏中的 ⊘【圆】按钮，绘制直径为 280 和 260 的圆，如图 10-1 所示。

step 02 单击【特征】工具栏中的 🖫【拉伸凸台/基体】按钮，弹出【凸台-拉伸】属性管理器，设置【深度】为"140mm"，如图 10-2 所示，创建拉伸特征。

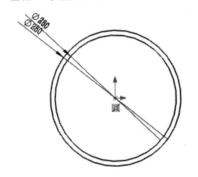

图 10-1 绘制同心圆

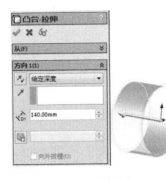

图 10-2 拉伸凸台(1)

step 03 单击【草图】工具栏中的 🖉【草图绘制】按钮，选择草绘面，如图 10-3 所示。

step 04 单击【草图】工具栏中的 ⊘【圆】按钮，绘制直径为 260 的圆，如图 10-4 所示。

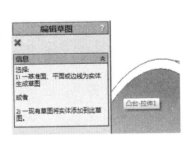

图 10-3 选择草绘面(1)

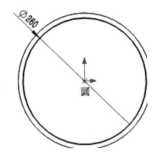

图 10-4 绘制圆(1)

step 05 单击【草图】工具栏中的 ➲【直线】按钮，绘制两条直线，夹角为 40 度，如图 10-5 所示。

step 06 单击【草图】工具栏中的 ⊐【等距实体】按钮，弹出【等距实体】属性管理器，设置【等距距离】为"10mm"，如图 10-6 所示，创建等距实体。

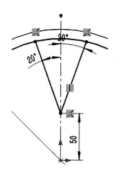

图 10-5　绘制直线

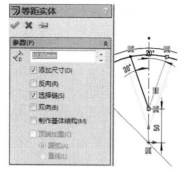

图 10-6　等距实体

step 07　单击【草图】工具栏中的 ❦【剪裁实体】按钮，进行草图剪裁，如图 10-7 所示。

step 08　单击【特征】工具栏中的 ❦【拉伸凸台/基体】按钮，弹出【凸台-拉伸】属性管理器，设置【深度】为"60mm"，如图 10-8 所示，创建拉伸特征。

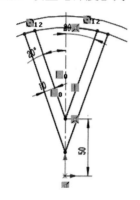

图 10-7　剪裁草图

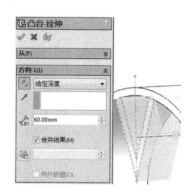

图 10-8　拉伸凸台(2)

step 09　单击【特征】工具栏中的 ❦【圆周阵列】按钮，创建特征的圆形阵列，设置【实例数】为"5mm"，如图 10-9 所示。

step 10　单击【草图】工具栏中的 ❦【基准面】按钮，弹出【基准面】对话框，设置【偏移距离】为"20mm"，如图 10-10 所示，创建基准面。

图 10-9　圆周阵列

图 10-10　创建基准面

step 11 ▶ 单击【草图】工具栏中的 ☑【草图绘制】按钮，选择草绘面，如图 10-11 所示。

step 12 ▶ 单击【草图】工具栏中的 ◎【圆】按钮，绘制直径为 80 的圆，如图 10-12 所示。

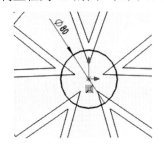

图 10-11　选择草绘面(2)　　　　　　　图 10-12　绘制圆(2)

step 13 ▶ 单击【特征】工具栏中的 ◙【拉伸凸台/基体】按钮，弹出【凸台-拉伸】属性管理器，设置【深度】为"60"，如图 10-13 所示，创建拉伸特征。

step 14 ▶ 单击【草图】工具栏中的 ☑【草图绘制】按钮，选择草绘面，如图 10-14 所示。

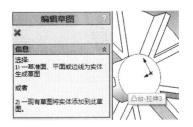

图 10-13　拉伸凸台(3)　　　　　　　图 10-14　选择草绘面(3)

step 15 ▶ 单击【草图】工具栏中的 ◎【圆】按钮，绘制直径为 160 的圆，如图 10-15 所示。

step 16 ▶ 单击【特征】工具栏中的 ◙【拉伸凸台/基体】按钮，弹出【凸台-拉伸】属性管理器，设置【深度】为"50mm"，如图 10-16 所示，创建拉伸特征。

图 10-15　绘制圆(3)　　　　　　　图 10-16　拉伸凸台(4)

step 17 ▶ 单击【草图】工具栏中的 ☑【草图绘制】按钮，选择草绘面，如图 10-17 所示。

step 18 单击【草图】工具栏中的 ⊘【圆】按钮，绘制直径为 24 的圆，如图 10-18 所示。

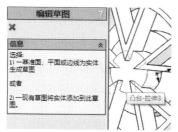

图 10-17 选择草绘面(4)

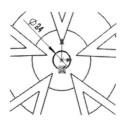

图 10-18 绘制圆(4)

step 19 单击【特征】工具栏中的 圇【拉伸切除】按钮，弹出【切除-拉伸】属性管理器，设置【终止条件】为【完全贯穿】，如图 10-19 所示，创建切除拉伸特征。

step 20 完成的轮毂模型如图 10-20 所示。

图 10-19 拉伸切除

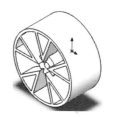

图 10-20 完成的轮毂模型

10.2 综合案例 2——创建胎面

案例文件：ywj\10\02.prt。

视频文件：光盘→视频课堂→第 10 章→10.2。

案例操作步骤如下。

step 01 单击【草图】工具栏中的 ✑【草图绘制】按钮，选择上视基准面作为草绘平面。单击【草图】工具栏中的 ＼【直线】按钮，绘制直线长度为 140，如图 10-21 所示。

step 02 单击【草图】工具栏中的 ＼【直线】按钮，绘制长度为 10 的直线，如图 10-22 所示。

step 03 单击【草图】工具栏中的 ◠【三点圆弧】按钮，绘制半径为 400 的圆弧，如图 10-23 所示。

step 04 单击【特征】工具栏中的 ✻【旋转凸台/基体】按钮，弹出【旋转】属性管理器，设置【方向 1 角度】为"360 度"，如图 10-24 所示，创建旋转特征。

图 10-21　绘制直线(1)

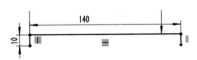

图 10-22　绘制直线(2)

图 10-23　绘制圆弧

图 10-24　旋转草图

step 05　完成的胎面模型如图 10-25 所示。

图 10-25　完成的胎面模型

10.3　综合案例 3——创建连接件

案例文件：ywj\10\03.prt。

视频文件：光盘→视频课堂→第 10 章→10.3。

案例操作步骤如下。

step 01　单击【草图】工具栏中的 ⌷【草图绘制】按钮，选择前视基准面作为草绘平面。单击【草图】工具栏中的 ◉【圆】按钮，绘制直径为 24 和 160 的圆，如图 10-26 所示。

step 02　单击【特征】工具栏中的 ▦【拉伸凸台/基体】按钮，弹出【凸台-拉伸】属性管理器，设置【深度】为"20mm"，如图 10-27 所示，创建拉伸特征。

step 03　单击【草图】工具栏中的 ⌷【草图绘制】按钮，选择草绘面，如图 10-28 所示。

step 04　单击【草图】工具栏中的 ╲【直线】按钮，绘制角度为 140 度的直线，如图 10-29 所示。

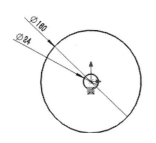

图 10-26　绘制圆形

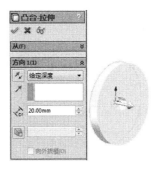

图 10-27　拉伸凸台(1)

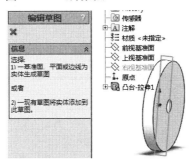

图 10-28　选择草绘面(1)

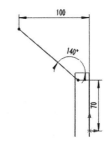

图 10-29　绘制直线

step 05 单击【草图】工具栏中的 ⁊【等距实体】按钮，弹出【等距实体】属性管理器，设置【等距距离】为"10mm"，如图 10-30 所示，创建等距实体。

step 06 单击【草图】工具栏中的 ╲【直线】按钮，绘制封闭草图，如图 10-31 所示。

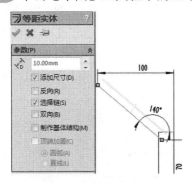

图 10-30　创建等距实体

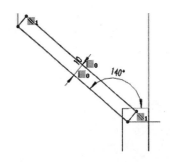

图 10-31　绘制封闭草图

step 07 单击【特征】工具栏中的 【拉伸凸台/基体】按钮，弹出【凸台-拉伸】属性管理器，设置【深度】为"20mm"，如图 10-32 所示，创建拉伸特征。

step 08 单击【草图】工具栏中的 【基准面】按钮，弹出【基准面】属性管理器，设置【偏移距离】为"90mm"，如图 10-33 所示，创建基准面。

step 09 单击【草图】工具栏中的 【草图绘制】按钮，选择基准面为草绘面，如图 10-34 所示。

step 10 单击【草图】工具栏中的 【圆】按钮，绘制直径分别为 40 和 60 的两个圆，如图 10-35 所示。

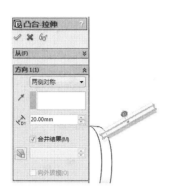

图 10-32 拉伸凸台(2)

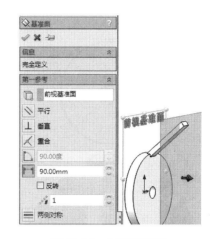

图 10-33 创建基准面

图 10-34 选择草绘面(2)

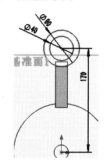

图 10-35 绘制同心圆

step 11 单击【特征】工具栏中的 🔲【拉伸凸台/基体】按钮，弹出【凸台-拉伸】属性管理器，设置【深度】为"40mm"，如图 10-36 所示，创建拉伸特征。

step 12 单击【特征】工具栏中的 🔲【镜向】按钮，弹出【镜向】属性管理器，选择镜像面和镜像特征，如图 10-37 所示，镜像实体。

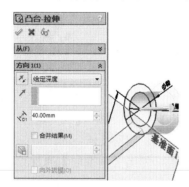

图 10-36 拉伸凸台(3)

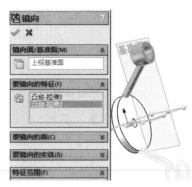

图 10-37 镜像实体

step 13 完成的连接件模型如图 10-38 所示。

图 10-38　完成的连接件模型

10.4　综合案例 4——创建摇臂

案例文件：ywj\10\04.prt。

视频文件：光盘→视频课堂→第 10 章→10.4。

案例操作步骤如下。

step 01　单击【草图】工具栏中的 【草图绘制】按钮，选择前视基准面作为草绘平
面。单击【草图】工具栏中的 【圆】按钮，绘制直径为 40 的圆，如图 10-39 所示。

step 02　单击【特征】工具栏中的 【拉伸凸台/基体】按钮，弹出【凸台-拉伸】属性管
理器，设置【深度】为"40mm"，如图 10-40 所示，创建拉伸特征。

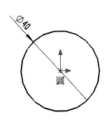

图 10-39　绘制圆(1)

图 10-40　拉伸凸台(1)

step 03　单击【草图】工具栏中的 【草图绘制】按钮，选择草绘面，如图 10-41 所示。

step 04　单击【草图】工具栏中的 【圆】按钮，绘制直径为 50 的圆，如图 10-42 所示。

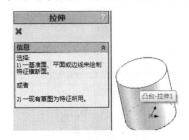

图 10-41　选择草绘面(1)

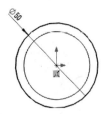

图 10-42　绘制圆(2)

step 05 单击【特征】工具栏中的 🖼【拉伸凸台/基体】按钮，弹出【凸台-拉伸】属性管理器，设置【深度】为"40mm"，如图 10-43 所示，创建拉伸特征。

step 06 单击【草图】工具栏中的 ✏【草图绘制】按钮，选择上视基准面，如图 10-44 所示。

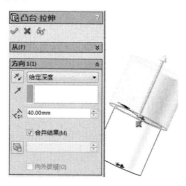

图 10-43　拉伸凸台(2)

图 10-44　选择草绘面(2)

step 07 单击【草图】工具栏中的 ╲【直线】按钮，绘制长度为 180 的直线，如图 10-45 所示。

step 08 单击【草图】工具栏中的 ⊐【等距实体】按钮，弹出【等距实体】属性管理器，设置【等距距离】为"10mm"，如图 10-46 所示。

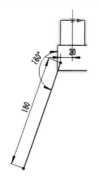

图 10-45　绘制直线

图 10-46　等距实体

step 09 单击【草图】工具栏中的 ╲【直线】按钮，绘制封闭草图，如图 10-47 所示。

step 10 单击【草图】工具栏中的 ⚠【镜向实体】按钮，镜像直线图形，如图 10-48 所示。

图 10-47　绘制封闭草图(1)

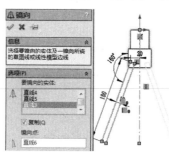

图 10-48　镜像草图

step 11 单击【草图】工具栏中的 ❨【直线】按钮，绘制封闭草图，如图 10-49 所示。

step 12 单击【草图】工具栏中的 ❦【剪裁实体】按钮，弹出【剪裁】属性管理器，选择【强劲剪裁】按钮，进行草图剪裁，如图 10-50 所示。

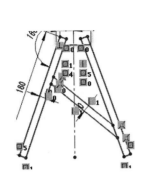

图 10-49　绘制封闭草图(2)

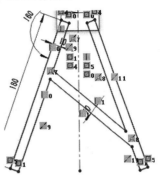

图 10-50　剪裁草图

step 13 单击【特征】工具栏中的 ❨【拉伸凸台/基体】按钮，弹出【凸台-拉伸】属性管理器，设置【深度】为"20mm"，如图 10-51 所示，创建拉伸特征。

step 14 单击【草图】工具栏中的 ❨【草图绘制】按钮，选择右视基准面，如图 10-52 所示。

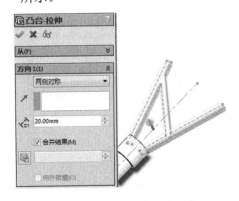

图 10-51　拉伸凸台(3)

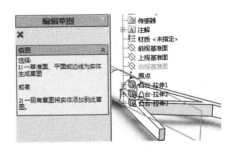

图 10-52　选择草绘面(3)

step 15 单击【草图】工具栏中的 ❨【圆】按钮，绘制直径为 20 的圆，如图 10-53 所示。

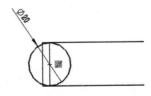

图 10-53　绘制圆(3)

step 16 单击【特征】工具栏中的 ❨【拉伸凸台/基体】按钮，弹出【凸台-拉伸】属性管理器，设置【深度】为"150mm"，如图 10-54 所示，创建拉伸特征。

step 17 完成的摇臂模型如图 10-55 所示。

图 10-54　拉伸凸台(4)

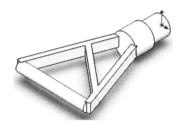

图 10-55　完成的摇臂模型

10.5　综合案例 5——创建连接板

案例文件：ywj /10/05.prt。

视频文件：光盘→视频课堂→第 10 章→10.5。

案例操作步骤如下。

step 01 单击【草图】工具栏中的 【草图绘制】按钮，选择上视基准面作为草绘平面。单击【草图】工具栏中的 【边角矩形】按钮，绘制 380×130 的矩形，如图 10-56 所示。

step 02 单击【特征】工具栏中的 【拉伸凸台／基体】按钮，弹出【凸台-拉伸】属性管理器，设置【深度】为"40mm"，如图 10-57 所示，创建拉伸特征。

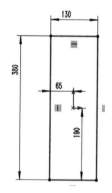

图 10-56　绘制矩形(1)

图 10-57　拉伸凸台(1)

step 03 单击【草图】工具栏中的 【草图绘制】按钮，选择右视基准面作为草绘平面，如图 10-58 所示。

step 04 单击【草图】工具栏中的 【圆】按钮，绘制直径为 20 和 80 的圆，如图 10-59 所示。

图 10-58　选择草绘面(1)

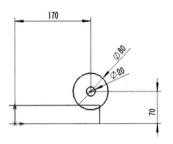

图 10-59　绘制圆(1)

step 05 ► 单击【特征】工具栏中的 ![icon]【拉伸凸台/基体】按钮，弹出【凸台-拉伸】属性管理器，设置【深度】为"100mm"，如图 10-60 所示，创建拉伸特征。

step 06 ► 单击【特征】工具栏中的 ![icon]【镜向】按钮，弹出【镜向】属性管理器，选择镜像面和镜像特征，如图 10-61 所示，镜像实体。

图 10-60　拉伸凸台(2)

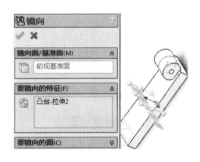

图 10-61　镜像特征

step 07 ► 单击【草图】工具栏中的 ![icon]【草图绘制】按钮，选择草绘面，如图 10-62 所示。

step 08 ► 单击【草图】工具栏中的 ![icon]【边角矩形】按钮，绘制 180×100 的矩形，如图 10-63 所示。

图 10-62　选择草绘面(2)

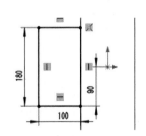

图 10-63　绘制矩形(2)

step 09 ► 单击【草图】工具栏中的 ![icon]【边角矩形】按钮，绘制 200×30 的矩形并进行剪裁，如图 10-64 所示。

step 10 ► 单击【特征】工具栏中的 ![icon]【拉伸凸台/基体】按钮，弹出【凸台-拉伸】属性管理器，设置【深度】为"40mm"，如图 10-65 所示，创建拉伸特征。

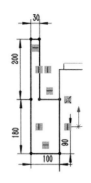

图 10-64　绘制矩形(3)

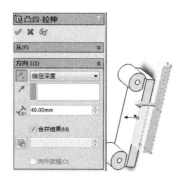

图 10-65　拉伸凸台(3)

step 11 ▶ 单击【草图】工具栏中的 ✏【草图绘制】按钮，选择草绘面，如图 10-66 所示。

step 12 ▶ 单击【草图】工具栏中的 ◎【圆】按钮，绘制直径为 20 的两个圆，如图 10-67 所示。

图 10-66　选择草绘面(3)

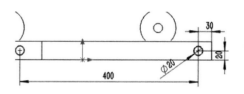

图 10-67　绘制圆(2)

step 13 ▶ 单击【特征】工具栏中的 ⬚【拉伸切除】按钮，弹出【切除-拉伸】属性管理器，设置【终止条件】为【完全贯穿】，如图 10-68 所示，创建拉伸切除特征。

step 14 ▶ 完成的连接板模型如图 10-69 所示。

图 10-68　拉伸切除

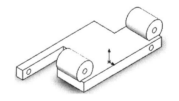

图 10-69　完成的连接板模型

10.6　综合案例 6——创建弹簧

📖 案例文件：ywj\10\06.prt。

🎬 视频文件：光盘→视频课堂→第 10 章→10.6。

案例操作步骤如下。

step 01　单击【草图】工具栏中的 ✏ 【草图绘制】按钮，选择上视基准面作为草绘平面。单击【草图】工具栏中的 ⊘ 【圆】按钮，绘制直径为 80 的圆，如图 10-70 所示。

step 02　单击【特征】工具栏中的 ⬚ 【拉伸凸台/基体】按钮，弹出【凸台-拉伸】属性管理器，设置【深度】为"300mm"，如图 10-71 所示，创建拉伸特征。

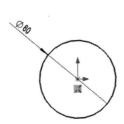

图 10-70　绘制圆(1)

图 10-71　拉伸凸台(1)

step 03　单击【草图】工具栏中的 ✏ 【草图绘制】按钮，选择草绘面，如图 10-72 所示。

step 04　单击【草图】工具栏中的 ⊘ 【圆】按钮，绘制直径为 30 的圆，如图 10-73 所示。

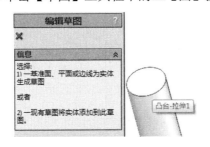

图 10-72　选择草绘面(1)

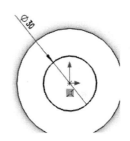

图 10-73　绘制圆(2)

step 05　单击【特征】工具栏中的 ⬚ 【拉伸凸台/基体】按钮，弹出【凸台-拉伸】属性管理器，设置【深度】为"150mm"，如图 10-74 所示，创建拉伸特征。

step 06　单击【草图】工具栏中的 ✏ 【草图绘制】按钮，选择草绘面，如图 10-75 所示。

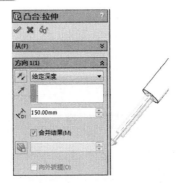

图 10-74　拉伸凸台(2)

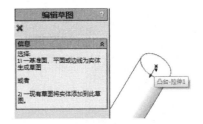

图 10-75　选择草绘面(2)

step 07　单击【草图】工具栏中的 ▢ 【边角矩形】按钮，绘制 50×20 的矩形，如图 10-76

所示。

step 08 单击【特征】工具栏中的 ◙【拉伸凸台/基体】按钮，弹出【凸台-拉伸】属性管理器，设置【深度】为"80mm"，如图 10-77 所示，创建拉伸特征。

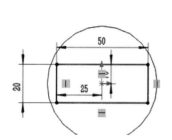

图 10-76 绘制矩形

图 10-77 拉伸凸台(3)

step 09 单击【草图】工具栏中的 ✎【草图绘制】按钮，选择草绘面，如图 10-78 所示。

step 10 单击【草图】工具栏中的 ◎【圆】按钮，绘制直径为 20 的圆，如图 10-79 所示。

图 10-78 选择草绘面(3)

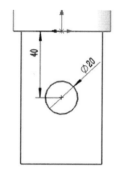

图 10-79 绘制圆(3)

step 11 单击【特征】工具栏中的 ◙【拉伸切除】按钮，弹出【切除-拉伸】属性管理器，设置【终止条件】为【完全贯穿】选项，如图 10-80 所示，创建切除拉伸特征。

step 12 完成的弹簧模型如图 10-81 所示。

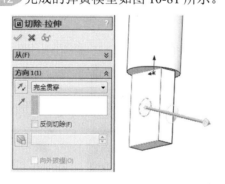

图 10-80 拉伸切除

图 10-81 完成的弹簧模型

10.7 综合案例 7——创建连杆

案例文件：ywj\10\07.prt。

视频文件：光盘→视频课堂→第 10 章→10.7。

案例操作步骤如下。

step 01 单击【草图】工具栏中的 ⟨图标⟩【草图绘制】按钮，选择上视基准面作为草绘平面。单击【草图】工具栏中的 ⟨图标⟩【直槽口】按钮，绘制 200×40 的槽口，如图 10-82 所示。

step 02 单击【草图】工具栏中的 ⟨图标⟩【圆】按钮，绘制直径为 20 的两个圆，如图 10-83 所示。

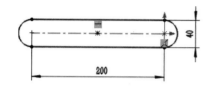

图 10-82 绘制槽口

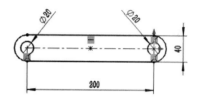

图 10-83 绘制圆

step 03 单击【特征】工具栏中的 ⟨图标⟩【拉伸凸台/基体】按钮，弹出【凸台-拉伸】属性管理器，设置【深度】为"10mm"，如图 10-84 所示，创建拉伸特征。

step 04 完成的连杆模型如图 10-85 所示。

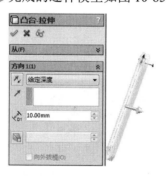

图 10-84 凸台拉伸

图 10-85 完成的连杆模型

10.8 综合案例 8——创建螺杆

案例文件：ywj\10\08.prt。

视频文件：光盘→视频课堂→第 10 章→10.8。

案例操作步骤如下。

step 01 单击【草图】工具栏中的 ⟨图标⟩【草图绘制】按钮，选择上视基准面作为草绘平面。单击【草图】工具栏中的 ⊙【圆】按钮，绘制直径为 20 的圆，如图 10-86 所示。

step 02 单击【特征】工具栏中的 ⊡【拉伸凸台/基体】按钮，弹出【凸台-拉伸】属性管理器，设置【深度】为"60mm"，如图 10-87 所示，创建拉伸特征。

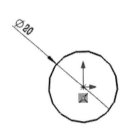

图 10-86　绘制圆

图 10-87　拉伸凸台(1)

step 03 单击【草图】工具栏中的 ✏【草图绘制】按钮，选择草绘面，如图 10-88 所示。

step 04 单击【草图】工具栏中的 ⊙【多边形】按钮，创建直径为 30 的六边形，如图 10-89 所示。

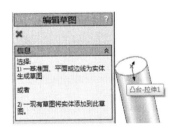

图 10-88　选择草绘面

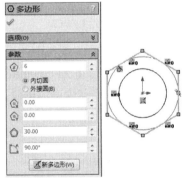

图 10-89　绘制多边形

step 05 单击【特征】工具栏中的 ⊡【拉伸凸台/基体】按钮，弹出【凸台-拉伸】属性管理器，设置【深度】为"10mm"，如图 10-90 所示，创建拉伸特征。

step 06 完成的螺杆模型如图 10-91 所示。

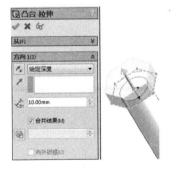

图 10-90　拉伸凸台(2)

图 10-91　完成的螺杆模型

10.9 综合案例 9——创建悬架装配

案例文件：ywj\10\09.asm。

视频文件：光盘→视频课堂→第 10 章→10.9。

案例操作步骤如下。

step 01 新建一个装配体文件，单击【开始装配体】属性管理器中的【浏览】按钮，打开【打开】对话框，选择零件"01"，如图 10-92 所示。

图 10-92 打开模型"01"

step 02 在绘图区单击放置零件"01"，如图 10-93 所示。

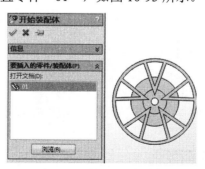

图 10-93 放置零件"01"

step 03 单击【装配体】工具栏中的【插入零部件】按钮，在弹出的【插入零部件】属性管理器中单击【浏览】按钮，打开【打开】对话框，选择零件"02"，如图 10-94 所示。

图 10-94　打开模型"02"

step 04　在绘图区单击放置零件"02"，如图 10-95 所示。

step 05　单击【装配体】工具栏中的 🖉【配合】按钮，弹出【配合】属性管理器，选择
◎【同轴心】按钮，选择同轴面，如图 10-96 所示，创建同轴心约束。

图 10-95　放置模型"02"　　　　　　　图 10-96　同轴心约束 1

step 06　单击【装配体】工具栏中的 🖉【配合】按钮，弹出【配合】属性管理器，在
【配合】选项卡中单击 🔨【重合】按钮，选择重合面，如图 10-97 所示，创建重合
约束。

step 07　单击【装配体】工具栏中的 🖳【插入零部件】按钮，在弹出的【插入零部件】
属性管理器中单击【浏览】按钮，打开【打开】对话框，选择零件"03"，如图 10-98
所示。

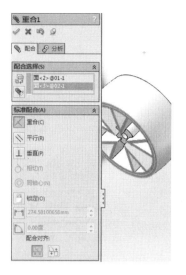

图 10-97　重合约束 1

图 10-98　打开模型 "03"

step 08 　在绘图区单击放置零件 "03"，如图 10-99 所示。

step 09 　单击【装配体】工具栏中的 【配合】按钮，弹出【配合】属性管理器，在【配合】选项卡中单击 【同轴心】按钮，选择同轴面，如图 10-100 所示，创建同轴心约束。

图 10-99　放置零件 "03"

图 10-100　同轴心约束 2

step 10 　单击【装配体】工具栏中的 【配合】按钮，弹出【配合】属性管理器，在【配合】选项卡中单击 【重合】按钮，选择重合面，如图 10-101 所示创建重合约束。

step 11 　单击【装配体】工具栏中的 【插入零部件】按钮，在弹出的【插入零部件】属性管理器中单击【浏览】按钮，打开【打开】对话框，选择零件 "04"，如图 10-102 所示。

图 10-101　重合约束 2

图 10-102　打开模型"04"

step 12 在绘图区单击放置零件"04"，如图 10-103 所示。

step 13 单击【装配体】工具栏中的 【配合】按钮，弹出【配合】属性管理器，在【配合】选项卡中单击 【同轴心】按钮，选择同轴边线，如图 10-104 所示，创建同轴约束。

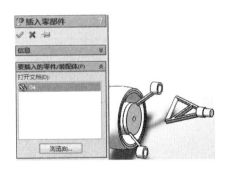

图 10-103　放置零件"04"

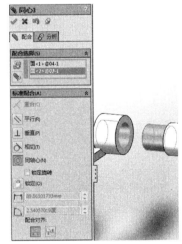

图 10-104　同轴配合

step 14 单击【装配体】工具栏中的 【配合】按钮，弹出【配合】属性管理器，在【配合】选项卡中单击 【重合】按钮，选择重合面，如图 10-105 所示，创建重合约束。

step 15 单击【装配体】工具栏中的 【插入零部件】按钮，选择零件"04"并插入装配，如图 10-106 所示。

step 16 单击【装配体】工具栏中的 【插入零部件】按钮，在弹出的【插入零部件】属性管理器中单击【浏览】按钮，打开【打开】对话框，选择零件"05"，如图 10-107 所示。

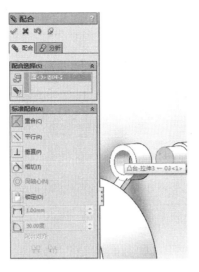

图 10-105 重合约束 3

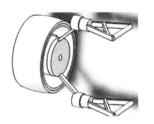

图 10-106 装配模型 "04"

图 10-107 打开模型 "05"

step 17 在绘图区单击放置零件 "05"，如图 10-108 所示。

step 18 单击【装配体】工具栏中的 【配合】按钮，弹出【配合】属性管理器，在【配合】选项卡中单击 【同轴心】按钮，选择同轴面，如图 10-109 所示，创建同轴心约束。

step 19 单击【装配体】工具栏中的 【配合】按钮，弹出【配合】属性管理器，在【配合】选项卡中单击 【同轴心】按钮，选择同轴面，如图 10-110 所示，创建同轴心约束。

step 20 单击【装配体】工具栏中的 【配合】按钮，弹出【配合】属性管理器，在【配合】选项卡中单击 【重合】按钮，选择重合面并设置距离，如图 10-111 所示，创建距离约束。

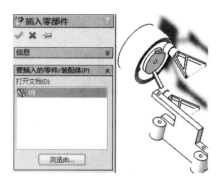

图 10-108　放置零件"05"

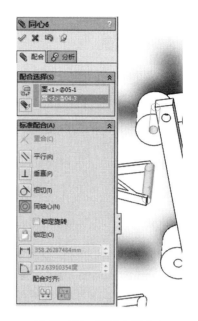

图 10-109　同轴心约束 3

图 10-110　同轴心约束 4

图 10-111　距离约束

step 21　单击【装配体】工具栏中的 【插入零部件】按钮，在弹出的【插入零部件】属性管理器中单击【浏览】按钮，打开【打开】对话框，选择零件"06"，如图 10-112 所示。

step 22　在绘图区单击放置零件 6，如图 10-113 所示。

step 23　单击【装配体】工具栏中的 【配合】按钮，弹出【配合】属性管理器，在【配合】选项卡中单击 【同轴心】按钮，选择同轴边线，如图 10-114 所示，创建同轴约束。

图 10-112　打开模型"06"

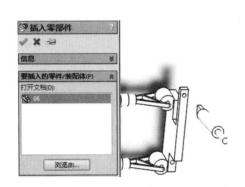

图 10-113　放置零件"06"

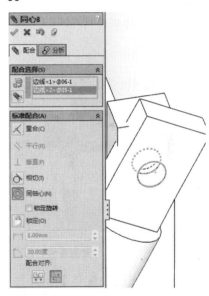

图 10-114　同轴心约束 5

step 24　单击【装配体】工具栏中的 ◎【配合】按钮，弹出【配合】属性管理器，在【配合】选项卡中单击 ◢【重合】按钮，选择重合面，如图 10-115 所示。创建重合约束。

step 25　单击【装配体】工具栏中的 ◎【插入零部件】按钮，在弹出的【插入零部件】属性管理器中单击【浏览】按钮，打开【打开】对话框，选择零件"07"，如图 10-116 所示。

step 26　在绘图区单击放置零件"07"，如图 10-117 所示。

step 27　单击【装配体】工具栏中的 ◎【配合】按钮，弹出【配合】属性管理器，在

【配合】选项卡中单击◎【同轴心】按钮，选择同轴边线，如图 10-118 所示，创建同轴约束。

图 10-115　重合约束 4

图 10-116　打开模型 "07"

图 10-117　放置零件 "07"

图 10-118　同轴心约束 6

step 28　单击【装配体】工具栏中的◎【配合】按钮，弹出【配合】属性管理器，在【配合】选项卡中单击✕【重合】按钮，选择重合面，如图 10-119 所示，创建重合约束。

step 29　单击【装配体】工具栏中的◎【配合】按钮，弹出【配合】属性管理器，在【配合】选项卡中单击◎【平行】按钮，选择平行面，如图 10-120 所示，创建平行约束。

step 30　单击【装配体】工具栏中的◎【插入零部件】按钮，选择零件 "07"，插入装配，如图 10-121 所示。

step 31　单击【装配体】工具栏中的◎【插入零部件】按钮，在弹出的【插入零部件】属性管理器中单击【浏览】按钮，打开【打开】对话框，选择零件 "08"，如图 10-122 所示。

图 10-119　重合约束 5

图 10-120　平行约束

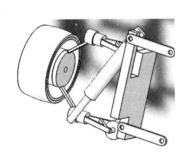

图 10-121　装配模型"07"

图 10-122　打开模型"08"

step 32 在绘图区单击放置零件"08"，如图 10-123 所示。

图 10-123　放置零件"08"

step 33 单击【装配体】工具栏中的【配合】按钮，弹出【配合】属性管理器，在【配合】选项卡中单击【重合】按钮，选择重合面，如图 10-124 所示，创建重合约束。

step 34 单击【装配体】工具栏中的 ◎ 【配合】按钮，弹出【配合】属性管理器，在
【配合】选项卡中单击 ◎ 【同轴心】按钮，选择同轴边线和面，如图 10-125 所示，
创建同轴约束。

图 10-124　重合约束 6　　　　　　　　　　图 10-125　同轴配合

step 35 单击【装配体】工具栏中的 ◎ 【插入零部件】
按钮，选择零件"08"，插入装配，如图 10-126
所示。

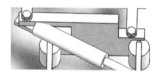

step 36 单击【草图】工具栏中的 ◎ 【基准面】按钮，
弹出【基准面】对话框，设置【偏移距离】为
"470mm"，如图 10-127 所示，创建基准面。

图 10-126　装配模型"08"

step 37 单击【装配体】工具栏中的 ◎ 【镜向零部件】按钮，弹出【镜向零部件】属性
管理器，选择镜像面和镜像特征，如图 10-128 所示，镜像零件。

图 10-127　创建基准面　　　　　　　　　　图 10-128　镜像零部件

step 38 完成的悬架装配模型如图 10-129 所示。

图 10-129 完成的悬架装配

10.10 综合案例 10——材质渲染

案例文件: ywj\10\09.asm。

视频文件: 光盘→视频课堂→第 10 章→10.10。

案例操作步骤如下。

step 01 单击【渲染工具】工具栏中的 【编辑外观】按钮，弹出【颜色】属性管理器，选择胎面和颜色，如图 10-130 所示，为胎面上色。

step 02 单击【渲染工具】工具栏中的 【编辑外观】按钮，弹出【颜色】属性管理器，选择轮毂和颜色，如图 10-131 所示，为轮毂上色。

图 10-130 设置胎皮颜色

图 10-131 设置轮毂颜色

step 03 单击【渲染工具】工具栏中的 【编辑外观】按钮，弹出【颜色】属性管理器，选择悬架和颜色，如图 10-132 所示，为悬架上色。

step 04 单击【渲染工具】工具栏中的 【编辑外观】按钮，弹出【颜色】属性管理器，选择弹簧和颜色，如图 10-133 所示，为弹簧上色。

step 05 完成材质渲染的悬架模型如图 10-134 所示。

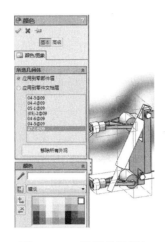

图 10-132　设置悬架颜色　　　　　图 10-133　设置减震器颜色

图 10-134　完成材质颜色设置的悬架模型

10.11　综合案例 11——创建悬架图纸

案例文件：ywj\10\10.drw。

视频文件：光盘→视频课堂→第 10 章→10.11。

案例操作步骤如下。

step 01　新建一个图纸文件，在打开的【模型视图】属性管理器，单击【浏览】按钮，打开【打开】对话框，打开零件"09"，如图 10-135 所示。

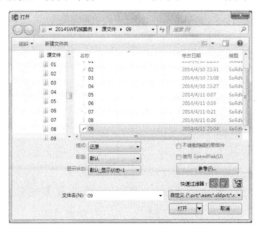

图 10-135　打开装配模型

step 02 单击【工程图】工具栏中的⊞【投影视图】按钮，弹出【投影视图】属性管理器，单击放置视图，如图 10-136 所示。

step 03 单击【尺寸/几何关系】工具栏中的⊘【智能尺寸】按钮，标注圆尺寸，如图 10-137 所示。

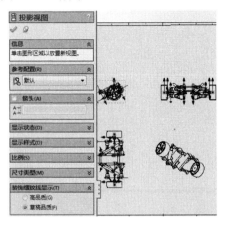

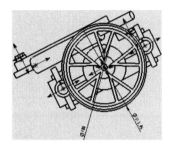

图 10-136　创建视图　　　　　　　　图 10-137　标注主视图尺寸

step 04 单击【尺寸/几何关系】工具栏中的⊘【智能尺寸】按钮，标注侧视图尺寸，如图 10-138 所示。

step 05 单击【尺寸/几何关系】工具栏中的⊘【智能尺寸】按钮，标注俯视图尺寸，如图 10-139 所示。

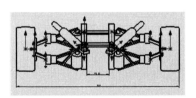

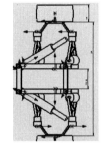

图 10-138　标注侧视图尺寸　　　　　　图 10-139　标注俯视图尺寸

step 06 完成的悬架图纸如图 10-140 所示。

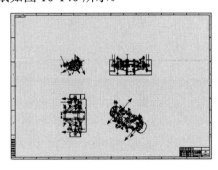

图 10-140　完成的悬架图纸